Alexander Buschenreiter

Mit der Erde – für das Leben

W0404500

Alexander Buschenreiter

Mit der Erde – für das Leben

Der Hopi-Weg der Hoffnung

Edition Pax
im Verlag Hermann Bauer
Freiburg im Breisgau

CIP-Titelaufnahme der Deutschen Bibliothek

Buschenreiter, Alexander:
Mit der Erde – für das Leben : der Hopi-Weg der Hoffnung /
Alexander Buschenreiter. – Freiburg im Breisgau : Bauer, 1989
(Edition Pax)
ISBN 3-7626-5714-9

Ein Teil des Honorars für dieses Buch wird vom Autor an den
Sprecher und Dolmetscher der traditionellen Hopi, Thomas Banyacya Sr.,
und an die Gründerin und Koordinatorin vom
Kreis indianischer Frauen des Nordwestens, Janet McCloud, überwiesen.
Alle Abbildungen und Grafiken, soweit nicht anders angegeben,
wurden vom Autor zur Verfügung gestellt.

Die *Edition Pax* erscheint im
Verlag Hermann Bauer KG, Freiburg im Breisgau.

Das Foto »New Mexico« für die Abbildung
auf dem Umschlag stammt von Marcia Keegan, Image Bank, München.

1989
ISBN 3-7626-5714-9
© 1989 by Verlag Hermann Bauer KG, Freiburg im Breisgau.
Alle Rechte vorbehalten.
Umschlaggestaltung Atelier Kiefer, Hamburg.
Lektorat: Dipl.-Psych. W. Michael Harlacher, Freiburg im Breisgau.
Gesamtherstellung: Clausen & Bosse, Leck.
Printed in Germany.

Danksagung

Den Hopi-Indianern und allen jenen, die mir bei der Verwirklichung dieses Buches geholfen haben, gilt mein aufrichtiger Dank; insbesondere dem Sprecher und Dolmetscher der traditionellen Hopi seit 1948, *Thomas Banyacya Sr.*; ebenso der Gründerin und Koordinatorin vom *Kreis indianischer Frauen des Nordwestens*, Janet McCloud, die seit 1965 eine enge Vertraute und Helferin dieses bemerkenswerten Volkes geworden ist. Meinen Freunden *Eduard Gugenberger* und *Roman Schweidlenka* danke ich für die vielen anregenden Querverbindungen und Impulse, die sich für mich zu einem beachtlichen Teil aus ihrer Arbeit an ihrem Buch *Mutter Erde, Magie und Politik – Zwischen Faschismus und neuer Gesellschaft* ergeben haben. Besonders inspiriert haben mich auch die Bücher *Die Bibelkorrektur* von *Paul Hengge* und *Die Ökologie der Freiheit* von *Murray Bookchin*.

Meine Frau Angela, unsere beiden Töchter und die Familien unseres Arbeitskreises haben mich immer wieder auf den Boden der Wirklichkeit zurückgeholt und mir – ähnlich wie Thomas Sr. und Janet – geholfen, den lebenspraktischen Aspekt der Spiritualität nicht aus den Augen zu verlieren; auch, was unseren Garten betrifft, in dem ich während der Entstehung dieses Buches nur wenig arbeiten konnte. Dank auch an unsere Katzen, die mich mit ihrem Charme und ihrer Verspieltheit über so manches Tief hinweggetröstet haben. Nicht zuletzt danke ich meiner Mutter, die durch ihre vorbehaltlose Liebe und Zuwendung in mir die Voraussetzungen für das Vertrauen geschaffen hat, ein so umfangreiches Werk in Angriff zu nehmen.

Allen, die mir Kraft verliehen, mich ermunterten, bestärkten, kritisierten und allen jenen, die endlich halfen, dieses Buch verkaufsfertig zu machen, danke ich aufrichtig für ihren Einsatz; nicht zuletzt den zahlreichen »unsichtbaren Helfern«, wie sie unsere indianischen Verwandten nennen – ohne sie hätte diese Arbeit nicht zustandekommen können.

Auf unsere gelebte Verwandtschaft! *Alexander Buschenreiter*

Inhalt

»Die letzte Frage nach dem Sinn des Seins
sollten wir erst stellen, wenn wir alle Fragen,
die uns im irdischen Leben gestellt wurden,
beantwortet haben.
Wir werden dann am Ende merken,
daß wir sie nicht zu stellen brauchen.«

Paul Hengge

Zum Beginn

> Ob wir über viel oder wenig verfügen, ist nicht wichtig. Entscheidend ist, ob wir es zum Wohl aller Wesen fürsorgend teilen und so fruchtbar werden lassen.

Dieses Buch ist aus meiner persönlichen Betroffenheit entstanden. Auslöser waren zahlreiche Gespräche mit Besuchern meiner Diavorträge über die Botschaft der Hopi-Indianer und insbesondere die Verseuchung der Mitwelt durch das Reaktorunglück in Tschernobyl sowie unsere Situation danach. Deshalb versuche ich, am Beispiel verschiedener Entwicklungen, die eng mit dem Super-GAU in der Ukraine zusammenhängen, unsere Lage zu durchleuchten, um Schlüsse daraus zu ziehen, die uns fähig machen sollen, wieder *hier und jetzt* zu leben statt in Depression, Resignation oder messianischer Erwartungshaltung. Dabei kann die lebenspraktische Spiritualität der Hopi und anderer traditionell lebender Indianer auf der Grundlage der gelebten Naturverbundenheit und des uralten ganzheitlichen Wissens dieser Menschen eine Art Leitfunktion für unser Leben ausüben, die uns hilft, einen eigenständigen Weg zu finden – ohne sie zu Gurus hochzustilisieren oder daraus einen Sektenkult zu machen. Immerhin ist die von den Hopi 1948 in Gang gesetzte »erfolgreichste Wiedergeburtsbewegung des Roten Mannes«, wie sie der Irokese Craig Carpenter nennt, inzwischen zu einer weltweiten spirituellen Vereinigungsbewegung geworden. Darüber hinaus ist sie in eine Phase getreten, in der sie im jeweiligen Land zur eigenständigen politischen Kraft wird, denn es geht nicht mehr nur um die Unterstützung bedrohter Völker oder Minderheiten, sondern mit ihnen auch um uns selbst. Wenn wir überleben wollen, müssen wir unser Geschick, das mit dem ihren eng verknüpft ist, endlich in die Hand nehmen. Das ist schon lange Bestandteil der indianischen Botschaft. Damit beschäftigt sich mein Buch *Unser Ende ist euer Untergang. Die Botschaft der Hopi und anderer US-Indianer an die Welt.* Das vorliegende Buch knüpft daran an und untersucht vor allem die Perspektiven unserer christlich geprägten Kultur, denn im Zeitalter nach Tschernobyl steht sie selbst vor ihrer Zerstörung – und der unserer Erde.

Daß in diesem Wandlungsprozeß faschistische Strömungen in unserer Gesellschaft und der mit ihnen verbundene Antisemitismus wieder eine zentrale Rolle spielen, scheint mir nicht bloß eine Wiederholung der Geschichte, sondern eine »karmisch« bedingte Notwendigkeit zu sein, denn die davon am meisten betroffenen Völker haben offensichtlich die Herausforderungen jener lebensverachtenden Ära des Faschismus in Deutschland, Österreich, Italien und Spanien weder erkannt noch bewältigt und müssen ihnen daher erneut begegnen. Es liegt an jedem einzelnen von uns, wie wir uns angesichts dieses Phänomens verhalten, das die tradionellen Hopi als uralte, noch intakte Nation völlig klar in seiner Symbolik und seinem Auftreten beschreiben – um die Welt zu warnen; aber auch, um die Menschheit wieder zusammenzuführen und den positiven Verheißungen ihrer berühmten Prophezeiungen zum Durchbruch zu verhelfen. Nach ihrem Wissen standen wir schon einmal vor derselben Situation: kurz bevor das legendenumwobene Atlantis im Atlantik und sein Gegenkontinent Kasskara oder Mu im Pazifik durch eine von Menschen ausgelöste Katastrophe versanken.

Die Informationen und Anregungen, die dieses Buch anbietet, bestehen aus einem Geflecht von wissenschaftlich abgesicherten Tatsachen, persönlichen Erfahrungen, Botschaften, Überlieferungen, Eindrücken und kritischen Stellungnahmen: Damit soll das Wesentliche zum Thema herausgearbeitet, keinesfalls aber zu einer neuen Ideologie verführt werden. Es ist ein Versuch, aufgrund einer fundierten Analyse die Wurzeln des »Unbehagens in unserer Kultur« aufzudecken und an die Quellen des Lebens zu führen, denn diese Quellen sind noch nicht versiegt.

Tschernobyl und mein persönliches Erleben danach nehme ich zum Ausgangspunkt, um daran anschließend Zusammenhänge zwischen Atompolitik und latentem Faschismus herauszuarbeiten. Am Beispiel Österreichs, das mir am nächsten liegt, sich aber in nichts von dem vergleichbarer politischer Systeme unterscheidet, werden Inhalt und Konsequenzen einer Politik der sogenannten »Wende« illustriert, die hochtechnologiegläubig und letztlich lebensfeindlich den Interessen einiger weniger dient. Der Selbsterkenntnis wegen ist es in diesem Zusammenhang nötig, auch die psychologischen Hintergründe anzusprechen, die nachweisbar in einer unbewältigten Vater-Mutter-Beziehung liegen. Ähnliche Muster, die ihren Ausdruck im Vorteils- und Machtstreben und versteckter oder offener Gewalt finden, setzen sich bis in die Bestrebungen vermeintlich ganz anders orientierter esoterischer Bewegungen hinein fort. Demgegenüber ist die auf der natürlichen Ordnung beruhende indianische Weltsicht auf bedingungsloses, fürsorgendes Teilen ausgerichtet.

Unsere eigene kulturelle Entwicklung, die von der Herrschaft der Mütter über das Patriarchat und ein falsch verstandenes, paulinisches Christentum bis zu unserer heutigen scheinbar ausweglosen Situation reicht, entlarvt sich am Gegenbeispiel der lebenspraktischen Spiritualität der Hopi. Die heiligen Stätten dieses Volkes, die eine höchstbedeutsame Rolle im Energiegleichgewicht unseres Planeten spielen, sind von der hemmungslosen Ausbeutung der dortigen Bodenschätze, insbesondere des Urans, bedroht. Und hier wird ein bemerkenswerter Kontrast der geistigen Ausrichtung der Opfer und Täter deutlich; denn diese Bedrohung, die auf den ersten Blick lediglich Ergebnis politischer und wirtschaftlicher Machtinteressen zu sein scheint, geht ganz konkret von Männern aus, die in einem schwarzmagisch anmutenden Bund vereint sind. Die in dieser Analyse weltweit zutage tretenden Verbindungen und Zusammenhänge sind nicht nur wegen ihrer ungreifbaren Verflechtung, sondern auch deshalb beklemmend, weil sie in der Gestalt des Uran- und Plutoniumpokers deutscher Atomfirmen bis vor die eigene Haustür reichen.

Dennoch: Nicht verurteilen, sondern die Abgründe in uns selbst und in anderen erkennen, sie durch die eigene Umkehr zum Leben gewaltfrei überwinden, mahnen und Verbündete, Verwandte aufspüren – das ist die Devise, die aus diesem Dilemma des nahezu programmierten Untergangs führt. Nach einer gründlichen Analyse der bestehenden Verhältnisse, deren unvoreingenommene Betrachtung not-wendig Impulse zum Umdenken und entsprechenden Handeln setzt, wendet sich das Buch spiritueller Politik als Ausdruck gelebter Verantwortung für die gesamte Schöpfung zu. Diese Art von Politik bietet sich trotz oder gerade wegen der damit verbundenen sicherlich schmerzlichen, aber unerläßlichen Läuterung als einzig mögliche Alternative an. Die darin enthaltene Hinwendung zum Lebendigen gibt berechtigten Anlaß zur Hoffnung.

Durch die daraus resultierende Wende zum Leben würde sich der Kreis jener weltweiten, lebensbejahenden Gemeinschaft wieder schließen, auf welche die traditionellen Hopi seit 1948, nach einer damals abgehaltenen intensiven viertägigen Beratung ihrer spirituellen Ältesten und Ersten, unbeirrt hinarbeiten.

In diesem Sinne soll das vorliegende Buch ermutigen, unserer lebensfeindlich gewordenen Kultur mit der nötigen Skepsis und Kraft zu lebensbejahender Veränderung zu begegnen: gepaart mit verantwortungsbewußtem Tun und Lassen, um so die ursprünglichen Quellen unserer Existenz wieder aufzuspüren. Dies könnte der Ausgangspunkt für eine heilsame und von Achtung getragene Versöhnung zwischen unserer und so traditionellen Lebensformen wie die der Hopi sein, die noch über eine lebendige Beziehung zu den Wurzeln unseres Seins verfügen.

Obersdorf, im Jahr Drei nach Tschernobyl,
Dezember 1988

Alexander Buschenreiter

Kapitel 1

Leben im Jahr Eins nach Tschernobyl

Die Bienen unterbrechen ihren Flug

April 1986: Die Welt hält den Atem an, als US-Präsident Reagan Libyen bombardieren läßt. Europa, dem noch der Schock über die Ermordung des schwedischen Ministerpräsidenten Olof Palme in den Knochen sitzt, kommt nicht zur Ruhe, hat Angst vor einer Ausweitung des kriegerischen Konflikts. Auch in Bayern spitzt sich die Lage zu: Bürgerkriegsartige Auseinandersetzungen zwischen der bayerischen Polizei und Gegnern der im Bau befindlichen atomaren Wiederaufbereitungsanlage in Wackersdorf haben zwei Menschenleben unter den Demonstranten gefordert. Qualvoll gestorben an giftigem Reizgas, das die Polizei einsetzte, wie die Zeitungen berichten. Sogar die sonst als eher ruhig geltende Alpenrepublik Österreich ist in Aufruhr: Die der Situation nicht gewachsene konservative Volkspartei und der für seine Vergeßlichkeit inzwischen hinlänglich bekannte damalige Bewerber um das Amt des Bundespräsidenten, Kurt Waldheim, wecken im Umgang mit der weltweiten Kritik an seiner Kandidatur antisemitische Emotionen in der Bevölkerung und fördern die Verharmlosung der Nazi-Diktatur im Dritten Reich. Österreich spaltet sich in ein Pro- und Contra-Waldheim-Lager.

Völkerverbindend scheint es hingegen in der esoterischen Szene zuzugehen: Ende April beginnt ein Team der *Findhorn-Gemeinschaft* in Schottland mit deren Mitbegründerin, Eileen Caddy, eine Europa-Vortragstournee. Kurz davor, am 26. April, tagt die *Spirit of Europe Foundation* (»Stiftung Geist Europas«), eine interkonfessionelle Findhorn-Gründung, deren Anliegen die Festigung der spirituellen Einheit Europas ist, an ihrem Sitz in einem österreichischen Dorf, nahe der tschechischen Grenze. Meine Frau und ich sind gerade mit unseren beiden Töchtern in Wien und genießen den letzten Urlaubstag.

Zur selben Zeit machen polnische Imker eine seltsame Beobachtung: Obwohl die Sonne scheint, unterbrechen die Bienen plötzlich ihren Flug, verkriechen sich in ihre Stöcke und umkreisen schützend ihre Königin. Dieses ungewöhnliche Verhalten zeigen sie noch einige Tage.

So gut die Verständigung im Tierreich offenbar funktioniert, so schlecht ist es um sie unter den Menschen bestellt. Erst am 29. April erfahre ich bei mir zu Hause in der Obersteiermark aus den Radionachrichten, daß in Schweden und Finnland stark erhöhte Radioaktivität gemessen wurde, deren Ursache in der UdSSR liege. Die *TASS* meldet einen heftigen Reaktorbrand mit zwei Toten in Tschernobyl bei Kiew. Politiker behaupten, daß für die Bevölkerung in unseren Breiten keine Gefahr bestünde.

Ich bleibe zunächst ganz ruhig und gefaßt, wundere mich selbst darüber. Irgendwie war ich schon längst darauf vorbereitet, daß in allernächster Zeit »etwas Großes« geschehen würde – allerdings im negativen Sinne! So laufen die ersten Handlungen eher automatisch, regelrecht geplant ab: Meine Frau und ich beschließen, möglichst nicht hinauszugehen und die Kinder im Haus zu lassen. Ich verfolge jede Stunde die Nachrichten und überlege, was zu besorgen, was zu tun sei. Zunächst kaufe ich noch weitere Vorräte, speziell für unsere Kinder ein. Dabei benütze ich ganz von selbst meine Halbschuhe mit Gummisohle – ein vorteilhafter Entschluß, wie sich später herausstellen sollte. Am 30. April höre ich in den Morgennachrichten, daß nach starken Regenfällen in Kärnten extrem hohe Werte von Radioaktivität gemessen wurden und für die Bevölkerung Strahlenalarm gegeben wurde. Ich muß trotzdem aus dem Haus, um meinen Wahlschein für die Bundespräsidentenwahl am 4. Mai zu besorgen. Es regnet. Ich nehme einen Schirm zum Auto, vom Auto in die Bank und ins Gemeindeamt – hüte mich, naß zu werden und wundere mich über die vielen, die so tun, als sei nichts geschehen. Und doch begegne ich auch vielfach großer Niedergeschlagenheit: über das Ausgeliefertsein an etwas bösartiges Unbekanntes, über die Unmöglichkeit, dieser Bedrohung zu entrinnen. Denn von nun an wird sie uns auf Schritt und Tritt verfolgen. Ich muß erst mit diesem absurden Gefühl vertraut werden, daß *ES* in unterschiedlicher Konzentration überallhin gelangt.

Ich vergegenwärtige mir die eigentliche Bedeutung von »strahlen«: Augen leuchten, strahlen; Menschen strahlen Güte, Sanftmut, Wohlwollen und Warmherzigkeit aus – du siehst es, du fühlst es zugleich. Aber diese Strahlen einer Technologie des Todes strahlen anders: Du siehst, hörst, riechst, fühlst, schmeckst sie nicht.

Mit einem flauen Gefühl verabschiede ich mich mittags von meiner Familie, um mit der Bahn nach Oberösterreich zu fahren. Dort soll ich am Vorabend des 1. Mai einen meiner Diavorträge über die Hopi-Indianer halten, die schon seit 1948 vor einer solchen Katastrophe warnen. Jetzt ist sie da.

Einige Wochen später erfahre ich endlich, daß Österreich und Süddeutschland gerade in dieser Zeit der größten Strahlenbelastung ausgesetzt waren – durch Jod in der Luft, Cäsium, Strontium und Plutonium, insbesondere im Regen.

In den ersten Tagen bemerke ich eine seltsame blaugrüne Verfärbung der Wiesen. Erst später wird mir bekannt, daß dies auf die starke Ionisierung der Luft durch die Radioaktivität zurückgeht. Aufgrund dessen bildet sich ungewöhnlich viel Stickstoff, der dem Pflanzengrün einen Blauton verleiht. Dieser unnatürliche Vorgang führt auch zu größerem und schnellerem Wachstum. Ich stelle fest, daß der Löwenzahn in unserem Garten etwa das Dreifache seiner normalen Größe erreicht hat, und höre, daß in der Nähe des Kernkraftwerks bei Harrisburg in den USA nach dem dortigen Reaktorunglück der Löwenzahn mehrere Zentimeter dick und über einen Meter groß geworden sei.

Die Meldung vom 13. Mai, daß in Finnland radioaktiv verseuchte Zugvögel – besonders Nachtigallen – tot vom Himmel fallen, ergänzt das schaurige Mosaik auf schaurige Weise. Ebenso wie die Tatsache, daß die 40000 Lappländer, die Ureinwohner Nordskandinaviens, ihrer Lebensgrundlage beraubt sind, da das Rentier schwer verseucht ist. Sie werden vermutlich als die erste Stammeskultur in die Geschichte eingehen, der zusammen mit der für sie lebenswichtigen Tierart durch Tschernobyl die weitgehende Auslöschung droht. Bei Ganzkörpermessungen werden denn auch in den ersten Wochen an Lappländern zehnfach höhere Strahlenwerte ermittelt als zum Beispiel an Wienern (was sich 1987 noch drastisch verschlimmert).

Das alles übersteigt zunächst mein gewohntes Begriffsvermögen: Da geht es um Jod, Cäsium, Strontium, Plutonium, Rem, Bequerel, Curie und vor allem um täglich steigende Werte radioaktiver Strahlung beispielsweise in der Milch, im Frischgemüse, das jetzt gerade erst auf den Markt kommt, und im Rindfleisch. Gewohntes gilt nicht mehr: Was frisch ist und im Freien wuchs, ist stark belastet und daher gesundheitsschädlich, Tiefkühl- und Treibhausware wird zum Hit der Saison. Meine Frau und ich fragen uns: Wie wird die Zukunft unserer Kleinkinder aussehen? Zunächst müssen sie einige Tage im Haus bleiben, später dürfen sie nur etwa eine halbe Stunde ins Freie. Dort dürfen sie nicht auf dem Boden spielen, werden etwa einen halben Meter darüber getragen oder im Kinderwagen gefahren, müssen Staub vermeiden, dürfen bis zum Juni wegen des Jods nicht in die Wiese, nicht in den Sand... Wir drehen fast durch. Andere Eltern (und deren Kinder) auch.

Besonders die Konfrontation mit dem Schicksal unserer Kleinkinder, Katharina (rund zwei Monate alt) und Raphaela (gerade ein Jahr alt), verschiebt unsere Perspektive unvermeidlich zugunsten des Lebendigen und nötigt uns, von dieser tollwütig gewordenen Industrie- und Konsumgesellschaft gebührend Abstand zu nehmen. Das heißt aber zuerst: innehalten, nachdenken über dieses Leben, das aus dem Gleichgewicht geraten ist.

Von nun an müssen wir mit einer dreimal so starken Bodenstrahlung leben wie bisher, und die Ganzkörperbelastung soll – so die Wissenschaftler – seit Tschernobyl gut das Doppelte der vorherigen betragen. Wobei wir etwa 80 Prozent davon durch die Nahrung zu uns nehmen, den Rest durch die Atmung, die Haut.

Das Natürlichste der Welt, die Nahrungsaufnahme, wird jetzt zum unkalkulierbaren Gesundheitsrisiko. Ebenso das Atmen und der enge Kontakt mit der Erdmutter und allem, was auf ihr wächst.

Österreich hat von den westlichen Nationen vor der Bundesrepublik Deutschland und Finnland (!) im Durchschnitt die höchste Strahlenbelastung abbekommen, heißt es in einem *OECD*-Bericht der Atomenergie-Kommission im Dezember 1986. Eine der Folgen: Aufgrund der besonders durch Strontium 90 bewirkten Schwächung der Abwehrkräfte kommt es leichter zu Infektionskrankheiten, die meist hartnäckiger sind als bisher.

Tschernobyl verändert unser Leben, unser Denken, unser Tun, unseren Tod – alles. Nichts ist mehr wie früher, kann es nicht mehr sein – endgültig. Meine Frau, unsere Freunde und ich ringen in diesem Umsturz aller Werte, Gewohnheiten und Sicherheiten um einen neuen, angemessenen Standort. Dieses Ringen ist noch im Gang und wird es bleiben, denn das Sterben der Wälder, der Luft, der Böden, der Gewässer, der Pflanzen, Tiere und Menschen läßt uns nicht kalt. Schließlich sind wir ein Teil davon und müssen einen Weg der Selbstachtung, Würde und relativen Sicherheit des Lebens finden – für uns und unsere Kinder.

Die Reaktorkatastrophe, welche die Entwicklung der Menschheit veränderte, ist das schaurige Manifest unserer übertechnisierten Gesellschaft, die sich Zivilisation nennt. Sie ist das Manifest von Menschen, die ständig im Krieg mit sich selbst, der Mitwelt, der natürlichen Ordnung leben. Ihr Ziel ist die Zerstörung des Lebendigen, nicht dessen Erhaltung, fruchtbringendes Gedeihen und Schönheit. Sonst wäre eine perverse Technologie wie die der Atomkraft nicht möglich: Sie zerstört die natürlichen Kreisläufe des Lebens und macht den sanften, organischen Tod nach einem erfüllten Leben zu einer Ausnahmeerscheinung. Daran sollten wir denken, wenn wir zunächst nur so Vorstellungen wie »Sachzwänge«, »Effizienz« und »Lebensstandard« im Kopf haben.

Mensch sein nach Tschernobyl

Mensch sein kann nicht heißen, sich dem Leben gegenüber gleichgültig und verantwortungslos zu verhalten, andere Menschen und die gesamte Mitwelt als Lust-, Konsum- und Ausbeutungsgegenstand zu behandeln. Angesichts dessen, was Tschernobyl schon an Konsequenzen hatte und noch haben wird, klingt die Regierungserklärung des deutschen Bundeskanzlers Helmut Kohl vom 14. Mai 1986 merkwürdig. Zitat aus Überschriften der *Süddeutschen Zeitung* vom 15. und 16. Mai 1986:

> »Kohl: Kernkraft ist ethisch verantwortbar, umweltschonend und wirtschaftlich sinnvoll (...) Das Restrisiko ist für alle vertretbar.«

Was ist das für eine Ethik, die eine ständige radioaktive Belastung, die bei Kernkraftwerken unvermeidbar ist, und das Risiko, Mensch und Biosphäre tödlich zu verseuchen, als »ethisch verantwortbar« bezeichnet?

Kohls Worte spiegeln einen erschreckenden Zynismus oder naive, für einen Politiker gefährliche Unwissenheit wider – genauso wie jene zahlreichen Verteidigungsreden des 1988 verstorbenen bayerischen Ministerpräsidenten Franz Josef Strauß, der von seiner Nuklearpolitik inklusive Wackersdorf keinen Fingerbreit abweichen wollte. Haben solche Menschen verlernt, was es heißt, Leben zu behüten und weiterzugeben?

Dürfen sie sich die Stellung von uneingeschränkten Herren über Leben und Tod anmaßen, wie es zu allen Zeiten Tyrannen, Diktatoren und andere Machthaber taten, oder geht in ihrem Staat »die Macht vom Volke aus«? Weisen sie Lehre und Praxis ihrer Religion nicht in die Schranken?

Nichts, absolut nichts wünsche ich uns sehnlicher, als daß sich auch solche Menschen von ihren selbstauferlegten Fesseln lösen, nicht mehr »den Meister spielen«, wie die Indianer sagen, und wirklich dem Leben dienen.

Tschernobyl mußte geschehen – nicht weil dort ein »mangelhaft gesicherter« Reaktortyp steht, oder weil einige russische Mitmenschen versagt haben, sondern weil unser Denken und Tun absolut lebensfeindlich geworden ist und sich deshalb zunehmend von der Wirklichkeit zu isolieren beginnt.

Tschernobyl ist – wie der *Sandoz*-Chemie-GAU von Basel – lediglich die logische Konsequenz aus dieser Haltung, wird für unsere bereits abgestumpften Sinne zum verdichteten Abbild der Erkrankung unserer

Seele, nicht nur der russischen. Es ist wohl so, wie der amerikanische Hopi-Kenner Tom Tarbet Jr. treffend die »Kernaussagen der Hopi – Prophezeiung« formuliert:

> »Unser Abweichen vom natürlichen Gleichgewicht läßt sich bis zu einem Punkt verfolgen, welcher der Existenz unserer gegenwärtigen körperlichen Form vorausging. Wir waren einst in der Lage, nach freiem Willen zu erscheinen oder zu verschwinden, aber in unserer eigenen Überheblichkeit nahmen wir unsere schöpferischen Kräfte für selbstverständlich und mißachteten den Schöpfungsplan. Als Folge davon wurden wir an unsere körperliche Form gebunden, die von einem ständigen Kampf zwischen unserer linken und rechten Seite beherrscht wird. Die linke ist weise, aber unbeholfen; die rechte schlau und mächtig, aber ohne Einsicht und unsere eigentliche Bestimmung vergessend.«

Nach Auffassung der Hopi ist unsere eigentliche Bestimmung, friedfertig zusammenzuleben, auszutauschen, was uns zur Verfügung steht – es füreinander sorgend zu teilen.

Die Herausforderung des ersten atomaren Super-GAUs in der uns allgemein bekannten Menschheitsgeschichte besteht darin, zu erkennen, daß unser Austauschsystem im Koma liegt und schleunigst in Gang gebracht werden muß – sonst verenden wir.

Konkret: Die durch Menschenhand verursachte radioaktive Strahlung beeinträchtigt in dramatischer Weise die Stoffwechselprozesse im Körper von Pflanze, Tier und Mensch und führt so einen unnatürlichen, frühzeitigen Tod herbei. Eine Lebensweise, die einen gut funktionierenden Stoffwechsel gewährleistet, unterstützt nicht nur die Ausscheidung und Neutralisierung der aufgenommenen radioaktiven Teilchen, sondern kann sogar deren Einlagerung verhindern und stärkt die Abwehrkräfte des Organismus. Das gilt genauso für Pflanzen, Tiere und natürlich für die Erde selbst, für Luft und Wasser.

Ähnliches gilt für unsere Gedanken, den Umgang miteinander und mit der gesamten Schöpfung. Entschlackung oder Reinigung unseres Geistes, unserer körperlich-seelischen Ganzheit von lebensfeindlichen Gedanken und Handlungen (die auf den Verursacher zurückwirken und ihn zugleich fesseln) ist ein grundlegender Schritt. Ein weiterer die sorgfältige Pflege dieses in Gang gekommenen seelisch-körperlichen Kreislaufs durch lebensbejahende, friedfertige Gedanken und Handlungen, die ein Spiegel unseres Gleichklangs mit der Schöpfung sind.

Auf diese Weise treten wir auch ganz von selbst mit dem in Beziehung, was traditionelle Indianer *Das Große Geheimnis* nennen; das, was in allen Erscheinungsformen der Schöpfung als lebenspendende und lebenserhaltende Kraft wirkt und so jedes Sein ermöglicht. Ganz einfach...

So gesehen ist unsere Chance größer, als es den Anschein haben mag, die Herausforderung annehmbar, davon bin ich überzeugt – trotz unserer Unzulänglichkeiten. In der angedeuteten Art ist es uns möglich, dieses Muster von Gewalt und Zerstörung, das wir geflochten haben, aufzulösen und ein neues zu weben, in dem alle wahren Kinder dieser Erde zum Wohle ihrer selbst und des Planeten miteinander verbunden sind.

So kann die ersehnte Wende zum Leben beginnen – und sie hat schon längst begonnen. Schon am 10. Mai 1986 erscheint in der *Süddeutschen Zeitung* ein ganzseitiges Inserat, in dem es unter anderem heißt:

> »Tschernobyl ist der endgültige Abschied von einer Politik des blinden Glaubens, daß alles machbar ist und auch alles gemacht werden darf (...) Neue Technologien müssen den Menschen helfen, nicht sie gefährden.«

Goldene Worte des *SPD*-Politikers Karl-Heinz Hiersemann, die – auch wenn die Wahlkampfstimmung in Bayern zu berücksichtigen ist – ein Umdenken verdeutlichen. Wenige Tage später fordert der Fraktionsvorsitzende der *SPD*, Hans-Jochen Vogel, im Gegensatz zum vorhin zitierten Bekenntnis von Kanzler Helmut Kohl einen »langfristigen Ausstieg aus der Kernenergie, einen Umdenkungsprozeß und den Stop der *WAA* in Wackersdorf«. Letzteres verlangen auch die *Grünen* mit ihrem Sprecher Joschka Fischer, darüber hinaus noch das Abschalten der Kernkraftwerke »hier und heute«. Und der österreichische Bundeskanzler Fred Sinowatz *(SPÖ)* formuliert am 13. Mai 1986 klipp und klar: »Zwentendorf ist tot.« Gemeint ist die endgültige Nicht-Inbetriebnahme des zwar fertigen, aber noch der Eröffnung harrenden einzigen Atomkraftwerks in Österreich bei Wien. Gleichzeitig werden Gespräche mit der bundesdeutschen Regierung bezüglich Wackersdorf angekündigt, und zahlreiche Initiativen – wie zum Beispiel *Mütter für eine atomfreie Zukunft* in Salzburg und die gesamtösterreichische *Aktion eins vor zwölf* – treten spontan an die Öffentlichkeit.

Friedliche Demonstrationen in Bayern, Open-Air-Konzerte und, neben einem Koordinierungstreffen der deutschen Anti-Atomkraft-Bewegung in Frankfurt im Juni 86, eine vielbeachtete Rundfunkansprache des deutschen Bundespräsidenten Richard von Weizsäcker, in der er (im Gegensatz zur Atomlobby) die zunehmende Kernkraftdiskussion in der Bundesrepublik Deutschland »als Ausdruck politischer Wachheit und Mündigkeit« bezeichnet.

Ein Prozeß kommt in Gang, der viele verschiedene Aspekte umfaßt: Vom Erkennen dessen, daß wir als lebendiger Organismus die ebenso lebendige Erde mit ihren kreisförmigen Abläufen ständig beeinflussen, vom Funktionieren dieses Kreislaufs völlig abhängig sind – und nicht dessen Beherrscher oder frei walten könnende Manipulatoren –; über die bewußte Auswahl der Ernährung, die wachsende Anerkennung der Rolle der Mütter und Kinder für das Überleben der Menschheit bis zur Erkenntnis, daß Gebet, Gewahrwerden unseres Eingebundenseins durch Meditation und friedfertige Kooperation sowie daraus entstehende Rituale und Zeremonien politisches (also öffentliches) Engagement verlangen: Auf diese Weise befruchten sich Innen und Außen gegenseitig, werden zu einem handfesten Wirkungsfaktor.

Es ist ein weites Feld, das sich da eröffnet und uns hilft, Angst und Panik abzubauen, ruhig und von Zeit zu Zeit einfach still zu werden, um uns immer wieder neu auf die wechselnden Erfordernisse einstellen zu können.

Janet McCloud, die »Großmutter des indianischen Widerstandes«, wie sie gerne genannt wird, und Nachfahrin des legendären Häuptlings Seattle im US-Bundesstaat Washington, ist seit Mitte der sechziger Jahre eine enge Vertraute des offiziellen Sprechers und Dolmetschers der traditionellen Hopi, Thomas Banyacya Sr. Sie schreibt uns im Januar 1987 über die Abwehr drohender Gefahren – womit sie nicht nur die Radioaktivität meint:

> »Wir müssen mächtige positive Kräfte hervorbringen, um die bösen, negativen Kräfte auszugleichen, die rund um die Welt Amok laufen. Wir können nicht abhängig bleiben von den politischen Führern der Welt, damit sie uns retten – wir müssen uns selbst retten, unsere Familien, unser Volk und das Land!!!
>
> Wenn wir beten oder Zeremonien durchführen, muß es allein geschehen, um das Gute anzuerkennen, das Schöne und Wahre – du mußt dir vor Augen führen, was du bewahrt, behütet und versorgt haben möchtest. Gib der Bestie keine Macht, indem du für sie betest, um ihre Macht zu beenden – lasse das die Große Mutter tun, und sie kann es, wenn wir ihr helfen, indem wir sie anerkennen, ihre Güte, ihre Macht – und indem wir ihr danken für alle die guten Dinge in diesem Leben.«

Darum geht es: Mutter Erde als unsere gemeinsame Mutter anzuerkennen; um unseren intensiven Austausch mit ihr, die uns hervorgebracht hat, nährt, kleidet, uns Heimstatt gewährt. Noch wartet sie auf unsere positive Reaktion, um endlich den Heilungs- und Befreiungsprozeß mit uns in Gang setzen zu können – sonst muß sie es ohne Rücksicht auf uns tun, und niemand weiß, wie uns das bekommen wird.

Die von Janet McCloud vertretene Haltung, die typisch für traditionelle Indianer ist, tut not, wie die rauhe Wirklichkeit beweist, denn die »andere Seite« schläft nicht, bleibt hartnäckig. Jene, die offenbar nicht gelernt haben, das Leben und sich selbst mit allen ihren Kräften zu lieben, lassen nicht locker und drohen so die anderen mit sich zu reißen. Rund vierzehn Tage nach der »Freundschaftswolke aus der UdSSR«, wie sie die Polen ironisch nennen, äußert sich der Generaldirektor der *Internationalen Atomenergie-Organisation (IAEO)* in Wien, Hans Blix, kritisch über »sehr weitgehende« Vorsichtsmaßnahmen einiger europäischer Länder und betont, daß die im Westen entflammte Diskussion über die Atomkraft »die Entwicklung der Atomkraft sicher nicht aufhalten« wird. Die *IAEO* werde sich in Zukunft neben ihrer bisherigen Tätigkeit, die Weiterverbreitung von Atomwaffen durch die Kontrolle von Atomkraftwerken zu verhindern, mehr auf den Aspekt »Sicherheit der AKWs« verlagern.

Atom und die politische Rechte: Zwei gefährliche Feuer

Kehren wir noch einmal zurück in die trostlose Landschaft des leichtfertigen Umgangs mit den Folgen des Super-GAUs in der Ukraine und der Innenpolitik Österreichs. Dies scheint mir zur Analyse der bestehenden Verhältnisse unerläßlich, da es schlaglichtartig illustriert, welche Kräfte den verantwortungslosen Umgang mit der Erdmutter besonders vorantreiben.

Achtzehn Tage nach der Explosion des Reaktors in Tschernobyl bricht auch der scheinbar mächtige Kreml-Chef sein langes Schweigen und schlägt lediglich eine internationale »Konferenz zur Reaktorsicherheit« in Wien und weltweite Kooperation zur Vorbeugung von Störfällen vor. Gleichzeitig bekräftigt er, daß die Sowjetunion an der Kernkraft und ihrem Ausbau festhalte. Weltweit – bis auf Ungarn und Jugoslawien, die behaupten, keine neuen AKWs mehr errichten zu wollen – dasselbe Bekenntnis. Die Angst, loszulassen, Macht einzubüßen, hat die Oberhand behalten, und die konservative Regierung der Atommacht Frankreich läßt sich ganze vierzehn Tage Zeit, bis sie die Menschen ihres Landes über den radioaktiven Niederschlag in ihrer Heimat informiert.

Allein 1986 werden weltweit einundzwanzig neue Atomkraftwerke in Betrieb genommen. In sechsundzwanzig Staaten der Erde sind somit noch im Jahr eins nach Tschernobyl insgesamt 394 Kernkraftwerke am Netz – die rein militärischen nicht einberechnet. Damit fließt bereits ein Sechstel des weltweit erzeugten elektrischen Stroms aus AKWs.

Und die *UNO*-Vollversammlung verabschiedet noch im November 1986 einstimmig (!) eine Resolution, in der die Staaten aufgefordert werden, die *IAEO* in Wien bei ihrer Aufgabe zu unterstützen, die »friedliche Nutzung der Kernenergie« weiter zu fördern und die »Sicherheit der Nuklearanlagen« zu verbessern. Jene *IAEO*, deren Generaldirektor Helmut Blix bei ihrer sogenannten »Reaktorsicherheitskonferenz« im September 1986 in Wien erklärt, daß es notwendig sei, das Vertrauen in die Kernenergie wieder herzustellen. Voraussetzung dafür sei der Bau – und nicht nur die Planung – von Anlagen zur Endlagerung und Wiederaufbereitung. All das geschieht, obwohl längst schon beweiskräftige Studien über die Gefährlichkeit geringer radioaktiver Strahlung bekannt sind, insbesondere zur drastischen Steigerung ihrer schädlichen Wirkung durch die Kombination mit Luftverschmutzung in Form von Staub, Rauch, Chemikalien, Schwermetallen und ähnlichem (vgl. dazu die Bücher von Holger Strohm und Rosalie Bertell sowie die Studie von Kollert, Donderer und Boikat im Literaturverzeichnis).

Einsamer Rufer in der Wüste: der damalige österreichische Außenminister Peter Jankowitsch (*SPÖ*), der bei der *IAEO*-Konferenz ausdrücklich betont, daß Atomenergie »unter den derzeitigen Bedingungen nicht sicher« ist. Was postwendend im Katastrophenwinter 1986/87 bestätigt wird: Allein in Frankreich müssen im Januar 1987 wegen extremer Kälte zehn AKWs notabgeschaltet werden – was beinahe zu einem totalen Zusammenbruch des Stromnetzes in Europa führt. Schon einige Tage zuvor entgeht Paris nur knapp einem Super-GAU, nachdem riesige Eisbrocken die Wasserzufuhr des Kühlsystems eines AKWs blockiert haben und erst in letzter Minute geschmolzen werden konnten.

Zur gleichen Zeit werben in den deutschen Massenillustrierten »Die Betreiber und Hersteller von Kernkraftwerken in der Bundesrepublik Deutschland« mit doppelseitigen Inseraten – unter Hinweis auf die *UNO*-Resolution – für die Nutzung der Atomkraft und drücken auf die Tränendrüsen des wohlstandsbewegten Lesers: »Ein Verzicht auf die Kernenergie würde nicht nur den Industrieländern schaden, er hätte schwerwiegende Auswirkungen auf die Lebensbedingungen der Menschen in Afrika, Asien und Südamerika, von denen viele heute schon aus Energiemangel ihre elementarsten Lebensbedürfnisse nicht befriedigen können.«

Diese Sorge um die Lebensbedingungen der Völker der Dritten Welt ist geradezu rührend. Sie trägt jedoch nicht der Tatsache Rechnung, daß genau jene Völker – insbesondere aber die Indianer in Kanada, den USA, die Schwarzafrikaner in Südafrika und die Aboriginals in Australien gerade am meisten unter dem Uranabbau zu leiden haben und just deshalb ihre »elementarsten Lebensbedürfnisse« nicht decken können – so wie wir in absehbarer Zeit, wenn die AKWs und der Uranabbau nicht endgültig gestoppt werden.

Schon im Februar 1987 warnt die österreichische Sozialversicherung der Bauern vor dem sorglosen Umgang mit verstrahltem Heu: Sie empfiehlt, Schutzmasken zu tragen, die vor der radioaktiven Staubentwicklung schützen sollen, denn die Strahlenbelastung der Bauern komme in vielen Fällen jener von Arbeitern in Kernkraftwerken gleich (!). Gleichsam als Bestätigung dieser Horrorvision wird im bayerischen Chiemgau im Stall eines Bauern pro Quadratmeter eine Strahlenaktivität bis zu 25000 Bequerel gemessen (das sind 25000 radioaktive Atomzerfälle pro Sekunde), wie die Illustrierte *Stern* am 12. Februar 1987 berichtet.

Zum Vergleich: Am 11. Mai 1986 gibt das Bundesinnenministerium der Bundesrepublik Deutschland die Caesiumbelastung von Gras im Süden der Bundesrepublik Deutschland mit 3000 Bequerel pro Quadratmeter an – also etwa zwölf Prozent des im Chiemgau gemessenen Wertes. 1983 betrug der Bundesdurchschnitt am Boden lediglich 31 Bequerel Cäsium 137, die gesamte Betastrahlung 416 Bequerel. Nach der deutschen Strahlenschutzverordnung ist eine Genehmigung erforderlich, wenn Futtermitteln radioaktive Stoffe beigemengt werden, die eine höhere Strahlenaktivität als 0.37 Bequerel pro Kilogramm aufweisen. In Bayern werden jedoch im Landkreis Bad Tölz im Heu aus dem ersten Schnitt bis zu 33000 Bequerel pro Kilogramm gemessen, bei besagtem Bauern etwa 7300, also das rund 90000- beziehungsweise 20000fache dessen, was laut Strahlenschutzverordnung ohne Genehmigungspflicht erlaubt ist!

Ein knappes Jahr nach Tschernobyl werden in der Bundesrepublik im Februar 1987 242 Waggons mit 5000 Tonnen radioaktiver Molke vor aufgebrachten Bürgern auf Bundeswehrgelände »in Sicherheit« gebracht: Die Molke strahlt pro Kilogramm des Pulvers zwischen 4800 und 7000 Bequerel, erlaubt sind in der EG bei Futtermitteln maximal 600.

Heeressprecher Werner Widder dazu: »Eine Strahlung ist schon in einem Abstand von zehn Meter nicht mehr meßbar!« Wie beruhigend – findet man doch wenige Tage später im Raum Rosenheim weitere 2000 Tonnen in einem Lagerhaus und in Österreich um dieselbe Zeit etwa 14000 Tonnen »Atommolke«, die der Verwertung harren. Auch die Verstrahlung der österreichischen Donaustaubereiche mit 18500 bis 37000 Bequerel pro Kilogramm getrocknetes Stromsediment alarmiert all jene, die noch nicht wieder zur Tagesordnung übergegangen sind.

Das *Deutsche Atomforum* sieht jedoch als Organ der Atom-Befürworter keinen Grund zur Beunruhigung. Es spricht im Februar 1987 von einer »Hysteriewelle« und davon, daß die Molke vor allem mit »Unwissenheit und Psychologie« belastet sei, weniger mit Radioaktivität. Sie stelle keine Gefahr für Tier und Mensch dar. Auch der Klärschlamm ist hochgradig verseucht. Dennoch gibt ihn die Strahlenschutzkommission bundesweit als Dünger frei, wie der *Stern* im Februar 1987 zu melden weiß: »Und Bayerns Umweltminister Alfred Dick präzisiert, der Strahlenschlamm sei ein ›Wirtschaftsgut‹ und kein atomarer Abfall.« Womit insbesondere Bayern, das ohnehin schon mit am schwersten betroffen ist, und der Bundesrepublik Deutschland die Chance zuwächst, einen fragwürdigen Spitzenplatz im unbekümmerten Umgang mit Radioaktivität zu erringen.

Dem versuchen zahlreiche Bürgerinnen und Bürger entgegenzuwirken: Schon am 16. Februar finden sich vor einem Klärwerk in Starnberg/Bayern Vertreterinnen verschiedener Ortsgruppen der *Mütter gegen Atomkraft* zu einer Demonstration gegen die Auftragung von Klärschlamm auf landwirtschaftliche Nutzflächen ein. Sie vertreten die Hoffnung, denn sie kämpfen gegen den schleichenden Tod, für das Leben. Wie jene zahllosen engagierten Menschen aus der Bundesrepublik Deutschland und Österreich, die gegen die atomare Wiederaufbereitungsanlage in Wackersdorf seit 1985 ständig demonstrieren und sich nicht abschrecken lassen: weder durch militante Minderheiten, die die Bewegung in Mißkredit bringen, noch durch an Diktaturen erinnernde Demonstrations- und Versammlungsverbote oder gar ein Einreiseverbot nach Bayern, wie es nicht nur im Juni 1986 von den bayerischen Behörden verhängt worden ist.

Wackersdorf wird trotzdem gebaut – Wackersdorf muß offenbar gebaut werden –, denn wenn es fertig ist, 1995, läuft gerade der Atomwaffen-Sperrvertrag aus. Und zu diesem Zeitpunkt soll eine neue Lasertechnik zur Herstellung von Waffenplutonium für Atombomben ebenfalls einsatzbereit sein. Waffenplutonium, das direkt bei einem Schnellen

Brüter wie bei dem im Bau befindlichen in Kalkar am Niederrhein (Bundesrepublik Deutschland) oder im *Super Phoenix* in Frankreich abfällt, der im Juli 1987 abgestellt werden muß, weil das Aussickern des ihn kühlenden flüssigen Natriums in ein Notauffangbecken nicht abgestellt werden kann... Waffenplutonium kann aber auch mit Hilfe einer Wiederaufbereitungsanlage, wie sie in Wackersdorf vorgesehen ist, gewonnen werden. »Eine große Anlage könnte damit in rund zwanzig Minuten eine kritische Masse Waffenplutonium herstellen«, berichtet das Magazin *Natur* im November 1986.

Wollte sich Franz Josef Strauß, 1955 erster Atomminister und ab 1956 Verteidigungsminister der Bundesrepublik Deutschland, einen Herzenswunsch erfüllen – die deutsche Atombombe? Schon 1957 unterzeichnete er unter dem damaligen Bundeskanzler Adenauer ein Geheimabkommen zwischen der Bundesrepublik Deutschland, Frankreich und Italien zur Entwicklung von Atomwaffen; 1974 stimmte er gegen den Atomwaffensperrvertrag, und 1984 holte er die *WAA* nach Bayern. Damit erhält der Widerstand gegen die *WAA* und jede Form der »Nutzanwendung« der Kernenergie in der Bundesrepublik Deutschland eine höchst brisante militärische und weltpolitisch bedeutsame Dimension, welche im Januar 1987 die Moskauer *Prawda* zur Feststellung veranlaßt, daß in der Wackersdorfer Atomfabrik jährlich Spaltmaterial für 500 Atomsprengköpfe gewonnen werden könne – etwa 5000 Tonnen hochgiftiges Plutonium.

Trotz dieser beklemmenden Vorgänge bleibt in der Bundesrepublik Deutschland sowohl bei Landtagswahlen 1986 als auch bei den Bundestagswahlen 1987 die politische Macht relativ stabil in den Händen von *CSU/CDU* und *FDP*: Die Zugewinne der *Grünen* reichen nicht aus, um die Atompolitik zu Fall bringen zu können.

In Österreich ist nach der Bundespräsidentenwahl im Mai und Juni im Jahr eins nach Tschernobyl der November dritter politischer Schicksalsmonat. Die Nationalratswahl bringt den regierenden Sozialisten, die unter dem konservativen Banker Franz Vranitzky angetreten sind, starke Verluste – sie bleiben gerade noch mandatsstärkste Partei. Die erstmals mit Freda Meissner-Blau als Zugpferd kandidierenden *Grün-Alternativen* ziehen in Klubstärke mit rund fünf Prozent der abgegebenen Stimmen in den Nationalrat.

Damit haben Betonierungspolitiker und technokratische Macher zum ersten Mal eine Kontrollinstanz im Parlament. Die Welt bewegen können allerdings auch sie nicht, zumal die *Freiheitliche Partei Österreichs* unter ihrem jugendlich-drahtigen Parteiobmann Jörg Haider ihren Mandatsstand um fünfzig Prozent steigert und zum idealen Ansprechpartner der schwer angeschlagenen katholisch-konservativen *ÖVP* wird. Obwohl (oder gerade weil?) ihr nachgesagt wird, daß sie weit rechts stehe und unter Jörg Haider zum Auffangbecken für enttäuschte Neo- und Altnazis geworden sei.

Damit ist eine rechtskonservative Regierung in Österreich seit November 1986 theoretisch jederzeit möglich. Denn die *ÖVP*, die relativ starke Stimmenverluste hinnehmen muß, hat auch noch mit dem fragwürdigen Image des im Juni 1986 bei einer Stichwahl als Sieger hervorgegangenen Bundespräsidenten und ehemaligen *UN*-Generalsekretärs Dr. Kurt Waldheim zu kämpfen. Jenes Mannes, der vor allem wegen seiner Auffassung von Pflichterfüllung gegenüber dem Hitler-Regime und wegen seiner merkwürdigen Gedächtnislücken bezüglich seines Einsatzes im Krieg auf dem Balkan als Präsidentschaftskandidat internationales Aufsehen erregte. Waldheim war Kandidat der *ÖVP*, wurde mit Zähnen und Klauen gegen eine entsetzte Weltöffentlichkeit (und zahlreiche antifaschistisch eingestellte Österreicher) verteidigt, dabei geschickt den latenten Antisemitismus in Österreich ausnutzend. Das markigstramme Motto: »Jetzt erst recht Waldheim«.

Nach einer Studie des Publizistikinstituts der Universität Wien, veröffentlicht im Februar 1987, haben 1980 nur 33 Prozent der befragten Österreicher der Aussage zugestimmt, daß »der Einfluß von Juden in Politik und Wirtschaft zu groß« sei; 1986, nach der Waldheim-Wahl, waren es bereits 48 Prozent.

Das Spiel mit dem Feuer hat begonnen – *CDU* und *CSU* zündeln im Asylantenfieber in der Bundesrepublik Deutschland ebenfalls –, faschistische Töne sind unter Politikern wieder salonfähig. Für Österreich jedenfalls »ist ein Meinungsklima geschaffen worden, in dem man sich wieder offen gegen Juden aussprechen kann«, stellt dazu ein Institutssprecher im Februar 1987 fest. In den USA tun dies bereits offen und ausgiebig Mitglieder des rechtsextremen Ku-Klux-Klans, die sich als »Arier« bezeichnen, für die »Förderung der weißen Rasse« eintreten und Fremdenhaß predigen. Ähnlich wie in Frankreich Le Pen, der Kandidat der *Nationalen Front* für die Präsidentenwahl 1988, der dort die Angst der Menschen vor *AIDS* schürt und alle Ausländer zu deren »Hauptrisikoträgern« erklärt. Ginge es nach ihm, müßten sie zweimal im Jahr auf Staatskosten zur *AIDS*-Kontrolle. Ähnliche Töne sind aus dem österreichischen Kärnten zu vernehmen, wo im Februar 87 Gesundheitslandesrat Rudolf Gallob eine Zwangsuntersuchung für Gastarbeiter und Afrikareisende fordert.

Abgesehen davon, daß solche Ideen an unselige Zeiten erinnern, gehen sie an der Tatsache vorbei, daß *AIDS* nur durch eine Änderung der Lebensweise der Menschen, nicht aber durch die Isolation der Betroffenen eingedämmt werden kann. Oder sollen in Europa wieder einmal Ghettos geschaffen werden?

Kapitel 2

Manager sorgen für eine »neue Lebenserotik«

Manager statt Visionäre?

Bleiben wir noch ein wenig in Österreich, wo die Entwicklung in exemplarischer Weise einen weltweiten Trend erkennen läßt.

»In Österreich fehlt ein starker Mann, der einmal Ordnung schafft.« Diesen Standpunkt vertreten 1986 immerhin 49 Prozent der jungen Österreicher, wie eine Jugendstudie des *Fessel-Instituts* ergibt. 1980 waren es lediglich 22 Prozent, obwohl es auch damals politische Skandale und Korruption gab. 44 Prozent der befragten Jugendlichen glauben sogar, daß es keinen Einfluß auf das Leben habe, welche Partei gerade an der Regierung ist. Entsprechend sieht auch die neue Regierung der Alpenrepublik aus: Jene Parteien, welche einander die letzten zwanzig Jahre regelrecht spinnefeind gegenüber standen und bei den letzten Nationalratswahlen als einzige (und viel) verloren haben, teilen sich nun die Macht in einer großen Koalition. Eine »Vernunftehe«, wie es *SPÖ*-Klubobmann Fischer formulierte. Auch die *Industriellenvereinigung* darf sich freuen: Nennt sie doch die neue Regierungserklärung einen »Tribut an die Sachzwänge«. Und als starker Mann dieses Sachverwalterkabinetts hält Bundeskanzler Franz Vranitzky, ehemaliger Generaldirektor der staatlichen *Länderbank*, die Regierung zusammen, der es vordergründig um eine drastische Senkung des Budgetdefizits geht. Ein zweifellos wichtiges Vorhaben. Zu wessen Lasten aber wird es – hier wie anderswo – verwirklicht?

Zunächst werden die bisher getrennten Ministerien für Gesundheit, Umweltschutz und Familie zu einem zusammengelegt; dann wird unter anderem beim Umweltfond gespart, dem die finanzielle Rücklage entzogen wird; schließlich im Bereich Soziales, öffentliche Bauten und bei den verstaatlichten Betrieben durch zahlreiche Entlassungen und Modernisierungen, welche wiederum Entlassungen zur Folge haben. »Gespart« wird auch durch den Verkauf von bis zu 49 Prozent der Anteile an gutgehenden verstaatlichten Betrieben an Private – meist ausländische Holdinggesellschaften. Wenig Tröstliches kommt da auf die Österreicherinnen und Österreicher zu – wie in allen konservativ regierten Staaten.

Warum aber ist Österreich unter einem sozialistischen Bundeskanzler ein konservativ regierter Staat geworden? Wo bleiben die Visionen einer sozialistischen Partei von einer besseren Gesellschaft? Norbert Leser, *SPÖ*-Mitglied und Politologe an der Wiener Universität, formulierte dazu im Magazin *Wochenpresse* schlicht: »Es gibt heute ein friedliches Zusammenleben von Kapital und Arbeit.« Und weiter: »Der Sozialismus ist heute eine unverkaufliche Ware, die man verstecken muß. Es wird in der Ideologie die Gleichheit postuliert, aber die erfolgreichsten Politiker bei der letzten Wahl waren Multimillionäre – ohne, daß das jemanden gestört hätte.«

Sachverwalter statt Visionäre heißt demnach die Devise. Seit Vranitzkys Amtsantritt managt eine dynamische Machergeneration die technologiegläubigen Verwalter von Parteisesseln, Aufsichtsratsposten und unkündbaren Beamtenstühlen.

Es handelt sich dabei keinesfalls um eine typisch österreichische Erscheinung, sondern um eine, die weltweit in den Industrienationen zu beobachten ist: Manager, Banker und andere Geldleute haben in der Politik unverhüllt das Wort – nicht immer so direkt wie seit Januar 1987 in Österreich, das damit eine neue Ära in seiner Geschichte einleitet, ähnlich wie es bereits Frankreich, Großbritannien, Italien, die USA, Japan, die Bundesrepublik Deutschland und nicht zuletzt die Schweiz überdeutlich vor Augen führen. Das hat natürlich Folgen. Weniger für die Großunternehmer und Großverdiener als vielmehr für die »Kleinen« aller Schattierungen. In Österreich beispielsweise wird aufgrund der »neuen Politik«, die von der *ÖVP* zu Recht als konservative Wende gefeiert wird, mit einer Verdoppelung der Arbeitslosenquote auf ca. 8 Prozent oder eine Viertelmillion im Laufe von nur fünf Jahren gerechnet.

Eine Politik mit solchen Folgen ist denn wohl dem »großen Alten« der *SPÖ* zuviel geworden: Bruno Kreisky, weltbekannter Altbundeskanzler der ehemaligen »Insel der Seligen«, wirft das Handtuch. Einen Staat nach weitgehend betriebswirtschaftlichen Grundsätzen zu verwalten, volkswirtschaftliche Herausforderungen auf dieselbe Weise zu lösen – dazu kann jener Mann nicht länger schweigen, der sich seinerzeit dazu bekannt hat, lieber Schulden zu machen, als Arbeitslose zu riskieren. Ein Rezept, das auch Ronald Reagan befolgte, nur steckte er das geborgte Geld im Gegensatz zu Kreiskys seinerzeitiger Politik in eine kleine Elite zur Entwicklung extremer Rüstungstechnologien – ohne Rücksicht auf soziale Folgen.

Die weltweit längst bestehende Kluft zwischen »Realpolitikern« und sogenannten »Fundamentalisten« tritt im Konflikt Bruno Kreisky und

SPÖ geradezu modellhaft offen zutage, als der Altbundeskanzler am 15. Januar 1987 alle Ehrenfunktionen in seiner Partei niederlegt. »Endgültigst«, wie er sagt.

Auf diese Weise wächst an den Schaltstellen der Macht die Zahl jener, welche mit Umweltfragen, emanzipatorischer Entwicklungs- und Sozialpolitik, Menschenrechten und dergleichen nicht allzu viel im Sinn haben. Zu einem umstrittenen Bundespräsidenten bekommt Österreich auch noch einen ebenso rechtskonservativen Außenminister und Vizekanzler: Alois Mock (*ÖVP*). Österreichs Außenminister hat auch den Auftrag, mit den politisch Verantwortlichen in der Bundesrepublik Deutschland über die bedrohlichen Auswirkungen der *WAA* in Wakkersdorf zu verhandeln. Es geht hier nicht um die persönliche Ansicht des Privatmannes Alois Mock, sondern um den *österreichischen Politiker*. Wird er, welcher der *CSU/CDU*-Schwesterpartei in Österreich vorsteht, selbst Atom- und Apartheidbefürworter in seiner Umgebung bevorzugt und von der Industrie hofiert wird, glaubwürdig und mit Erfolg die Bedenken des Großteils der Österreicherinnen und Österreicher vertreten können? Kaum, denn obwohl sich das österreichische Volk 1978 mehrheitlich gegen das AKW Zwentendorf und damit gegen die Kernkraft entschieden hat, betreiben er und der Bundeskanzler selbst das Vorhaben einer weitgehenden Öffnung zur atomfreundlichen EG, und Vranitzky entfacht 1988 die Atomenergiediskussion erneut.

Am Beispiel des sogenannten »Clans« in Österreich sei nochmals verdeutlicht, woher die neuen »Macher« in der *SPÖ* kommen. Bei diesem Clan handelt es sich um »die Gruppe um Hannes Androsch, der alle von Kreisky Kritisierten, von Bundeskanzler Franz Vranitzky bis zu Ex-Sinowatz-Berater Hans Pusch, zugezählt werden« schrieb Ruth Pauli im *Kurier* vom 21. Januar 1987. Hannes Androsch war als Steuerberater unter Kreisky Finanzminister geworden und mußte dann wegen einer zwielichtigen Steuersache den Hut nehmen. Dabei wurde er Generaldirektor der *Creditanstalt*, Franz Vranitzky war sein Sekretär. Der nachfolgende Finanzminister Herbert Salcher wurde jedoch sehr bald, 1984, nach seiner Ankündigung einer Steuerreform, vom damaligen Bundeskanzler Fred Sinowatz zum Rücktritt veranlaßt. Salcher war zugleich für eine rasche und rückhaltlose Klärung der Steuersache Androsch eingetreten. *SPÖ*-Kanzler Sinowatz bestellte schließlich Vranitzky zum Finanzminister, und der damalige Justizminister Christian Broda veranlaßte zu guter letzt, daß das Verfahren gegen Androsch eingestellt wurde. Salcher dazu im Kurier: »Das war alles gut vorbereitet, vor allem in der Wirtschaft, der Clan wird alles erobern.«

Im Januar 1988 wird Johannes Androsch unter einem neuen Justizminister in erster Instanz schließlich doch gerichtlich verurteilt: wegen Falschaussage in seiner Eigenschaft als Zeuge zu einer Geldstrafe von 1,08 Millionen Schilling (etwa 154000 Mark). Daraufhin muß er von der *Creditanstalt* Abschied nehmen – um wenig später als Berater für die *Weltbank* tätig zu werden.

Ob die von diesen Taufpaten gestützte Große Koalition hält, liegt wohl mehr denn je im Interesse der Geld- und Wirtschaftsmanager des Kleinstaates Österreich, der sich zumindest auf dieser Ebene nur schwer ausländischen Interessen wird entziehen können. Diese Art von Wende ist nicht jedermanns Geschmack, sind doch in der sogenannten freien Marktwirtschaft Konkurrenz, Leistung, Stärke und Gewinn mehr gefragt als Zusammenarbeit, gegenseitige Hilfe, schöpferische Muße und weise Selbstbeschränkung. Der von den Sozialisten unter Kreisky aufgebaute soziale Wohlfahrtsstaat mit seinem liberalen Klima wird – wie schon lange in der Bundesrepublik Deutschland und anderen ehemals sozialistisch regierten Ländern – einer harten Belastungsprobe ausgesetzt. Für die Entwicklung der charakterlichen und geistig-emotionalen Fähigkeiten der Menschen ist offenbar nicht genug geschehen. Materielles wird jetzt – trotz schöner Worte über christliche und andere Werte – noch wichtiger, als es ohnehin schon war: Entscheidend ist, daß die Kasse stimmt.

Damit vollziehen die Regierenden das, was sich in der Gesellschaft weitgehend bereits vollzogen hat – und verstärken es gleichzeitig. Die ursprüngliche Vision des Sozialismus vom *Leben in überschaubarer Gemeinschaft* ist nicht mehr gefragt.

Die Folgen: wachsende Unlust der Menschen an der Politik, steigende Resignation, blinde Zerstörungswut neben erhöhtem Alkoholkonsum und die Flucht in eine neue Innerlichkeit. Dabei ist Innerlichkeit durchaus notwendig, ja sie wird überlebensnotwendig. Aber sie darf nicht zur apolitischen Illusion verkommen, gleichsam zum Ausstieg aus der Gegenwart und damit aus der Öffentlichkeit führen. Wir dürfen ein »Leben in überschaubarer Gemeinschaft« nicht irgendwelchen Parteien oder Ideologien überlassen!

Wir stehen vor der Herausforderung zu handeln – eingebettet in den Staat, in dem wir leben, in die Gesellschaft, in die wir hineingewachsen sind –, ohne Fluchtbewegung in ein Traumland, eine Phantasiegesellschaft irgendwo.

Dabei können uns alle jene behilflich sein, quer durch Bewegungen, Parteien, Interessengruppen und dergleichen, die aufrichtig dem Leben dienen wollen.

Ganzheitliche, lebendige Spiritualität ist nicht begrenzt auf eine besondere, ausgewählte Situation. Sie ist immer und überall mit entsprechend verschiedenen Ergebnissen möglich. Sie kann aber niemals in Gemeinschaft mit jenen verwirklicht werden, die lebensfeindlich eingestellt sind. Für mich zum Beispiel ergeben sich da viele Momente, wo ich schlicht eine Kluft feststellen muß, die ich nicht überbrücken kann, solange mein Gegenüber an lebensfeindlichen Positionen festhält, die ihm ein Eingehen auf meine Grundhaltung völlig unmöglich machen.

Eine solche Position ist die Befürwortung der Atomkraft und die Ablehnung der Ökologiebewegung, die bedauerlicherweise laut *Profil* Nr. 4/1987 auch der neue österreichische Wissenschaftsminister Hans Tuppy (*ÖVP*) einnimmt. Ebenso der 1987 erneut bestellte Verkehrsminister Rudolf Streicher, der zwar eine Katalysatorpflicht für Neuwagen ab Oktober 1987 durchsetzt, eine generelle Tempobegrenzung auf 80/100 jedoch damit als »erledigt« betrachtet. Obwohl es nicht nur wissenschaftlich belegt ist, daß der Giftausstoß über Tempo 50 steil ansteigt (vgl. *Der Spiegel* Nr. 27/1987), was schließlich auch der Hausverstand sagt; obwohl es in Japan schon lange beide Geschwindigkeitsbegrenzungen gibt und die USA trotz gigantischer Entfernungen in ihrem Land mit dem geringfügig höheren Limit von 90 bzw. Tempo 105 zurechtkommen. Diese Entscheidung ist um so unbegreiflicher, als ein Tempolimit nichts kostet, die Mitwelt schont (weniger Lärm, Benzinverbrauch, Abrieb und Abgase) und den Verschleiß generell reduziert (Nerven, Fahrzeug, Straße). Von der Senkung der Unfallgefahren ganz zu schweigen. Solche Möglichkeiten werden nicht nur in Österreich von den Gewinninteressen der Automobilindustrie blockiert. Glauben die Unternehmer und ihre Vasallen wirklich, eines Tages Geld essen, atmen und trinken zu können anstelle unverseuchter Lebensmittel, reiner Luft und reinen Wassers? Wohl kaum. Vielmehr meinen die Macher, alles »in den Griff bekommen« zu können – nach alter patriarchaler Sitte. Die Signale zum Umdenken sind für diese Menschen offenbar noch nicht deutlich genug.

Computer: Lebensfeindliche Aspekte

Der neue österreichische Wissenschaftsminister ruft nach einer neuen Elite – an den Universitäten durch entsprechende Auslese zu fördern – und wird darin von der Wirtschaft unterstützt, die »einen Mangel an qualifizierten Führungskräften« beklagt, wie in der (inzwischen eingestellten) *Südost – Tagespost* (*ÖVP*) vom 30. Januar 1987 zu lesen war. Der

Kolumnist weiß Bescheid: Unter anderem ortet er als Grund unser Schulsystem, das den Leistungswillen hemme. »Da darf es nicht wundern, wenn Leistungswillen und Konkurrenzdenken, diese für das Berufsleben so wichtigen Überlebenstechniken, völlig unter die Bildungsräder geraten...«

Genau dieses Denken jedoch steht im krassen Gegensatz zu einer von der Anerkennung des symbiotischen Zusammenwirkens allen Seins getragenen spirituellen Weltsicht. Aber es zählt mehr – schließlich eilt die Regierung der maroden Wirtschaft schon zu Hilfe...

Auch die Banken können sich diesem auf Expansion bedachten Denken nicht verschließen. »Alle großen heimischen Geldinstitute (außer der Länderbank)«, lese ich im Wiener *Kurier* vom 14. 2. 1987, »haben in den letzten Jahren eigene Tochtergesellschaften gegründet. Sie vertreiben Computer und Programme ebenso wie etwa Programmierkurse.« Wobei das große Geschäft bald kommen dürfte, da Österreich erst am Beginn der Computerwelle steht, dem *Kurier* zufolge diesbezüglich ein »Entwicklungsland« sei.

Gibt es da möglicherweise einen Zusammenhang zwischen dem ehemaligen *Creditanstalt*-General Hannes Androsch, Ex-Banker und Bundeskanzler Vranitzky und der »neuen Politik« der Bundesregierung, in der es um zahlreiche Sparmaßnahmen und Personalabbau parallel zur Ausrüstung möglichst vieler Bereiche mit Computern geht? Jedenfalls dürfen an diesem neuen Geschäft heimische Kleinbetriebe genauso mitnaschen wie die Multis *Siemens, Philips* und *IBM* zum Beispiel.

Bei der Post in Österreich sollen 300 Arbeitsplätze durch neue Computer wegrationalisiert werden, und das Konzept »Neue Bahn«, bezeichnenderweise von einer US-Beratungsfirma gegen teures Geld entwickelt, lockt nicht nur mit gigantischen Tunnelbauvorhaben und einem ebensolchen neuen Zentralbahnhof in Wien, sondern insbesondere auch mit Hochgeschwindigkeitszügen auf der Westbahnstrecke, die bis zu 200 km/h rasen sollen – natürlich vollelektronisch (durch Computer) unterstützt. Auch die Güterabwicklung und das Reservierungssystem der Bahn sollen mit den Chipsfressern ausgestattet werden – alles Ausdruck einer Hochtechnologisierungswelle, die nicht nur Österreich zu erfassen im Begriff ist. Ganz nach dem Vorbild von Japan, Frankreich, der Bundesrepublik Deutschland und den USA, die auch am meisten daran verdienen. Eine Technik, die nicht nur der Mitwelt (– zu der auch der Mensch zählt –) größten Schaden allein schon beim Herstellungsprozeß durch höchst giftige chemische Lösungsmittel und Abfälle sowie nervenaufreibende, sterile Arbeitsbedingungen zufügt, sondern auch durch die hohe Belastung von Augen, Gehirn und Wirbelsäule bei der Arbeit am Bildschirm, der überdies noch Röntgenstrahlen abgibt. Eine ausführliche Untersuchung in Schweden hat ergeben, daß die Arbeit in dieser Strahlung bei Frauen ihre Leibesfrucht gefährden kann.

Mit dieser seltsamen Technik beeinträchtigen die Menschen ihre Fähigkeit, miteinander unmittelbar, also von Angesicht zu Angesicht, in Verbindung zu treten und ihre Vorhaben auf einfache, energiesparende und mitweltschonende Weise zu erledigen. Was natürlich länger dauern und mehr Menschen beschäftigen würde. Letztlich verkümmern im Umgang mit dem Computer auch andere Fähigkeiten, darunter die zur natürlichen Wahrnehmung und die zum Verständnis organischen Wachstums. Statt dessen dominieren Zeitraffertechnik, Hektik, Leistungs- und Anpassungsdruck. Wer denkt schon daran, daß Computer auf eine konstante, schwankungsfreie Stromversorgung angewiesen sind – also extrem abhängig machen –, insbesondere Großrechner, die zusätzlich ständig klimatisierte Räume benötigen? Daraus ergibt sich zwingend logisch die Notwendigkeit einer sicheren Versorgung mit Elektrizität, womöglich noch steigend, da ja immer mehr Computer angeschafft werden und mögliche plötzlich auftretende Versorgungslücken rasch geschlossen werden sollen. Womit sich der Kreis wieder schließt: Es werden mehr Kraftwerke benötigt, am besten gleich Atomkraftwerke, weil...

Sicher, dieses Buch hätte ohne Computersatz nicht so schnell in Druck gehen können. Und: In England zum Beispiel werden Kleincomputer zur Vernetzung alternativer Wirtschaftsformen und privater Initiativen gegen die Arbeitslosigkeit eingesetzt (vgl. das Buch *Alternative: Zukunft* von Dorothy und Walter Schwarz, ebenfalls in der Edition Pax im Verlag Hermann Bauer erschienen). Aber rechtfertigt der teilweise sinnvolle Nutzen des Computers (auch in der Medizin) wirklich Leid und Schaden, die durch seine Herstellungs- und Anwendungsbedingungen verursacht werden?

Die Computertechnologie ist unter diesen Aspekten daher tendenziell ähnlich lebensfeindlich wie Atomkraftwerke – allein schon durch ihre Entstehungs- und Betriebsbedingungen. Sie macht uns genauso völlig abhängig von einer Hochtechnologie und entfremdet uns zunehmend von der Wirklichkeit. Die Wirklichkeit aber ist das unberechenbare, stets wechselnde, auf keine Technologie angewiesene, organisch wachsende Leben, das sich – ohne Elite – selbst organisiert. Computer und Atomkraft setzen genau das Gegenteil voraus. Beide beruhen auf dem Prinzip der totalen Berechenbarkeit und zentralen Kontrolle, der Computer zusätzlich noch auf extremer Leistungsorientiertheit. Beide erfordern für ihren Einsatz eine Elite, die sie entwickelt, erzeugen läßt. Computer erfordern schließlich eine Elite, die sie programmiert und die einzelnen Geräte miteinander vernetzt.

Der Computer perfektioniert die Illusion der Herrschaft des Menschen über die »Natur«, weil er selbst auf dem Prinzip der Trennung beruht. Die lebensbedrohende Distanz und Gestörtheit der heutigen Menschen bezüglich der Erde und ihrer Kinder wird so vom Menschen technologisch demonstriert, ja noch gesteigert – wie bei Tschernobyl. Der Wahn, alles unter Kontrolle haben zu können, »machen« oder managen zu können, »Übermensch« zu sein, der alles im Griff hat (außer sich selbst, weil er aus seinem inneren Gleichgewicht geraten ist), macht ihn zur High-Tech-Marionette.

Wir können dieses Prinzip, dem da gehuldigt wird, auch schlicht als das männliche in seiner perversesten und extremsten Form bezeichnen: kalt, berechnend, ohne Fürsorge, ständig fordernd, kontrollierend, vereinnahmend und Macht für eigennützige Zwecke ausübend. So betrachtet sind jene Menschen, die sich vorbehaltlos für diese Technologie einsetzen, tragische Gestalten.

Der US-Computerexperte Joseph Weizenbaum brachte bei einem Vortrag in Graz im Februar 1987 die Situation auf einen klaren Nenner: »Unsere Gesellschaft ist kaputt, und wir können diese Gesellschaft mit technischen Mitteln nicht retten.« Die Vorgehensweise der neuen, kühl rechnenden Banker- und Managergeneration stellt alles auf den Kopf, was den Menschen in Wahrheit zum Menschen macht: die Praxis einer überschaubaren, lebenswerten Gemeinschaft, die auf füreinander sorgendes Teilen der Begabungen, Fähigkeiten und Möglichkeiten – ohne Zins und Zinseszins – beruht. Sie wird durch die Atomtechnologie und die mit ihr aufs engste verbundene Hochtechnologie, welche durch ihre Höchstleistungsideologie auf die Trennung vom menschlichen Maß abzielt, geradezu verhindert.

High-Tech, Kernfusion, Lasertechnik, Faschismus und natürliche Ordnung

Hochtechnologie (High-Tech) jeder Art stellt den Gipfelpunkt einer materialistisch gesinnten Kultur dar, kurz vor ihrem Selbstmord, wie übrigens auch die traditionellen Hopi mahnen. Daß sich dennoch so viele Menschen von dieser Technologie angezogen fühlen und glauben, mit ihr spielen zu können – im doppelten Sinn des Wortes gemeint –, zeigt, wie weit sich jene von ihren Ursprüngen entfernt haben und wie ihre Wurzeln zu verdorren drohen.

Dabei sind die Zeichen seit langem leicht ablesbar. So wie sich ein Wandel von der seit Menschengedenken angewandten, direkt steuerbaren Analogtechnik zur indirekt über Computer gesteuerten Digitaltechnik vollzieht, genauso vollzieht sich ein Wandel in den Umgangsformen: von warm, herzlich, persönlich und lebendig zu einer unpersönlichen, eher kühlen, vom Zeitmaß diktierten Kommunikation, wie sie das Fernsehen geradezu ideal vermittelt. Ein weiteres Beispiel: von der halbkreis- oder sinusförmig geschwungenen, direkt steuerbaren Hand über die ebenso direkt mit geschwungenen, mechanisch geritzten und abgetasteten Rillen der Schallplatte (samt entsprechender analoger Verstärkertechnik) vollzieht sich die Entwicklung zur digital programmierten *Compact Disc*, die auf dem Prinzip von rasch wechselnden, rechteckigen Einzelimpulsen beruht und in einem aufwendigen, hochgiftigen chemischen Verfahren hergestellt sowie von einem computergesteuerten Laserstrahl abgetastet wird.

In einer Gesellschaft, die sich das gefallen läßt, die neben der Automatisierung des Alltags solcherart entstandene »Klangerlebnisse« (scheinbar perfekt, aber kühl und steril) bejubelt, wie die steigenden Umsätze beweisen, können dann leicht einige wenige Auserlesene ihre selbstsüchtigen Visionen verwirklichen. Allerdings auf Kosten der vielen, die unkritisch und ohne Distanz vertrauen, schweigen und sich durch High-Tech-Spielereien willig ablenken oder kaufen lassen.

Ablenkung muß sein: Ist doch High–Tech mit der wachsenden Verkleinerung aller Apparate und ihrer Beschleunigung der rechnerischen Abläufe durch das Chip-System die alles entscheidende Voraussetzung der Höchsttechnologie. Sie soll in der Raumfahrt und in der kontrollierten Kernfusion (neben der entsprechenden Rüstungstechnik) ihre Krönung erfahren. Zitat von Hermann Oberth, dem »Wegbereiter des Raketenbaus« unter Hitler und späteren *NPD*-Mitglied in der Bundesrepublik Deutschland: »Es ist auf der Welt nichts unmöglich, man muß nur die Mittel entdecken, mit denen es sich durchführen läßt.«

Menschen wie Oberth glauben, die Erde, ihre Mutter, verlassen und nach dem Geheimnis der Sterne, des Kosmos, greifen zu können, ohne die Ungerechtigkeiten auf Erden auch nur annähernd beseitigt und die Verantwortung für den Gleichklang des Lebens hier und jetzt übernommen zu haben. Eine unheilige Allianz der Anbeter des isolierten männlichen Prinzips (zuletzt scheiterten Hitler & Co. daran), eine Allianz der Anbeter von Macht und Stärke, Grenzenlosigkeit und lebensverachtender Politik rüstet sich, dem neuen Übermenschen Gestalt zu verleihen, wobei die kontrollierte Kernfusion und die dafür notwendige Lasertechnik eine zentrale Rolle spielen. Diese Vision vereint den verstorbenen Franz Josef Strauß, Bundesforschungsminister Heinz Riesenhuber, Margaret Thatcher und Ronald Reagans Erben, George Bush (um nur die bekanntesten zu nennen), mit dem Erfinder der Wasserstoffbombe, Edward Teller, welcher einer der bedeutendsten Verfechter und Mitplaner des *Star War*-Programms ist.

Bei der Kernfusion, die bisher nur unkontrolliert in der Wasserstoffbombe gelingt, wird die Energieerzeugung der Sonne nachgeahmt: Leichte Atomkerne werden verschmolzen, wobei große Mengen an radioaktiver Energie frei werden. Um den Prozeß in Gang zu setzen, müssen verschiedene Wasserstoffarten einige Sekunden lang auf über hundert Millionen Grad Celsius erhitzt werden, was durch Hochenergielaser oder durch Einwirken von starken Magnetfeldern geschehen soll (bei der Wasserstoffbombe wird dieser kritische Moment durch die Zündung einer Atombombe ausgelöst). Dabei entstehen eine enorm starke (tödliche) Neutronenstrahlung und angeblich harmloses Helium. Die USA entwickeln in Los Alamos (Neu Mexiko) den laserzündbaren Typ, während in Culham (England) neun *EG*-Länder, die Schweiz und Schweden an dem Typ mit Magnetfeldzündung arbeiten.

In der Praxis sind Fusionsreaktoren vorgesehen, welche mit Uran ummantelt sind, wodurch aufgrund der starken Neutronenstrahlung Plutonium erbrütet wird (vgl. dazu die Broschüre »Tägliche Strahlung«). Womit sich auch hier ein Kreis schließt: Die hoch gepriesene »umweltfreundliche Alternative« Kernfusionsreaktor entpuppt sich als solide Basis einer Ausweitung der Plutoniumtechnologie, welche ihrerseits für Atombomben und energiefressende Laserwaffen beste Voraussetzungen bietet.

Ein glühender Verfechter und Förderer dieses Programms ist der US-Amerikaner Lyndon Hermyle LaRouche, ein ursprünglich (kommunistischer) Trotzkist. Seine Freunde bezeichnen ihn als »Philosoph und großen Ökonom«; von seinen zahlreichen Feinden, wie dem New Yorker Journalisten Dennis King, wird er im März 1986 in den *ABC-News* als »eisenharter Neonazi« tituliert. Um LaRouche gruppiert sich zur Verwirklichung des Kernfusionsprogramms eine weltweite Organisation mit Parteien (USA: *National Democratic Policy Committee – NDPC* – innerhalb der Demokratischen Partei und *National Caucus of Labor Committees, NCLC*), Vereinen, Zeitschriften und Kampfbünden. Unterstützt von US-Multimillionären, Farmern und anderen Gönnern. Ziel: Austausch von Informationen, Förderung der »kontrollierten« Kernfusion und von Strahlenwaffen. Kontakte mit Wissenschaftlern, Militärs und Politikern. Sitz: USA. Dort wächst der Einfluß auf die Demokraten, wo im Herbst 1986 aus LaRouche-Kreisen insgesamt 160 Kandidaten für den US-Kongreß aufgestellt wurden, 600 für Staats- und Kommunalämter. Zugleich wird in großzügigen Werbekampagnen landesweit Reagans *SDI*-Programm unterstützt.

LaRouche wirbt für militärische Konfliktlösungen und hat gute Kontakte zum rechtsextremen Ku-Klux-Klan, zum militärischen Sicherheitsdienst des Pentagons, zum Nationalen Sicherheitsrat der USA, zum *CIA* und zur republikanischen Verwaltung im Weißen Haus. Weitere Hauptquartiere befinden sich in Mexiko, Italien, Schweden, Norwegen, Frankreich und in der Bundesrepublik Deutschland, wo seine Frau, Helga Zepp-LaRouche, in Hannover das internationale *Schiller-Institut* leitet. Hier ist sie auch Bundesvorsitzende der *Europäischen Arbeiter Partei* (*EAP*), deren Bundesvorstand im Oktober 1984 die *Grünen* als »Ökofaschisten« bezeichnete. 1985 gründete Frau Zepp-LaRouche *Die Patrioten für Deutschland*, die sich unter anderem gegen ein »rot-grünes Bündnis« aussprechen und vor einem Überraschungsangriff der Sowjetunion warnen. Daneben gibt es noch die *Akademie für Humanistische Studien*, den *Club of Life*, die *Anti-Drogen-Koalition*, das *Deutsch-französische Komitee zur Förderung der Kernenergie* und das *Fusions-Energie-Forum*. An Medien werden in der Bundesrepublik Deutschland unter anderem herausgegeben die *Neue Solidarität, Fusion, Executive Intelligence Review*. LaRouche-Themen werden auch behandelt im *»Informationsdienst Vertrauliche Mitteilungen aus Politik und Wirtschaft«* und im Magazin *Diagnosen*, dessen Verlag auch Den Griffins Buch *Wer regiert die Welt*? mit einer Weltverschwörungstheorie publiziert hat (vgl. dazu das Buch *Deckname Schiller* von Helmut Lorscheid und Leo A. Müller).

Eine kleine Anfrage der *Grünen* von Petra Kelly (die von LaRouchians heftig attackiert wird), Gerd Bastian und der Fraktion der *Grünen* im deutschen Bundestag bezüglich der Aktivitäten der *EAP* und der LaRouche-Gruppe wurde von der Bundesregierung am 1. April 1985 (kein Aprilscherz!) im Tenor mit »keine sicherheitsrelevanten Erkenntnisse« beantwortet.

Die Vorgänge um die Hanauer Plutoniumfabrik *ALKEM* bei Frankfurt/Main sind in diesem Zusammenhang ebenfalls von Bedeutung: Dort werden Plutonium und Uran zu Brennelementen für Leichtwasserreaktoren und den »Schnellen Brüter« verarbeitet. Dabei sind, so der *Stern* Nr. 7/1987, bis zu 450 Kilogramm Plutonium im Bearbeitungskreislauf, »weder besonders brandgeschützt noch explosions- und flugzeugabsturzsicher« – obwohl die Fabrik (gewöhnliche Gebäude mit einfachen Aluminiumdächern) in der Haupteinflugschneise des Frankfurter Rhein-Mainflughafens liegt, kritisiert ein Bericht der »Gesellschaft für Reaktorsicherheit«. Was zur Folge hatte, daß Anfang Februar 1987 am Widerstand der hessischen *Grünen* gegen *ALKEM* die dortige Koalition mit der *SPD* zerbrach, zumal sich in Hanau noch weitere Uran- und plutoniumverarbeitende Betriebe befinden: die *Reaktor Brennelement-Union* (wie *ALKEM* inzwischen ganz im Besitz von *Siemens*), *NUKEM* und *Transnuklear*. Bis zur Redaktion dieses Buches sorgen haarsträubende Unfälle und gravierende Fahrlässigkeiten für handfeste Skandale dieser Nuklearbetriebe, insbesondere bei *Transnuklear* und bei *NUKEM*, die wesentliche Teile der WAA plant und den Plutonium-Brennstoff für den Hochtemperatur-Reaktor in Hamm-Untrop liefert.

Nach dem Bekanntwerden einer groß angelegten internationalen Verschiebeaktion von Atommüll durch *Transnuklear* wurde dieser Firma im Dezember 1987 die Betriebsgenehmigung entzogen. Dasselbe geschah im Januar 1988 vorübergehend mit *NUKEM*, als das Verschwinden von zwei Fässern mit hochradioaktivem Uran nicht geklärt werden konnte. Die Staatsanwaltschaft in Hanau hatte aufgrund langjähriger Ermittlungen bereits eine Anklage gegen Beamte und Manager dieses Unternehmens vorbereitet, die sich abgesprochen hatten, um die Vorschriften des Atomgesetzes zu umgehen. Mitte Juli 1988 kam es jedoch – möglicherweise auf Druck des hessischen Justizministers Karl-Heinz Koch (*CDU*) – plötzlich zur Einstellung des Verfahrens, obwohl *NUKEM* seit über 13 Jahren ohne endgültige Genehmigung mit Kernbrennstoffen arbeitete, wie der leitende Oberstaatsanwalt Albert Farwick öffentlich einräumte. Zwar werde die Anlage »weiterbetrieben, ohne daß ernsthaft das Verfahren gemäß Paragraph 7 des Atomgesetzes zur Gemehmigungserlangung betrieben wurde«, aber den Beschuldigten sei »ein strafbares Verhalten nicht nachzuweisen« (nach *Stern* Nr. 40/1988).

Eines muß klar sein: Ohne die genannten Betriebe keine Plutonium-, sprich Kernkraft- und Rüstungswirtschaft, wobei die Kernkraftwerke abgebrannte Brennstäbe für die künftige WAA liefern, die ihrerseits Plutonium daraus gewinnen soll. Wie das Magazin *P. M.*, Nr. 6/1987 berichtet, fällt das hochgiftige und extrem gefährliche Plutonium »in jedem Kernreaktor an, und zwar nicht nur in Spuren, sondern en gros, in einem durchschnittlichen Kernkraftwerk etwa 270 Kilogramm pro Jahr.« Vier bis fünf Kilogramm davon stellen schon jene kritische Masse dar, die, wenn zusammengeballt, zu einer Atomexplosion führt. Im Plutoniumbunker von *ALKEM* lagern jedoch, wenn auch räumlich voneinander getrennt, geschätzte zweieinhalb Tonnen dieses absolut tödlichen Stoffes, von dem schon wenige Millionstel Gramm genügen, um Lungenkrebs auszulösen. Die genannten zweieinhalb Tonnen beziehen sich auf jene Menge, die *ALKEM* als Umgangsmenge beantragt hat. Offiziell sind keine genauen Angaben zu erfahren – wohl deshalb, weil die Bevölkerung im Großraum Frankfurt, wenn sie sich dieser Gefahr bewußt wäre, die sofortige Schließung aller Hanauer Nuklearbetriebe verlangen würde.

In einem Papier der deutschen Bundesregierung, das im *Stern* Nr. 8/1987 als vertrauliche »Richtlinien für die Gesamtverteidigung« vorgestellt wird, heißt es unter anderem:

> »Der wirksame Abschreckungsverbund konventioneller und nuklearer Kräfte darf (...) nicht gefährdet werden (...)« Die *NATO* benötige »nukleare Kurz- und Mittelstreckensysteme sowie interkontinentale strategische Nuklearkräfte.« Wobei von einer »vorbedachten Eskalation« durch den Westen ebenso die Rede ist wie von der »Option des politisch kontrollierten selektiven Einsatzes nuklearer Waffen«. Und: »Alle Maßnahmen der Gesamtverteidigung sind im Frieden soweit möglich und notwendig vorzubereiten.«

Was offenbar bereits geschieht.

Eben deshalb scheint es die UdSSR unter Michail Gorbatschow ziemlich ernst zu meinen, wenn sie – nach einseitigem Stillhalten von 1985 bis 1987 – einen sofortigen Atomteststopp fordert. Während die USA unter Reagan unbeirrt für *SDI* die neuen Waffen weiterhin in unterirdischen Atomtests auf ihre Tauglichkeit prüfen – und dabei die im entsprechenden Gebiet lebenden Shoshone-Indianer ungefragt verseuchen, ihre Heimat und Lebensgrundlage zerstören. Auch das im Februar 1987 inszenierte Moskauer Forum »für eine atomwaffenfreie Welt und das Überleben der Menschheit« weckte bei Reagan und der *CDU/CSU* nicht gerade Begeisterung. Dabei war das der erste ernsthafte Versuch, hochkarätige Vertreter aus allen bedeutenden Bereichen (ausgenommen allerdings Indianer und andere Ureinwohner) aus der ganzen Welt zusammenzurufen, um diese elementaren Anliegen ernsthaft zu beraten und konkrete Handlungen vorzubereiten. Weder die Bundesrepublik Deutschland noch die USA haben jemals einen solchen Versuch gemacht – im Gegenteil. Auch die Erneuerung von Gorbatschows im Grunde sensationellem Angebot, alle Atomwaffen bis zur Jahrtausendwende zu vernichten und die Stärke der Armeen drastisch zu reduzieren, paßt einfach nicht ins Weltbild der sonst recht locker vom Frieden plaudernden westlichen Politiker. Schließlich würde das die gesamte US-orientierte Weltwirtschaft auf den Kopf stellen (Mensch und Erde aber genesen lassen).

Es bleibt bei der Politik der Stärke und Mißachtung der Menschenrechte. Latenter Faschismus als Haltung des Stärkeren, der sich darin gefällt, über seine Mitwelt Macht auszuüben – bis zu ihrer totalen Vernichtung.

Die persönliche Vorteilsnahme auf Kosten anderer feiert weiter Triumphe, die ehrliche Auseinandersetzung mit der natürlichen Ordnung, dem schöpferischen weiblichen Prinzip, der Erde, der Frau und Mutter schlechthin, wird vertagt. Fluchtbewegungen in technische Männer- und Machtspiele sind an der Tagesordnung.

Und was ist die »natürliche Ordnung«? Schlicht die Tatsache, daß sich alles, aber buchstäblich alles in einem ständigen Prozeß des aufeinander Zuwachsens, der Vervollkommnung befindet. Gesteuert durch das Gesetz von ständigem Werden und Vergehen innerhalb eines geschlossenen Kreislaufs. Natürliches Wachstum oder Leben vollzieht sich demnach nicht im Kampf aller gegen alle oder im Überleben der »Tüchtigsten«, sondern in erster Linie durch den Vorgang des fürsorgenden Teilens, des gegenseitigen, zu umfangreicheren Organisationsformen strebenden Austauschs, was als *Symbiose* bezeichnet wird. Das Leben erhält und entwickelt sich so beständig selbst – außer der Mensch greift ein. »Das Universum legt Zeugnis ab für eine immer strebende, eine sich entwikkelnde, nicht bloß eine sich bewegende (organische, Anmerkung des Autors) Substanz, deren dynamischste und kreativste Eigenschaft ihre unerschöpfliche Fähigkeit der Selbstorganisation zu immer komplexeren Formen ist«, bemerkt der US-Amerikaner Murray Bookchin in seinem Buch *Die Ökologie der Freiheit* dazu. Das heißt, wir können durchaus von einer bewußten Entwicklung sprechen – durch eine Kraft, welche traditionelle Indianer als *Großes Geheimnis* oder *Großer Geist* bezeichnen.

Eine tröstliche Erkenntnis in einer scheinbar trostlosen Epoche.

Fürsorgendes Teilen ist weiblich, mütterlich

William Trager kommt in seinem Buch *Symbiosis* zum Schluß, »daß der ›Tüchtigste‹ auch der sein kann, der einem anderen am meisten hilft zu überleben«.

Ich möchte das umformulieren, speziell auf die Menschen bezogen: Der »Tüchtigste« ist der, welcher anderen am meisten hilft, zu überleben, denn alles andere beruht auf Egoismus beziehungsweise der Einbildung, auf sich allein gestellt leben und sich verwirklichen zu können. Wobei es mir wesentlich angemessener erscheint, den Begriff der »Tüchtigste« durch der »Erste« zu ersetzen, im Sinne »der Erste unter Gleichen«.

Dieses Prinzip des friedlichen, füreinander sorgenden, also fürsorgenden und selbstlosen Teilens und Helfens (auch uneigennützige Liebe genannt) ist zutiefst weiblich, mütterlich.

Es ist in traditionellen indianischen Kulturen beispielsweise in den USA heute noch so lebendig und tief verwurzelt, daß diese Menschen gar nicht anders können. Gleichgültig, ob es sich um ein Ritual handelt, in dem der Stärkere den Schwächeren stützt und für ihn betet, agiert; oder um den Alltag, in dem immer dafür gesorgt ist, daß jeder in Würde leben kann – nicht vegetieren – oder um die sogenannte *Give-away*-Zeremonie, wo mitunter alles verschenkt wird. Es ist ein Prozeß des ständigen Ausgleichs, der die Anhäufung von Besitztümern jeder Art und damit das Entstehen von Überlegenheit mit ihren schlimmen Folgen von vornherein ausschließt. Ein Prozeß, in den bereits die Kinder hineinwachsen und dabei das Bewußtsein der wechselseitigen Abhängigkeit regelrecht verinnerlichen und ausüben lernen. Dadurch kann es schon gedanklich nicht mehr zur Trennung von Körper und Geist, von Ich und Du als etwas fremdartig anderem, zur Trennung von Mensch und »Umwelt« oder »Natur« kommen: Der traditionelle Indianer ist selbst Natur, wie die Hopi sagen.

Dieses Bewußtsein, diese Lebensweise ist »hemmungslos symbiotisch«, wie Bookchin über die Hopi-Kinder formuliert – und bleibt es sogar über das ganze uns »sichtbare« Leben hinaus. Eine solche Kultur kann mit Begriffen wie Profit, Konkurrenzdenken, Leistungsprinzip und Machtstreben nicht viel anfangen. Ebensowenig wie es die Tiere, Pflanzen und Mineralien können – sie leben diese Symbiose, zu 95 Prozent sogar friedfertig, und nützen ihre Daseinsfrist einer innerlich ablaufenden Uhr entsprechend, wie Stephan Lackner in dem Buch *Die friedfertige Natur* schreibt. Das gilt allerdings nur, solange der Mensch dieses Gleichgewicht nicht durch Raub und Totschlag zerstört, denn selbst die wenigen Raubtierarten haben im Gewebe des Lebens eine offensichtlich ausgleichende Aufgabe.

Das beschriebene Prinzip des friedfertigen, fürsorgenden Teilens und Helfens kann der Mensch er- und verlernen. Wir haben es offenbar weitgehend verlernt und zerteilen nur noch, trennen (uns) ständig. Und flüchten damit vor uns selbst, vor dem Weiblich-Mütterlichen in uns und um uns – der ständigen Quelle unseres Daseins. Bookchin:

> »In vieler Hinsicht ist die ›Zivilisation‹ ein großangelegtes Unternehmen, den Einfluß der mütterlichen Fürsorge, Zuwendung und Denkweise auf die Charakterstruktur des Kindes rückgängig zu machen. Das herrschende Bild des *Er*wachsenwerdens meint in Wirklichkeit, *weg*zuwachsen von der mütterlichen, häuslichen Welt gegenseitiger Unterstützung, Sorge und Liebe (einer verehrungswürdigen und funktionierenden Gesellschaft eigener Art) hinein in eine formlose, gefühllose und harte Welt.«

Wie wahr. Die Verantwortung dafür müssen wir allerdings selbst tragen, nicht irgendwer oder irgendeine »Zivilisation«. Tun wir das? In gewisser Weise, ja: Als potentielle Selbstmörder nehmen wir menschliches, tierisches und pflanzliches Leid auf allen Ebenen in Kauf: Mißachtung der Menschenrechte, den Hungertod von jährlich 80 Millionen, die Verweigerung natürlicher Lebensbedingungen, zunehmende Beziehungsarmut, Luftverschmutzung, Gewässer-, Wald- und Bodensterben. Kurz, die Zerstörung unserer Mit- und Innenwelt, was auf uns in Form von zunehmenden psychischen Störungen, Verwirrung, Depressionen, Krebs, Immunschwäche wie *AIDS* und radioaktive Verseuchung zurückfällt. Der Selbstmord ist perfekt, weil vielfältig.

Dabei wird – völlig gegen die Natur –, »high« zum zentralen Wert: höchste Leistung, höchste Ausbeute, höchste Ausdehnung – also Schrankenlosigkeit –, auch in der Dauer des »High«-Seins. Ständiges Glück, ständig gehobene Stimmung und Atmosphäre, ständig mehr besitzen – Festhalten und Haben statt Sein (oder loslassen), wie es Erich Fromm so treffend formulierte. Gefördert wird diese Haltung nicht bloß durch geschickte Marketing- und Werbestrategen, sondern insbesondere durch jene Ideologie vom Übermenschen, wie sie nicht nur im Kirchenchristentum seit Paulus gepredigt (und später noch näher erläutert wird): Der Mensch ist Herr (nicht Frau) der Schöpfung, die er sich gefälligst untertan zu machen habe. Welch eine unverantwortliche Entstellung und Überheblichkeit! Esoterische Traditionen wie die neue Theosophie, welche (nach H. P. Blavatsky) behauptet, als »Weisheitsreligion« die »Grundlage und der Extrakt aller Weltreligionen und Philosophien« zu sein, predigen dieses Herrenmenschentum ebenso. Da ist bei Alice Bailey von »geistigen Hierarchien« die Rede, die natürlich auf Erden ihr

Gegenstück haben, bei H. P. Blavatsky von »niederen Rassen« (gemeint sind Ureinwohner), deren »Verlöschen (...) eine kosmische Notwendigkeit« (!) sei und schließlich von der sogenannten »arischen« Rasse, der »Lichtrasse« und Krönung der Schöpfung gewissermaßen (Zitate aus: *Die Geheimlehre*), die alle Rassen (insbesondere die jüdische) in ihrer Entwicklung übertreffe, meinen Madame Blavatsky und ihre »geistigen Lehrer«.

Hitler hat dieses lebensfeindliche, rassistisch-antisemitische Gedankengebäude einer Helena Petrowna Blavatsky, der Begründerin der neuen Theosophie, mit seinen Mannen für bare Münze genommen und in die Tat umgesetzt. Die Folgen sind bekannt, die Nachahmer noch nicht ausgestorben.

Ich stelle mir oft die Frage, wer oder was hinter all dem steckt und was wir tun können, um dem planetaren Selbstmord zu entgehen. Das Klügste scheint mir zu sein, *wachsam* zu bleiben, keinem wie immer gearteten Guru aufzusitzen und derartige Tendenzen aufmerksam zu verfolgen, sie ohne Zwang und Furcht zu hinterfragen – aber ihnen nicht zuviel Aufmerksamkeit und damit Energie zukommen zu lassen. Gerade soviel, daß man die Verwirrung, die sie stiften, bewußt und intuitiv vermeiden und durchschauen kann – ihr folglich aus dem Weg geht und sich lebenserhaltenden Dingen zuwendet. Was ich gerade versuche.

Aus genau jener theosophischen Lehre und gnostisch-altägyptisch-christlich geprägten Ideologie, die stark vom Hinduismus und tibetischen Buddhismus beeinflußt ist, läßt sich ein bestimmter Teil der New-Age-Bewegung inspirieren. Was zumindest teilweise auch den offenbar unauslöschlichen Hang vieler Zivilisationsmüder erklärt, ihr Heil im Nahen und Fernen Osten zu suchen, statt vor allem in sich selbst und ihrer unmittelbaren Mitwelt. Das schließt zwar einen Austausch mit verschiedenen Kulturen geradezu ein – nicht jedoch einen guruglaubigen, einseitigen Import.

Nicht nur Zivilisationsmüde trinken vom süßen Nektar exotisch anmutender Kulturen und picken sich aus ihren Lehren die Rosinen heraus, ohne sich ernsthaft mit der Situation der dort lebenden Menschen auseinanderzusetzen. In Japan zum Beispiel suchen schon lange streßgeplagte Verantwortliche unserer aus den Fugen geratenen Verschleißgesellschaft Entspannung und Anregung in Zen-Meditation, Yoga, japanischen Kampf- und östlichen Atemtechniken sowie in seelenmassierenden Kurzaufenthalten in buddhistischen Klöstern. Bei uns lassen sich hochkarätige Manager in Seminaren und Workshops, die tüchtige Geschäftsleute im Rahmen der New-Age-Bewegung gegen gutes Geld anbieten, ebenfalls seelisch-körperlich aufmöbeln. Die vielbeschworene dabei mögliche Transformation des einzelnen läßt jedoch – am Handeln gemessen – auf sich warten. All das scheint den ursprünglich in christlichen Kreisen üblichen Exerzitien und Einkehrtagen nicht unähnlich zu sein, wenngleich auch wesentlich teurer.

Es geht jedoch um mehr, wie der wohl bekannteste New-Age-Unternehmensberater der Bundesrepublik Deutschland, Gerd Gerken, in der Zeitschrift *esotera* Nr. 1 / 1987 formuliert: »Was kann ich tun, um mehr Handlungsleidenschaft, Selbstmotivation unserer Mitarbeiter zu erwekken?« Dazu ist es nötig, meint Gerken, daß der Manager nicht mehr Untertanen befiehlt, sondern innerhalb eines »sich selbst organisierenden Teams«... »führt ohne zu führen« und Visionen regelrecht »materialisiert«. Dafür nützliche, meist östliche Techniken werden bei dieser Gelegenheit trainiert. Schließlich sollen »die Mitarbeiter (...) kontinuierlich und methodisch versuchen, das Beste aus sich herauszuholen. Sie haben nicht nur die Verantwortung für ihren Job, sondern auch für ihre Potentiale und für ihre Menschlichkeit«, heißt es dazu im Magazin *GALA* Nr. 5 / 1986. Gerd Gerken schlägt in dieselbe Kerbe: »Wenn mit dem Humanismus ernst gemacht wird, können durchaus Produktivitätssteigerungen bis zu sechzig Prozent entstehen. Weit mehr als Computerisierung bringt in der Richtung, wenn aus Mitarbeitern Menschen werden.« Dabei geht es als Globalziel um den »sozialen Mehrwert und das Überleben (der Firma, Anmerkung des Autors) für einen sozialen Mehrwert (...), das heißt, daß nicht nur Rendite entstehen muß, sondern etwas für die Gesellschaft Nützliches.«

Der Unternehmer als Sozialarbeiter, das ganze Unternehmen als soziale Institution ersten Ranges. Gibt es so etwas überhaupt? Angeblich schon. Neben einem Bankmulti namens *BCCI* (Sitz im Nahen Osten) soll auch einer der größten Elektronikkonzerne der Welt diesem Prinzip huldigen: *SONY* in Japan. Bekanntgeworden durch die Entwicklung der Transistoren zur Marktreife, führend bei der Entwicklung und Herstellung des digitalen Compact-Disc-Systems (samt bespielter Platten), aber auch im Laser- und Videobereich.

Akio Morita, 1986 gerade 65 Jahre jung und Gründer des Unternehmens, liest in seinem Buch *Made in Japan* den Europäern und Amerikanern gehörig die Leviten: Während *SONY* sich nicht bloß um attraktive Produkte bemühe und daher um gesicherte Arbeitsplätze für seine Mitarbeiter »auch noch in 20 Jahren«, wie er im *Stern* Nr. 43 / 1986 versichert, »hat ein Mann wie Iacocca beispielsweise (...) vor allem daran gedacht, Geld für sich selbst zu verdienen. Er hat den Automobilkonzern

Chrysler wieder flottgemacht, dafür aber Tausende von Leuten gefeuert. Am Ende hat er für seinen Erfolg elf Millionen Dollar kassiert.« In Japan sei das anders; da gehe man davon aus, »daß die Mitarbeiter ebenso daran beteiligt sind«. Tatsächlich sei das Nettoeinkommen eines Spitzenmanagers in Japan höchstens achtmal so hoch wie das eines jungen Arbeiters, versichert Morita. Er führt das auf »die große Konsensfähigkeit in unserer Bevölkerung« zurück und betrachtet es »zugleich als Ausdruck der demokratischen Philosophie in der japanischen Gesellschaft, die von jeher alles teilen mußte«. Dabei müsse die Umwelt dank neuer Techniken nicht zu kurz kommen, meint er. Und auf ähnlich vorgehende, sehr erfolgreiche Unternehmen in Korea und Taiwan angesprochen, formuliert der *SONY*-Gründer: »Wenn Japan dort seine Vormachtstellung behaupten will, werden wir künftig sehr viel härter arbeiten und noch sehr viel mehr Geld in Forschung und Entwicklung stecken müssen als bisher.« Ein ehernes Marktgesetz also, von dem auch New-Age-Unternehmensberater Gerd Gerken überzeugt ist:

> »Die Geldorientierung der Wirtschaft wird bleiben, auch das universale Tauschmittel Geld. Der Geldvermehrungs-Egoismus ist ja auch außerhalb der Wirtschaft, in der Politik oder der Kultur, zu finden. Allerdings müssen die Kosten der Zukunft finanziert werden, und dazu dienen die Gewinne, sobald sie wieder reinvestiert werden.« Und optimistisch: »... es gibt auch (...) eine weltweit beobachtbare Entwicklung zur Demokratisierung des Kapitals, (...) und ein wachsendes Mitinhabertum.«

So wie Gerd Gerken von einer »technischen Herausforderung« spricht, wenn er die Entwicklung des Wasserstoffmotors meint, so ist auch Akio Morita davon überzeugt, daß sich alle Probleme, zum Beispiel der Hunger in der Welt, Energie- und Umweltfragen, lösen lassen, »wenn wir neue Technologien einsetzen«. Das ganze sei lediglich eine Frage des Technologie-Managements, das solche Programme organisiert: »Wir brauchen deshalb ein fähiges, cleveres Management, das die Ziele vorgibt und die Abläufe so organisiert, daß technologische Ideen zum Nutzen der Menschen eingesetzt werden.«

Wohin der Weg allerdings noch weit sein dürfte, weil sich bekanntlich darüber streiten läßt, was denn »zum Nutzen der Menschheit« ist. Unzweifelhaft halten Leute wie Reagan, Bush, LaRouche, vormals Franz Josef Strauß, Helmut Kohl und Margaret Thatcher *SDI*, kontrollierte Kernfusion, Laserwaffen, die Erforschung der Antimaterie als neue

Energiequelle (und Waffe natürlich) sowie die Anwendung der Atomenergie für durchaus »nützlich« und wichtig. Traditionelle Indianer indes und andere Menschen, für die das Leben Vorrang hat, allerdings nicht.

Die Liste ließe sich beliebig lang fortsetzen, zumal eine Technologie nie wertfrei sein kann oder isoliert betrachtet werden darf: Ihre Entstehungsgeschichte und Anwendungsmöglichkeiten sind genauso entscheidend, wie die durch sie verursachte Umweltzerstörung, menschenunwürdige Arbeitsbedingungen und Hochrüstung hinlänglich beweisen. Die entscheidende Frage ist daher: Dient das Erfundene, Vorgesehene tatsächlich der herrschaftsfreien Entfaltung der ganzen Schöpfung oder ein paar »Herren« in ihr? Und: Was geben wir für das von der Schöpfung Erhaltene zurück? Verantwortungsbewußte Menschen können sich diesen grundlegenden Fragen durch nichts entziehen, durch absolut nichts. Denn das Naturgesetz kennt keine Kompromisse. Es ist ständig bestrebt, den geschlossenen Kreislauf des Lebens aufrechtzuerhalten. Zuwiderhandeln hat unmittelbare Konsequenzen. Da hilft kein Gott und kein Gesangbuch.

Was verbessert die oben skizzierte Management-Ideologie denn wirklich für die Bewohner der Erde ? Höchstleistung und Höchstertrag bleiben nach wie vor zentrales Motiv, Natur und Mensch organisierbare, planbare Gegenstände, mit denen etwas »gemacht« wird, was inzwischen auch in Japan seit 1987 zu einer dramatischen Zunahme von Entlassungen und Arbeitslosen führt. Und Akio Morita, der sogar im eigenen Land als »Workaholic« gilt, also als einer, der nie aufhören kann zu arbeiten, kann für mich – bei aller Wertschätzung – kein Vorbild sein. Ein Leben ohne Muße, ohne Innehalten und die Möglichkeit, einmal auch etwas zu tun, das keinen rational begründeten Zweck hat, also sozusagen »zwecklos« ist; ein Leben, das in Wahrheit ständig von »cleveren Managern« verplant und organisiert wird (früher waren es Könige, Feldherren und Hohepriester), kann der Weisheit letzter Schluß nicht sein.

»High« als Dauerdroge, als *Fluchtbewegung*, die wir erkennen, wenn wir dieses ständige Getriebenwerden endlich stoppen, aussetzen – und still werden, in uns hineinhorchen, was wir wirklich wollen, was unsere wahren Sehnsüchte sind. Vielleicht Geborgenheit, Zuneigung, Zärtlichkeit; ein Leben in Würde – geachtet und respektiert in unserem So-Sein. Ein Leben, in dem wir uns zugunsten der Entfaltung der irdisch-kosmischen Gemeinschaft selbst unter Kontrolle haben, um Raum für ein Leben ohne Fremdbestimmung zu lassen – wie es die traditionellen Hopi tun: *Freiheit ist freiwillig*, sagen – und *leben* sie.

Wie lange kann sich unser seltsames Wirtschaftssystem noch vom Vampirismus der Egotripper, Leistungs- und Arbeitsneurotiker aufrechterhalten? Die Antwort ist einfach: Bis Mutter Erde, die lebendig ist wie wir, dem Ganzen ein jähes, schreckliches Ende bereitet. So überraschend, wie es sich niemand vorstellen kann – noch weitaus überraschender als Tschernobyl zum Beispiel.

Neue Esoterik und ewige Erotik

Um derlei trübe Gedanken zu zerstreuen, gibt es ein neues Gesellschaftsspiel: den Trend von der Konsumaskese zur *Lebenserotik*, wie das Wiener *Gallup-Institut* 1987 ermittelt hat. Die Österreicherinnen und Österreicher sparen angeblich im Alltag, um sich Exklusivurlaube und schöne, teure Güter (insbesondere Autos) leisten zu können. Worin ihnen die Bundesrepublikaner und Schweizer kaum nachstehen dürften. Hauptsächlich geht es um »gut essen und trinken«; getragen wird der Trend von einem »immer hemmungsloseren Erlebniskonsum«.

Dieser exklusive Drang zur »Erotik« und zum Erleben zeichnet sich auch in der vielfach apolitischen Esoterikszene ab. 1986 beispielsweise ist in einem gerade eröffneten Seminar- und Meditationszentrum auf der kanarischen Insel Lanzarote die »Esoterische Weihnacht« voll ausgebucht; und als Spitzenrenner dort erweist sich laut *Stern* Nr. 7/1987 die Reinkarnations-Einzeltherapie nach Thorwald Dethlefsen, verheißungsvoll betitelt mit »Heilung durch Wiedergeburt«, welche für drei Wochen Dauer immerhin dreitausend DM (etwa 21 000,-- öS) kostet.

Vollends im Einklang mit den Wiener Erhebungen zur neuen »Lebenserotik« scheint sich ein entsprechendes Angebot des Zentrums im Mai 1987 zu befinden, das den Titel trägt: »Eros-Liebe-Sexus. Ein internationales Forum auf Lanzarote.« Innerhalb von zwei Wochen geht es darum, für rund 2700 Mark – inklusive Flug ab der Bundesrepublik Deutschland – »die Möglichkeiten einer ›Kultur der Sinne‹ und einer Neuen Ethik zu erforschen«. Mit Hilfe von international bekannten Zen-Meistern, ehemaligen Bhagwan-Schülern, humanistischen Psychologen, Tantrikern, einem tibetischen Lama, Ärzten, Künstlern und Buchautoren. Der Preis versteht sich zwar inklusive Flug, und das Zentrum ist bei Drucklegung des Buches noch nicht aus den roten Zahlen, aber wer kann sich das schon leisten?

Zweifellos: Das Thema gibt viel her und liegt in der Luft, denn unsere beziehungsarm gewordene Gesellschaft hungert nach erfüllten Beziehungen. Der amerikanische Zen-Lehrer Greg Campbell hat sicher recht, wenn er »den ›Hauch des Eros‹ als belebendes Moment aller Beziehungen« bezeichnet (vgl. *esotera* Nr. 2/1987). Was wir »Eros« nennen, repräsentiert, wie auch Stephan Lackner in *Die friedfertige Natur* nachweist, in der gesamten Schöpfung die Kraft der Anziehung, der Achtung und Zuneigung. Es ist jener Aspekt der in allem wirkenden Kraft, der uns im wahrsten Sinne des Wortes zusammenführt, der Weichheit, Sanftmut, Empfänglichkeit und Sensibilität verkörpert. Wir können diesen Aspekt »weiblich« nennen, um uns diesen Vorgang leichter vor Augen zu führen. Womit deutlich wird, daß der »neue Trend« die Richtung ausdrückt, in die wir in Wahrheit wollen, wenn wir unsere Fluchtbewegungen ausführen. Es stellt sich allerdings die Frage, ob der eingeschlagene Weg das wahre Ziel ist, denn wir bezahlen auf einmal viel Geld für vieles, was es immer schon kostenlos gab und noch immer gibt: die Aussprache beispielsweise mit dem Partner, der Partnerin, mit Freunden, mit einem geistig fortgeschrittenen, weisen oder tiefreligiösen, nichtmissionarischen Menschen.

Wir suchen Heilung nicht mehr im traditionellen Beziehungsgeflecht, sondern außerhalb bei uns unbekannten Menschen, wo füreinander vielfach keine Verantwortung übernommen wird: weder vor, während, noch nach der Zusammenkunft. Damit bleibt unsere Unverbindlichkeit gewahrt – die Flucht geht weiter, der Konsum steigert sich zwangsläufig. Was nicht ausschließt, daß bei solchen Gelegenheiten entscheidende Anstöße zur Weiterentwicklung gegeben werden können. Dennoch: Dinge, die einem früher organisch durch einen konsequenten geistigen Weg in Einklang mit der Natur zuwuchsen, für die man wie die Indianer bei der Visionssuche zum Beispiel Entbehrungen auf sich nehmen mußte, sind heute käufliches, öffentliches Tauschgut, sind total konsumierbar geworden. Das gilt für alle Bereiche, nicht nur für Esoterisches.

In einer schnellebigen Gesellschaft mit ebenso schnell arbeitenden Maschinen, die ebenso schnell vorzeitig altern, kann man schnell ein Instantmenü konsumieren: »Nächtliche Heilrituale in den Anden und Zeremonien an den traditionellen Kraftplätzen der Inkas und im Dschungel am oberen Amazonas«, im Frühjahr 1987 bespielsweise – zwei Wochen sechstausend DM (etwa 42000,-- öS). Instant-Esoterik, Instant-Schamanismus, leere Taschen, volle Kassen. »Gewöhnliche«, alltägliche Lebensverhältnisse mit gelegentlichen, seelisch, emotional und finanziell ohne Bauchweh verkraftbaren Höhepunkten geben nichts mehr her. Zugleich verhungern täglich rund 220000 Menschen, werden im gelobten Land des Hinduismus – in Indien – neugeborene Mädchen umgebracht, weil sie im Vergleich zum Mann kaum einen Wert darstellen (Begüterte leisten sich schon rechtzeitig vorher einen Test und lassen bei Bedarf das unangenehme Geschäft der Abtreibung an ihrer Frau erledigen).

Wir sollten uns nichts vormachen: die Uhr läuft, seit Tschernobyl schneller als je zuvor. Die traditionellen Hopi warnen seit 1948 vor dieser tödlichen Gefahr, jetzt ist sie allmählich zum Teil unsichtbare Wirklichkeit geworden. Sie bitten die Welt noch immer darum, alles Menschenmögliche für die Rettung des Lebens zu tun. Was bedeutet: am Überleben der Menschheit konkret mitarbeiten – und uns nicht in ferne Innenwelten zurückziehen.

Es ist genug philosophiert, ge- und versprochen worden. Erfüllen wir endlich diese Versprechen, lösen wir sie ein! »Wir stehen auf dem Prüfstand« formulierte dazu im August 1986 der deutsche Atemtherapeut Karl Scherer im *Magazin 2000*, denn: Wahre Heilung kann nur der finden, der zugleich seine Mitwelt mit-heilt. Alles andere ist Illusion. So wie Jesus von Nazareth gesagt hat: »Liebe deinen Nächsten wie dich selbst.« Und zwar total. Oder hassen wir uns selbst so sehr? Auch der Buddhismus kennt dieses Ziel, die Auflösung allen Leidens. Dieses Ziel ist aber »nicht in kurzfristigen Erleuchtungsmomenten zu erhaschen, sondern erwächst aus der Möglichkeit, zur Glückseligkeit aller Wesen beizutragen« weiß Karl Scherer im Magazin *esotera* Nr. 2/1987 dazu.

1981 habe ich zum erstenmal bei den traditionellen Hopi erfahren dürfen, was es heißt, das zu *leben*, wovon bei uns noch immer viel zuviel gesprochen wird. Seither hat sich mein Leben grundlegend geändert. Meine Frau, unsere Freunde vom 1982 gegründeten *Arbeitskreis Hopi-Österreich* und ich konnten seither viele Menschen über die Situation und die Anliegen der Hopi, jene von Janet McCloud, der Navajo-Dineh, der Western Shoshone und anderer Indianer informieren und zu entsprechender Hilfe anregen. Wir bemühen uns, sie nach Kräften spirituell-politisch, das heißt geistig-materiell und öffentlich aktiv sowie durch eine entsprechende Lebensweise zu unterstützen.

Wir haben unsere Zusammenarbeit mit diesen Menschen noch nie bereut, und ich möchte abschließend einen bedeutenden indianischen Medizinmann zitieren, der als einziger vom *Traditionellen Indianischen Ältestenrat* autorisiert war, für ihn international zu sprechen. Phillip Deere, der 1985 unsere sichtbare Welt verlassen und mir zum Thema »Pfad-Suche« für mein erstes Buch (*Unser Ende ist euer Untergang*) folgendes gesagt hat:

»Man kann etwas erschaffen, um eine Person, die haltlos geworden ist, zufriedenzustellen. Du kannst irgend etwas zurechtmachen – und sie ist damit glücklich. Für sie wird es eine Religion, aber Tradition und traditionelle Religion ist etwas anderes. Wir machen uns nichts zurecht; wir folgen dem alten Pfad, auf dem unsere Völker seit Jahrtausenden gewandelt sind, und die meisten Indianer weisen die Vorstellung einer Veränderung zurück. Man kann den Pfad nicht verändern.«

Kapitel 3

Auf der Suche nach dem wahren »Christus«

Auch Adam hatte eine Mutter

Unsere Trennung von der gemeinsamen Mutter ist nicht erst im 20. Jahrhundert entstanden – wir erleben nur ihren absoluten und zur sicheren Wende führenden Höhepunkt. Die Versuchung und Gewöhnung, alles kaufen und mehr oder weniger auch verkaufen und damit steuern zu können, hat eine lange Geschichte, die – Matriarchatsforscherinnen mögen mir verzeihen – sehr wahrscheinlich weit in die häufig hochgelobten Matriarchate zurückreicht, so paradox das klingen mag. Wenn man der Wissenschaft glauben darf, dann stammt das Berechnen, Steuern und Festhalten von Erworbenem möglicherweise aus jener Zeit, als die Frauen noch das Wissen um Befruchtung, Wachstum, Geburt und Heilung genauso für sich behielten wie das Wissen um Saat, Keimen und Ernte. Diese Erkenntnisse könnten den wissenden oder »weisen« Frauen einen derartigen Vorsprung gegenüber den Männern verschafft haben, daß sie daraus das »Vorrecht« der Herrschaft über Kinder, Männer, Nahrung und Unterkunft ableiteten. Was sicher so lange möglich war, als die Frauen die Freiheit hatten, mit mehreren Männern zu verkehren, wodurch eine Feststellung der Vaterschaft nahezu unmöglich war. Vielleicht bestand auch gar kein Interesse daran, denn möglicherweise gefiel das den Männern – hatten sie doch dadurch nur ein begrenztes Maß an Verantwortung zu tragen – allerdings in Abhängigkeit vom muttertierhaft magisch anmutenden weiblichen Geschlecht. Womit sich eine Parallele zur Erde, zum fruchtbaren Boden förmlich aufdrängte. Auch die Frauen schätzten es vielleicht, keinem Mann hörig sein zu müssen.

Das mag so lange gutgegangen sein, bis schlaue Köpfe ebenfalls dahintergekommen waren, daß bestimmte Kinder ihnen ähnlich sahen, daß es da Zusammenhänge gab. Es ging ihm, dem im erkenntnisfernen Zustand Dahindämmernden und von den Frauen meist Getrennten, ein Licht auf, daß da ein Wesen lebte, das auch von ihm stammen mußte.

Vielleicht war's so – wir sind nicht dabeigewesen. Aber im Schöpfungsbericht der *Fünf Bücher Mose* steht dergleichen als Zeugungserkenntnis nachzulesen (Gen 2,21–24):

»Und Jahweh Elohim ließ einen Erkenntniszustand über den Menschen kommen, und er versank darin. Und er nahm etwas vom Wesen des Mannes und verschloß es im (weiblichen) Fleisch. Und Jahweh Elohim ließ ein Weib aus dem Wesen des Mannes abstammen und zeigte ihm dies. Da sprach der Mensch: Das ist doch Bein von meinem Bein und Fleisch von meinem Fleisch. Man wird sie Männin (hebräisch »ISCHAH«) nennen, weil sie durch den Mann (hebräisch »ISCH«) entstanden ist. Und der Mann wird deshalb seinen Vater und seine Mutter verlassen und sich an seine Frau binden, und sie werden sein EIN FLEISCH.«

Diese Botschaft ist im allgemeinen zu der eher seltsamen und völlig unverständlichen Übersetzung von der Entstehung der Frau »aus der Rippe des Mannes« verkommen. Worauf sich dann indoeuropäische Patriarchen, Hellenen und insbesondere der schriftgelehrte Apostel Paulus allzugerne beriefen, wenn sie mit der Unterordnung der Frau unter den Mann als »gottgewollt« brillierten.

Dem war und ist wohl nicht so, wie allein schon der genannte Text zu bezeugen versucht. Diese Übersetzung stammt aus Paul Hengges Buch *Die Bibelkorrektur. Auch Adam hatte eine Mutter.* Darin werden eklatante Übersetzungsfehler aufgezeigt, die nicht nur eine völlig neue Sicht der *Fünf Bücher Mose* ergeben, sondern auch ein schräges Licht auf die Übersetzer dieser hebräischen Texte werfen, die im fünften Jahrhundert vor der Zeit Jesu zunächst ins Aramäische übertragen wurden, und von da schließlich ins Griechische: zu einer Zeit, als Hebräisch nur noch eine Kultsprache weniger Eingeweihter war. Was auch prompt den *Talmud* zur Auslegung und Deutung der Überlieferung entstehen ließ.

Hengge arbeitet in seinem Buch heraus, daß *Adam* jene Wesen bezeichnet, die sich von der Menge der kriechenden Lebewesen – den Tieren – dadurch unterscheiden, daß sie sich aufzurichten begannen. Zitat Gen 1,28: »Nehmt die Erde unter eure Füße« statt des unnatürlichen »... und macht sie euch untertan.« Was für ein Unterschied!

Von einem einzelnen Adam ist da keine Rede, die Menschen werden nach der Zeugungserkenntnis auch mit einem anderen Namen bezeichnet: als Mann und Frau. Somit als jene, sie sich von der Menge der Lebewesen unterscheiden, die »nach den Instinkten der Tiere unter der Herrschaft der Muttertiere leben« – und »durch die Zeugungserkenntnis (...) zur ›menschlichen‹ Daseinsform gefunden haben« schreibt Hengge dazu. Was einen gewaltigen Entwicklungssprung auslöst: den Wunsch, beisammen zu bleiben, gemeinsam Verantwortung füreinander und für die heranwachsenden Kinder, die Verwandten, zu übernehmen. Es bedeutet auch eine Trennung vom bisherigen Lebensstil, der noch der matriarchalen Ordnung und sexuellen Freiheit huldigt. Oder – noch eine Variante – es gab einen dramatischen Aufstand der bislang eher kurz und möglicherweise sklavenartig gehaltenen Männer. Wahrscheinlich auch Widerstand von Frauen, die sich als *Wissende*, Magierinnen des Wortes und als Priesterinnen der *Großen Mutter* Macht und Recht verschafft hatten.

Ich betrachte diese Epoche deshalb keineswegs als großartig oder nachahmenswert, sondern lediglich als Vorstufe eines Entwicklungsschubes: der notwendigen Trennung von der Mutter, um endlich selbständig werden zu können. Womit auch der so oft strapazierte »Sündenfall« eine eigene Variante der Interpretation erhält: die Erkenntnis der Zeugungskraft als Instrument der Macht, als Mittel der Macht über Frau und Nachkommenschaft – umgekehrt von der Frau zuvor zu ihrem Vorteil ausgenutzt als Machtinstrument über den Mann.

Die Loslösung vom Reich der reinen Instinkte ist schwer. Noch schwerer ist es, sich mit dem neu erworbenen Wissen nicht auch von der Erde zu lösen, denn genau diese Gefahr besteht dabei. Aber dieser Prozeß ist Ausdruck der Entwicklung unserer Selbständigkeit und Selbstwerdung; doch er beinhaltet immer auch das Risiko der völligen Trennung vom Ursprung. Die Kunst, die demnach zu erlernen ist, ist jene des Ausgleichens. Mehr Erkenntnis bedeutet mehr Risiko der Fehlentscheidung, mehr Verantwortung für die Aufrechterhaltung der natürlichen Kreisläufe. Mit der Erkenntnis von Gut und Böse, also der Fähigkeit zu steuern, stellt sich auch die Fähigkeit zum Mißbrauch dieser Macht ein. Meiner Meinung nach sind die Matriarchate nicht zuletzt daran gescheitert und werden die Patriarchate dasselbe Schicksal erleiden.

Im Erdmythos der Hopi ist von sieben beziehungsweise neun Welten die Rede, die zugleich Bewußtseinsstufen und Hauptzentren des Energieaustausches bei Erde und Mensch darstellen. Die Hopi beschreiben darin ebenso die Entwicklungsstufen dieser Zentren oder Welten (auch Zeitalter) – bis zu den zwei letzten, wobei die achte eine Zwischenwelt darstellt und die neunte die endgültig wiederhergestellte des Schöpfers. Die Tarotkarten von eins bis neun symbolisieren dies ebenso wie die Kabbala. Dabei ist zu jeder Zeit alles möglich – so, wie sich die Menschen ständig entfalten und bewußter werden und zurückfallen in einen weniger bewußten Zustand, sich dabei aber lernend weiterentwickeln.

So wie sich das Kind entwickelt, könnte sich in gewisser Weise auch die Menschheit entwickeln. Damit hätten wir auch ein mögliches Muster für diese rätselhaften Zeiten der dominanten Mütter, was sich in den zahlreichen *Göttin-Heros* (Held, Liebhaber)-*Kulten* aller Kulturen niederschlägt, wie sie Heide Göttner-Abendroth und andere eindrucksvoll nachweisen.

In diesen Kulten ist ein *Dreiermuster* erkennbar: die junge unvermählte, die vermählte fruchtbare und die weise alte Frau, welche der »Frau Holle«, der nicht sichtbaren Welt, der Unter- oder Anderswelt, entspricht. Dieses Muster symbolisiert sowohl die Erde selbst mit ihren zyklisch wiederkehrenden Jahreszeiten, als auch die Mondphasen (zunehmend, Vollmond, abnehmend und Neumond als Bereich des Todes, der verborgenen Anderswelt) und den Tageslauf der Sonne: Aufgang, Höchststand, Untergang im Westen (dem Reich der Toten, der Unsichtbaren, der Nacht – eine eindeutige Parallele ist bei den Hopi auch heute noch zu finden). Gewöhnlich ist der Held oder Liebhaber als Sonne zu verstehen, die sich mit der Erde, der Mondin und der Venus (dargestellt durch die Hohepriesterin, die eigentliche Herrscherin) als Fruchtbarkeits- und damit Wasserbringer vereint. Die Sonne zieht im Frühling ins Land, vermählt sich als König auf Zeit mit der *Großen Göttin* in Gestalt der Hohepriesterin und verliert im Herbst ihre Kraft, um dann kastriert oder geopfert beziehungsweise sich selbst opfernd in das Totenreich (die Anderswelt) hinabzusteigen oder sich zurückzuziehen und nach der Wintersonnenwende am 25. Dezember erneut als siegreicher Held und Liebhaber strahlend wieder aufzuerstehen oder zurückzukehren.

All das zeigt deutlich eine enge Naturverbundenheit – das Leben im Einklang mit ihren Rhythmen und Zyklen, das dem Christentum völlig abhanden gekommen ist. Übertragen hat es indes die Dreigliederung dieses Rhythmus auf seinen Heros Jesus. Zunächst seine Geburt. Schon im Mithraskult wird am dritten Tag nach der Wintersonnenwende, in der Nacht vom 24. zum 25. Dezember, die Geburt und Auferstehung des persischen (altiranischen) Sonnengottes *Mithras* gefeiert. Dieser Tag, das heutige Fest der »Geburt Jesu«, war den Römern ein heiliger Festtag der unbesiegten, weil am dritten Tag nach ihrem scheinbaren Stillstand wiedergekehrten Sonne – des Mithras.

Der legendenumwobene Kaiser Konstantin ließ sich als göttliche Inkarnation der unbesiegten Sonne feiern, legte den Sonntag als ihren und seinen Festtag fest und wirkte noch 325 auf dem Konzil von Nizäa als erster Kaiser, der kirchliche und staatliche Macht in sich vereinigte. Obwohl er sich erst zwölf Jahre später auf dem Totenbett taufen ließ.

Die Wege von weltlicher und kirchlicher oder religiöser Macht sind seither offenbar genauso eng verschlungen wie es im sogenannten Matriarchat der Fall war: Die noch im frühen Kaisertum den Kaiser krönende und heute noch mächtige »Mutter Kirche« war damals Mutter Erde, die Mondin oder die Venus, vertreten durch ihre Hohepriesterin, welche den jungen Prinzen, einen ihrer erwählten Söhne, durch Vermählung im Wonnemonat Mai zum Mann und von ihr abhängigen Herrscher des Landes oder der Stadt machte. Diese Abhängigkeit drückte sich aus durch die nach dem Beischlaf erfolgende Kastration des Helden (was durchaus praktische Gründe gehabt haben oder die sexuelle Trennung bedeuten könnte), sein Amtsende wird durch das blutige Königsopfer gekennzeichnet, sobald ein anderer Sohn oder Mann sich mit der Mutter vermählen wollte. Das könnte durchaus auch ein Gang ins Kloster (Zölibat), ein Rücktritt, der Tod im Kampf mit dem Nebenbuhler oder gar ein Mord durch die Hohepriesterin selbst gewesen sein (wobei auch der Tod des Königs durch Herzschlag beim ekstatischen Beischlafritual nicht auszuschließen ist). Und dies alles, damit durch das Blut beziehungsweise Opfer des Heros Fruchtbarkeit, lebenspendendes Wasser, Licht und Wärme wieder ins Land kommen. Damit wird auch generell die Notwendigkeit des Sterbens als Voraussetzung neuen Lebens angedeutet.

Alle diese Bilder lassen sich freilich auch auf Sexualmagie (linkshändiges Tantra), aber auch auf das Erwecken der Lebenskraft durch Kundalini-Yoga oder rechtshändiges Tantra und damit auf die Erweckung der Erleuchtung beziehen.

Im vermutlich noch humanen und wissenden Sumer geschah dies zwischen 4000 und 2000 vor der Zeitrechnung noch in der Form, daß der König alle Bauten, von den Bewässerungsanlagen bis zu den Stufentempeln, im Auftrag der Hohepriesterin organisierte. Er wurde sinnvollerweise auch nicht geopfert (wahrscheinlich auch nicht kastriert, wie später vermutlich in Griechenland und auf Kreta), sondern zog sich den Winter über in eine Höhle zurück (vielleicht auch nur in die vorübergehende Einsamkeit im Schoß der Erde), um mit Blumen geschmückt im Frühling wieder als Heros zurückzukehren und sein Amt neu anzutreten. Das Volk nahm an dieser Vermählung teil – unsere Maihochzeiten und der Maibaum gehen auf diesen Brauch zurück.

Es gab keine Tier- und Menschenopfer, sondern Früchte des Feldes wurden im Herbst als Dank an die Schöpfungsmacht dargeboten. Diese Bräuche und die Stufentempel, aber auch der hohe Grad des Wissens und der Weisheit der Sumerer (Sternenkunde – und -deutung, Wortmagie und Erweckung der Lebenskraft) lassen starke Parallelen zu den heute noch bestehenden Zeremonien der traditionellen Hopi erkennen – wenn auch nicht in dem Sinn, daß dort der Dorfvater oder die Dorfmutter alljährlich neu bestätigt wird. Auch arbeiten die Hopi nicht mit Sexualmagie. Doch die bei den Hopi übliche *Zeremonie des neuen Feuers* ab November, die Erdkiva oder Höhle als Zeremonien- und Meditationsraum, der Rückzug des Kikmongwi in sie vor den Zeremonien, die Begrüßung des blumengeschmückten Jünglings als wachsende Kraft der Sonne und als Symbol der Keimkraft, kegelförmige Kopfbedeckungen bei den Sumerern als Hinweis auf Gebrauch von Magie, der relativ beständige Friede und der Name *UR* in Sumer (im Vergleich zu *Or*aibi heute und Lem*ur*ia auf Kasskara, dem Mutterland der Hopi) lassen solche Schlußfolgerungen als durchaus berechtigt erscheinen.

Anders im alten Ägypten, wo neben der Sonne bald die Verstorbenen und ihr Herrscher Osiris größte Verehrung genossen. Was schließlich nach dem anfänglichen Göttin-Heroskult, in dem *Ammon* durch einen Widder als Fruchtbarkeitssymbol dargestellt wurde, zu einem ausgeprägten Totenkult mit entsprechender, die Macht festigender Magie führte. Der Pharao heiratete als wiedergeborener Sonnengott ursprünglich seine Mutter, später seine Schwester (die Königin und Hohepriesterin) – vermutlich, damit Macht und Besitz in der Familie blieben.

Im Urmythos verkörpert *Isis* als Abendstern, Mond, Morgenstern (Venus) und Sonne noch das Prinzip der ständig erschaffenden, mütterlichen Schöpfungsmacht und damit auch das Prinzip der zyklischen Wiederkehr, während ihr Brudergemahl Osiris als Fruchtbarkeitsheros nach der grauenhaften Ermordung durch seinen Bruder Seth schließlich als milder Richter in der Unterwelt bleibt und sein mystisch gezeugter Sohn *Horus* (der Falke) als wiedererstandener, in der Anderswelt eingeweihter und somit erleuchteter Osiris als Pharao selbst in seiner Reinkarnation den Tod besiegt. Auch hier zeigt sich eine eindeutige Parallele zum geopferten, mystisch durch Astralreisen binnen drei Tagen eingeweihten und sodann »auferstandenen« Jesus von Nazareth.

Von da an wird er von dem der Einweihungen seiner Zeit wohl kundigen Paulus nur noch »Christus«, »der Gesalbte« oder Eingeweihte, »der Hohepriester« genannt. Der auf diese Weise gleichsam durch ein altägyptisches Einweihungsritual am Kreuz Geopferte wird durch seinen Tod eins mit der Schöpfungsmacht, die durch die Sonne repräsentiert wird und die er von nun an in mystischer Verbundenheit selbst ist.

Die Tatsache, daß bei Paulus dieser den Sohn opfernde »Gott« männlich und somit sein »Vater« ist, hat vielleicht ihre Wurzel im bereits erwähnten Mithraskult der altiranischen, assyrisch-persischen Priesterkaste, die auch Verbindungen zum Hinduismus mit seinem ebenfalls in hierarchischen Kasten organisierten System hatte. Dort sind die Brahmanen die Priester und Lehrer. Die Wurzeln lassen sich in etwa bis ins dritte Jahrtausend vor der Zeitrechnung zurückverfolgen; der Mithraskult selbst war nur für Männer zugelassen und wurde seit Kaiser Nero (der selbst Mitglied war) von den römischen Soldaten im ganzen römischen Reich bis nach Großbritannien, Germanien und Rußland verbreitet.

Sehnsucht nach wahrem Menschentum

Der *Sonnenheroskult* war vermutlich von Anfang an mit dem Soldatentum verbunden, da sein allmähliches Vordringen mit dem Einfall der indoeuropäischen Stämme aus dem Nordosten zusammenfällt. Jene Völker hatten den pferdegezogenen Streitwagen mitgebracht und sich nach Europa, dem Nahen Osten, Indien und China ausgebreitet. Während so im Industal die bäuerliche, mutterorientierte Induskultur zerstört wurde (die in regem Austausch mit der sumerischen gestanden hatte), drangen diese kriegerischen Völker über den Iran (Medien) unter anderem ins Zwischenstromland vor, verdrängten dort die assyrischen Semiten, zerstörten wahrscheinlich die sumerischen Stadtkulturen und unterwarfen in der Folge vermutlich alle noch bestehenden mutterrechtlich organisierten, zum Teil kulturell hochstehenden Gemeinschaften und deren Kultur bis in den Mittelmeerraum hinein, einschließlich Griechenland, Kreta, Kanaan (Palästina), Nordafrika und Ägypten. Hier fanden diese streitlustigen Indoeuropäer, denen wir auch das *Sanskrit* und das hinduistische Kastenwesen verdanken, allerdings schon einen zentralistisch gelenkten, männlich orientierten Beamtenstaat vor. Er stand unter dem Einfluß der Königin und ihres Kultes, was sehr an die Legenden über Atlantis erinnert (auch bei den traditionellen Hopi).

Persien und Indien, die ursprünglich einen Kulturraum bildeten, zerfielen. Die Trennung von Indien und Europa, die Betonung des (Nach-)Denkens, des Verstandes und der Prinzipien, Ideen und Ideologien anstelle von konkret erfahrbaren, mit den Kreisläufen der Natur in Einklang stehenden Erlebnissen, nahmen mit dieser Woge männlicher Gewalt ihren verhängnisvollen Lauf bis zum heutigen Tag. Zumindest könnte diese Entwicklung ein bedeutender Anstoß dafür gewesen sein.

Ganz sicher wurde damit eine Gegenbewegung zum anderen Extrem eingeleitet: von der alles beherrschenden Frau zum Mann als Herrscher, wobei der Hohepriester in Ablösung der Hohepriesterin gleich mitgeliefert wurde. Die Frau – vergewaltigt durch Soldaten, vergewaltigt als

Priesterin, was möglicherweise in Tempelprostitution mündete – zog sich zurück in ihre uralte Domäne: Hüterin des alten Wissens über die Sterne, die Heilkräfte, Wortmagie, Keimkraft, zyklische Wiederkehr und damit Hüterin der Sexualität und ganzheitlichen Fruchtbarkeit.

Das Urtrauma des Mannes im Matriarchat, keine Kontrolle über seine Nachkommenschaft zu haben, schlug in das besessene Streben nach totaler Kontrolle um. Ein Gleichgewicht zwischen den Geschlechtern wurde nicht hergestellt. Mit dieser totalen Unterdrückung des Weiblichen war Raum geschaffen für eine neue Neurose: die Sehnsucht nach der wahren Mutter, die Geborgenheit und tiefe Weisheit vermittelt, die Friede heißt und zum Selbständigwerden ermuntert, ohne auszustoßen. Damit aber auch die Sehnsucht nach der wahren Frau, die nicht unterdrückend oder vereinnahmend, sondern verantwortungsbewußt loslassen könnend liebt. Das Weibliche wurde von da an durch die erquickende Nacht, den Schlaf und das lebenspendende Wasser symbolisiert.

Auch die Frauen blieben durch diese tiefe Spaltung in der Menschheitsgeschichte nicht von dieser Sehnsucht nach wahrer Liebe verschont, die nicht besitzergreifend ist. Diese Sehnsucht ist das Ergebnis eines langen »Lernprozesses« und ein Beweggrund für viele, nach einer von außen kommenden Lösung zu suchen, statt in sich selbst – nach einem kommenden *Erlöser*, dem »wahren Menschen«; ersteres ist natürlich auch bequemer. Dadurch entsteht eine innere Leere, die alle Weltreligionen, insbesondere das Christentum mit seinem »Christus« auszufüllen sich anbieten. Sei es, daß ein »Erlöser« tatsächlich als Auferwecker von den Toten und als Weltenrichter angekündigt wird (nachdem er schon einmal erschienen ist), oder sei es, daß das Eingehen in die östlich geprägte, bedürfnislose Wunschlosigkeit zum hehren Ideal erhoben wird. Allen ist eine vernebelnde Erdferne gemeinsam, deren Ursprung durchaus in jener einseitig feuerbetonten Sonnenkult-Lichtreligion gesehen werden kann, die vermutlich weit hinter den Mithras- und späteren Zarathustraglauben zurückreicht.

Die Kultur der Hopi kennt in ihren überlieferten Erzählungen zur Geschichte der Menschheit jene vom »Weißen Bruder«, der sich von den Hopi trennte und mit der Kenntnis der Schrift, Erfindungsgabe und einem starken Forscherdrang ausgestattet war. Sein Volk wird »Kinder der Sonne« genannt und benützt das Pferd. Es soll sich friedfertig von Amerika nach Europa und andererseits vom versinkenden Kontinent Kasskara (Mu oder Lemuria) nach Asien als feindlich gesinnter, machtorientierter Weißer Bruder abgesetzt haben. In Europa und Vorderasien scheint es zu einer Vermischung beider gekommen zu sein, überdies zu einer Vermischung mit den großteils machthungrigen Atlantisnachfahren. Auch dieser Erzählung entspricht eine innere Ebene in jedem Menschen und eine äußere Ebene im Zusammenleben aller Menschen...

Fest steht jedenfalls, daß die Frauen noch heute unter den Auswirkungen des späten, männerunterdrückenden Matriarchats zu leiden haben: Wenn sie sich schwer tun, ihren Liebling, ihren Prinzen, den verwöhnten Narziß, der sich selbst am meisten liebt, freizugeben. Sei es der Sohn oder der Liebhaber. Er wird verwöhnt, gefangengehalten, kontrolliert und so der Möglichkeit des Selbständigwerdens beraubt, eigentlich »kastriert« und zugunsten der Dominanz seiner Herrin »geopfert«. Ist das die späte, immer wiederkehrende Rache der wahren *Großen Göttin* und Mutter oder Schöpfungsmacht, die sich gegen Vereinnahmung und Besitzergreifung jeder Art wehrt?

Wir erleben heute die Auswirkung dieses Prozesses in seiner extremsten Form, bis zur Selbst- und Fremdvernichtung. Das wahre Wissen, die wahre Weisheit und das wahre Vorrecht der Frauen (das Werden und Vergehen des Lebens liebevoll und ohne Umklammerung zu begleiten) und das des Mannes (Hüter dieses Lebens und seiner ersten Hüterin, der Frau und ihrer Kinder – einschließlich Erde und Kosmos – zu sein) ging in den Untergrund, wurde zur Tugend einer bewußt lebenden Minderheit und ersteht heute neu. Die *Fünf Bücher Mose* im *Alten Testament* sind voll von Geschichten über die Absetz- und Wanderbewegung jener, die ihre Verantwortung füreinander und für die gesamte Schöpfung erkannt haben und deshalb den Namen »Menschen«, »Mann« und »Frau«, »Hüter« oder »Hirte« tragen durften.

Habel zum Beispiel »wurde ein Hüter der Herden«, heißt es da in Genesis 4, laut Paul Hengge: Er behütete, hegte und trug Sorge für die, die sich als »Menschen« erkannt hatten und danach als »Kleinvieh Gottes« lebten, wie es auch im Altägyptischen hieß. Kain jedoch diente noch jenen Gesetzen, die in den magischen Kulten der Erdmutter mit ihren Tieropfern gültig gewesen waren. So ist es auch kaum verwunderlich, daß Kain stellvertretend für diese Menschen den Außenseiter Habel als Menschenopfer darbringt (vielleicht um sein eigenes Leben zu verlängern?), Habel jedoch Pflanzen als Opfer dargebracht hatte.

Deutlicher kann der Konflikt zwischen wahrem Menschentum und alles zerstörender, letztlich Blutopfer fordernder schwarzer Magie nicht gezeigt werden. Diese Geschichte ist so alt wie die Menschen selbst – seit der »Erkenntnis von Gut und Böse« im Garten Eden, dem Erkennen der Macht der Menschen. Sie kommt auch unter dem ägyptischen Ketzerkönig, dem Pharao Amenophis IV., Bruderkönig der Nofretete, vor. Er schaffte die Widderopfer zugunsten des Gottes Ammon oder Amun ab und ließ nur noch Pflanzenopfer darbringen. Zugleich änderte er seinen Namen in Echnaton (»dem Aton wohlgefällig«) um und erklärte den Sonnengott Aton zum alleinigen und wahren Gott. Er ließ ihn als Scheibe mit Strahlen abbilden, die Mensch und Erde berührten und behüteten – wie Arme mit Händen. Eine Erkenntnis, die auch bei den Hopi zu finden ist. Durch die Sonne berührt uns die fürsorgliche Macht des *Großen Geheimnisses* – sie ist eines seiner Abbilder, Symbol ständigen Werdens und Vergehens, das im Kreis zum Ausdruck kommt. Nach Echnaton konnten sich die alten Priester wieder durchsetzen und führten erneut den ursprünglichen Sonnenkult mit seinen Blutopfern ein...

Das wahre Menschentum, die verantwortliche Partnerschaft zwischen Himmel und Erde, Mensch und Schöpfung, wurde wieder einmal von einer machthungrigen, konservativen Elite geopfert und zu Grabe getragen.

In ähnlich gespaltenen Verhältnissen wie heute, wo genau diese Fähigkeit zur wahren, liebenden Partnerschaft erneut entsteht – mit allen begleitenden Fluchtbewegungen in Drogenmißbrauch, Rausch, Ekstase, Orgien und Weltfluchtmystik, verbunden mit der lebensfremden Vorstellung einer einmaligen Auferstehung nach dem Tod statt zyklischer Wiederkehr –, begann die geschilderte Epoche der versuchten Unterwerfung alles Lebendigen unter den Willen eines Herrschers.

Die zyklisch orientierten Fruchtbarkeitskulte, die alle Sinne ansprachen, gingen schließlich in den Untergrund und wurden verwässert, ihres tiefen Sinnes und ihrer allgemeinen Wirksamkeit beraubt. Das gleiche gilt für das dem Volk offensichtlich weiterhin vorenthaltene Wissen um die Hintergründe des Lebens; und damit für die weisen Frauen selbst, Zug um Zug, je nach Verbreitung dieses den Krieg als den »Vater aller Dinge« verherrlichenden Heldenkults, dessen Grundlage allerdings in gewisser Weise die Frauen selber geschaffen hatten. Asketisch orientierte monotheistische Volksreligionen wurden als spiritueller Schnellimbiß von einer männlichen Priesterschaft serviert: von eifersüchtigen Aufpassern, die zumindest eine Zeitlang dem jeweiligen weltlichen Herrscher und Gottkönig allzugern zu Diensten waren. Spekulationen?

Fest steht jedenfalls, daß Alexander der Große durch die Priesterschaft in Theben zum höchsten Sonnengott »Zeus Ammon« erklärt und später unter die griechischen Staatsgötter aufgenommen wurde. Jener große Feldherr, der Theben zerstören ließ, danach das persische Reich mit seinen Soldaten aus Rache für die seinerzeitige Zerstörung Athens in Schutt und Asche legte, unzähligen Menschen Tod und Leid brachte. Er war von einem der größten griechischen Philosophen, Denker und überdies Vorbild des christlichen Abendlandes erzogen worden: Aristoteles.

Der Hunger nach Wahrheit ist im Lauf der Geschichte ob solcher Heldentaten und Lehrmeister nur noch größer geworden, die Sucht nach Erlösung aus all dem irdischen Übel muß gewaltig gewachsen sein; waren doch die neuen Herren und Denker gewöhnlich auch Sklavenherrscher und meist Diktatoren. Da schien die lichte Gestalt des sich opfernden Sonnengottes Mithras echte Abhilfe zu bieten. Hier findet sich bereits der missionarische Kampf zwischen Gut und Böse, Geist und Fleisch, wie es so naturfremd heißt.

Zarathustra (auch: Zoroaster) formte daraus im sechsten Jahrhundert vor der Zeitrechnung (als auch Buddha, Lao Tse und bald danach Konfuzius lebten) jenen streng dualistischen Eingottglauben, der sich in völligem Gegensatz zu den bodenständigen – allerdings Tieropfer darbringenden – Naturreligionen befand. *Ahura Mazda*, Gott des Willens und der Tatkraft, kämpft nach diesem Glauben als Fürst des Lichts gegen seinen Widersacher *Ahriman*, den Fürsten der Finsternis. Ein künftiger Erlöser, von einer Jungfrau geboren, würde am Weltenende nach der Aufweckung aller Toten das Weltgericht bringen. Danach käme für alle ein reinigendes Feuer – so versprach diese Lehre.

Größten Erfolg hatte Zarathustra vor allem deshalb, weil er das nahe Bevorstehen des Weltgerichts ankündigte und die kostspieligen Tieropfer abschaffte. Schließlich versprach er seinen Bekennern die Herrschaft über die Erde, wobei sie den Göttern und ihren Helfern kräftig beistehen müßten, das Böse zu bekämpfen – die ideale Voraussetzung, Andersdenkende zu verurteilen.

Der Weg zum totalen Holocaust war gut vorbereitet – und der kriegerische, Schlachtopfer liebende Mithras eher für die Soldaten gut, während der moralisierende, missionarisch gesinnte, mit der Hölle drohende Ahura Mazda wohl eher die Oberschicht und als Verkünder eines Erlösers auch die versklavte Bevölkerung ansprach.

Zu dieser Sicht der Dinge finden sich auffällige Parallelen im paulinischen Christentum, das rund 600 Jahre später propagiert wurde – in Konkurrenz zum damals in Blüte stehenden Mithraskult und zur Lehre Zarathustras, welche auch bei den Essenern Eingang gefunden hatte.

Daneben gibt es eine Parallele gänzlich anderer Art, die damals vielleicht nur ganz wenigen Eingeweihten bewußt war: diejenige zu den Erzählungen der Hopi über ihren Weißen Bruder, dessen Wesen mit der Farbe weiß in Zusammenhang steht; sie bedeutet Reinheit, Licht und Osten. Von dort soll er auch zurückkehren, um seinen bedrängten Geschwistern (nicht nur den traditionellen Hopi, sondern eigentlich allen Ureinwohnern, ja allen Menschen der Erde) zu Hilfe zu kommen und eine neue, weltweite Gemeinschaft der wahren Hüter dieser Erde zu begründen. Es ist überdies die Rede von einem »Tag der Reinigung«, welcher in die totale Vernichtung münden könnte, sollte es nicht zu dieser weltweiten Versöhnung kommen.

Keine Rede ist von einem jungfraugeborenen Superstar, sondern von mehreren Nationen, *Völkern*, die an verschiedenen Symbolen zu erkennen seien. Letztlich geht es um die Auflösung des Rades von Karma und Wiedergeburt – um die Chance, es statt zu einer Katastrophe zu einem weltweit Frieden stiftenden Akt kommen zu lassen. Nichts von Mystik, von geheimnisvollen Vorgängen, sondern schlichte, jedem hier und jetzt zugängliche Möglichkeiten.

Von der Mutter- und Vaterlosigkeit zum Herr(en)gott

Wie konnte es zur völligen Entstellung dieser wahren, einleuchtenden Frohbotschaft unserer indianischen Verwandten kommen? Eine Ursache dafür ist sicher die, daß der Mensch die Freiheit hat, sich als Erkennender ohne Druck, also freiwillig, zu entscheiden. Eine andere, daß er über die möglichen Folgen seiner Entscheidungen und das sich daraus ergebenden Tun oder Nichttun zuwenig nachdenkt beziehungsweise nachgedacht hat. Eine dritte, daß der Mensch die Fähigkeit hat, Trugbildern, eigenen Vorstellungen zu erliegen und sie für wirklich zu halten. Dazu gehört vor allem jene Vorstellung, daß er sich von der Erde, seiner Mutter, völlig lösen kann. Das ist völlig ausgeschlossen – denn er ist ein lebendiger Teil von ihr.

Selbst wenn er ins All fliegt, gehorchen Körper und Geist jenen Gesetzen, denen sie durch seine Erdenmutter und der ihr innewohnenden Kraft unterworfen sind. Diese bestimmen seinen Spielraum. Der ist groß. Denn die Naturgesetze sind ihrerseits Teil eines belebten Kosmos – und dieser ist lebendiger Ausdruck einer lebendigen Wesenheit, die wir *Schöpfungsmacht* nennen können. Sie ist gleichsam ein einziger Atem, der alles mitatmet und so am Leben hält. Was diese Schöpfungsmacht als auslösender oder aussendender und wieder zurückholender Impuls in Gang hält, was die Naturgesetze letztlich eigengesetzlich und damit unbeeinflußbar wirken läßt, entzieht sich vollends unserem Erkenntnisvermögen.

Es hat deshalb keinen Sinn, sich ein Bild, eine Vorstellung von dieser

Wesenheit, dieser Urkraft allen Seins zu machen – das würde uns nur hindern, das wahrzunehmen, was wirklich wahrnehmbar ist, jenseits unserer Fantasie und unseres Wunschdenkens. Und das sind die Naturgesetze, die sich im kreisförmigen, zyklischen Werden und Vergehen, der ständigen Verwandlung allen Seins äußern. Das ist die von uns fälschlich so bezeichnete »Gegensätzlichkeit«, welche im chinesischen Yin-Yang-Symbol als ständiges Ineinanderfließen von miteinander verwobenen Kräften zum Ausdruck kommt: Hell und Dunkel, stark und schwach, kalt und heiß, Plus und Minus, männlich und weiblich. Tatsächlich gehen die gedachte Anziehungs- und Bindekraft fließend in die Abstoßungs- und Lösungskraft über. Alles ist ständig in Bewegung und birgt in sich, fortwährend der Wandlung unterworfen, alles beinhaltende Zustände. Nichts steht wirklich still in dieser Schöpfung. Das eine geht dauernd in das andere über, ohne sich gegenseitig auszuschließen. Und wenn wir den Kreislauf unterbrechen, entsteht (wie im Stromkreis) die vielzitierte Polarität.

So ist denn auch das Einordnen, das Schubladisieren – das Festhalten –, wie wir es so gerne tun, einfach lächerlich, absurd. Es ist die größte Illusion, der wir uns hingeben können. Und dennoch ist alles scheinbar Feste wirklich fest, wirklich da – aber eben nur auf dieser Ebene, der einseitig gedachten mo-ment-anen Festigkeit, auf der es nur eine ihm zugemessene Zeitlang in Erscheinung tritt, die wir den natürlichen (oder den natürlichen Gesetzen gehorchenden) Rhythmus nennen können.

In diesem Rhythmus haben wir unseren Platz, wenn wir uns auf ihn einstellen, mit ihm in Resonanz schwingen wie ein schönes, wohltönendes Instrument. Dann singen wir selbst dieses kosmische Lied, das Lied unseres Sonnensystems, unserer Erde, unseres Heimatlandes, unserer Mitwelt, unserer eigenen Person, aller Universen.

Die Hopi berichten davon in ihren Erzählungen von den sieben Welten regelmäßig bei ihren Einweihungen der Initianden in einer ihrer Kultbünde. Nur dienen – heute noch – diese Bünde nicht dazu, eine Elite zu isolieren oder lediglich dem eigenen Wohl, sondern sie dienen dem Wohl der gesamten Schöpfung, der zyklischen Wiedergeburt aller Wesenheiten, ihrer Entfaltung und Höherentwicklung entsprechend dem Plan des Weltenschöpfers, wie es im *Buch der Hopi* heißt. Jeder traditionelle Hopi ist in einem dieser Bünde, jeder führt entsprechende Zeremonien im Jahreszyklus zur Aufrechterhaltung dieses Rhythmus durch, keiner ist isoliert oder hat eine elitäre Sonderstellung. Auch die Frauen nehmen zeitweise daran teil, haben ihre eigenen Bünde und Zeremonien – und geben ebenfalls uraltes Wissen weiter.

All das erinnert an die Vorstellungen von einer uralten, mutterrechtlichen Kultur – und die Hopi leben sie auch, mit der partnerschaftlichen Gleichberechtigung des Mannes in einem ausgewogenen, feinmaschigen Netz von vielen Beziehungen.

Wo finden wir so etwas in der vielgepriesenen Antike?

Auf Kreta und Therra (Santorin) vielleicht, bevor der Vulkanausbruch von Santorin – möglicherweise durch einen Polsprung ausgelöst – diese Kulturen zerstörte, Klima und Kulte weltweit nachhaltig veränderte. Das würde auch – gepaart mit einer Klimaveränderung im Norden – die starke Wanderbewegung nach Süden erklären, die damals (etwa um 1500 vor der Zeitrechnung) erneut einsetzte und den indoeuropäischen Einfluß endgültig Fuß fassen ließ.

Bei diesen katastrophalen Ereignissen, die sich nach dem Wiener Wissenschaftsjournalisten Peter Kaiser (*Vor uns die Sintflut*) im letzten Jahrzehntausend mehrere Male zugetragen haben sollen, war die Sonne oft tagelang verdunkelt – besonders durch die bei Vulkanausbrüchen hochgeschleuderten Staub- und Aschemassen. Das könnte eine Art Trendumkehr zur Betonung der Bedeutung der Sonne, zu ihrer Anbetung anstelle des Mondes, mit sich gebracht haben. Damit aber auch eine Verurteilung des weiblichen Erd-, Mond- und Venuskultes, welcher – naiv betrachtet – die Katastrophe nicht verhindern konnte. Aus diesen Ereignissen dürfte auch Echnaton seine Konsequenzen gezogen haben (wenn auch die richtigen), während auf ihre Chance wartende Männercliquen sichtlich die Gunst der Stunde nützten. Zumal häufig eher rücksichtslose Menschen überlebt haben dürften, die Alte, Schwache, Kranke und Kinder im Stich ließen.

Das würde – so wie heute – die Theorie vom Recht des Stärkeren bestätigen. Aber es ist nicht die Weisheit des erkennenden, verantwortungsbewußten Menschen, die dahintersteht. Es ist die versengende, isolierende Macht des Ich, sonst nichts.

Dieses Geschehen und Prinzip spiegelt sich auch in der Sage des Orest wider, der für den Mord an seiner Mutter vor Gericht steht. Er rächt sich damit für die Ermordung seines Vater Agamemnon durch seine Mutter, nachdem dieser als siegreicher Führer der Griechen von der Schlacht um Troja heimgekehrt war und Kassandra als Siegespfand mitgebracht hatte.

Das Volk, das richten soll, kann sich nicht entscheiden, denn es ist geteilter Meinung. Da tritt Apollo, der Sonnenheld und Gott des neuen Vaterrechts, auf und ergreift Partei für Orest, der seinen Vater (an der Mutter) rächen müsse:

»Die Mutter ist nicht Ursprung ihres Kindes,
Wie mancher glaubt, sie nährt nur seinen Keim.
Wer zeugt, erschafft; sie hegt fremdes Pfand,
Bewahrt den Sproß, den Gott erhalten will.«

Nachdem diese einseitige Argumentation das Volk nicht überzeugen kann, läßt es Athene – die Weisheit – entscheiden. Doch sie gehört schon zur neuen, dem Kopf des Zeus entsprungenen (das heißt im Kopf des Mannes erdachten) Generation, im Gegensatz zur vorherigen weiblichen und unabhängigen Athene. Zeus' Athene ist eine, die sich auf die Seite der Männer geschlagen hat, als treue, hörige Tochter ihres Vaters, dem sie sich völlig unterwirft – aber vielleicht auch schon als Vorbotin jener Art von Emanzipation, welche in Männerkleidern selber Positionen des Mannes einnehmen will...

Ihr Spruch (ebenfalls zitiert nach Gaube/Pechmann: *Magie, Matriarchat und Marienkult*):

»Mein ist das Werk, zu enden diesen Gang:
Ich lege für Orestes diesen Stein.
Da mich kein Mutterschoß gebar, so schlägt
Mein Herz dem Manne, ohne Eheband.
Ganz bin ich meines Vaters, ganz sein Kind
Nie schlag ich Tod der Frauen höher an
Als den des Mannes, der des Hauses Haupt.«

Damit ist der Muttermord von höchster Stelle abgesegnet, der Dichter Aischylos, der um 500 vor der Zeitrechnung lebte, hat in diesen Versen die Ideologie seiner Zeit und deren Wurzeln charakterisiert.

So ist es auch in den im sechsten Jahrhundert vor der Zeitrechnung neu diktierten (und bis heute völlig entstellten) *Fünf Büchern Mose* nachzulesen; es findet sich sich in den Lehren und Taten zahlreicher griechischer Philosophen, Mathematiker, Dichter und Staatsmänner. Beispielsweise in denen des »Reformers« Solon im sechsten Jahrhundert vor der Zeitrechnung, unter dem zwar ein Wahlrecht eingeführt, den Frauen jedoch verweigert wurde, bis hin zur Gründung der *Philosophenschule*, der »Akademie«, durch Platon im vierten Jahrhundert vor der Zeitrechnung, der die Frauen-, Körper-, Natur- und Sexualfeindlichkeit zugunsten seiner asketischen Leidens- und Opferphilosophie verkündete.

Für Platon hatte der Weltenschöpfer die Weltseele auf den Weltleib – das Kreuz – gespannt. Anlaß zu diesen trübsinnigen Überlegungen war das politische Chaos in Athen, die Tyrannei ohne Ende. Sie führte ihn offensichtlich genauso zu jener weltentsagenden, weltflüchtigen Ideologie wie seine wahrscheinlichen Einweihungen in die Isis – Osiris- und Hermes (Thot) – Mysterien in Ägypten.

Ähnlich bei dem vor ihm und Sokrates lehrenden Pythagoras, der die körper- und lustentsagende *Orphische Schule* begründete, und als Arzt, Heiler und Mathematiker gewirkt hat – im Gegensatz zu Platon, der dem theoretischen (und damit toten) Wort zuviel Gewicht beimaß.

Platons Schüler war Aristoteles, der sich als Physiker und Philosoph ebenfalls im Gegensatz zu Platon befand, als Lehrer von Alexander dem Großen jedoch den kolonialistischen Hellenismus verwirklichen half. In diesem kopflastigen, frauenfeindlichen und durch den Kriegeradel von Rache geprägten faschistischen Umfeld gedieh im dritten Jahrhundert vor der Zeit Jesu die patriarchale Übersetzung des *Alten Testaments* aus dem bereits im fünften Jahrhundert den neuen Verhältnissen angeglichenen Aramäischen ins Griechische, der Sprache der neuen Oberschicht.

Rundherum ereignete sich viel von dem, was »Geschichte« und »Kultur« genannt wird: zahlreiche männermordende und das Land verödende Schlachten, Unterwerfung anderer Völker ohne Ende (»Kolonisation«), Ausbau der Streitkräfte (also Aufrüstung), des Handels und Verkehrs, des Geldwesens und damit der Kontrolle; schließlich die Errichtung von Sklavengesellschaften von Indien bis nach Europa und Afrika.

Ich kann darin beim besten Willen keine »kulturelle Leistung« erblikken, denn dieses Meer von Blut und Tränen wegzudenken hieße, auf beiden Augen blind zu sein. Ich sehe in diesen traurigen Heldengestalten nichts anderes als Statisten einer aus den Fugen geratenen Männergesellschaft, die den »Vater«, den gewalttätigen Antreiber zu ihrem Ideal erhoben hatte. Im Hintergrund bleiben die um die Gefallenen klagenden Mütter, Frauen, Väter und Kinder. Der Kriegeradel hatte sich als herrschende Oberschicht aus den vom Nordosten mit Pferd und Streitwagen eingewanderten Indoiranern und Indogermanen – ähnlich wie in Indien mit der herrschenden Kaste der Brahmanen – durchgesetzt.

Die noch bis etwa 1700 vor der Zeitrechnung mütterlich orientierten Naturreligionen, die Haine und Bäume als Kultplätze hatten (ähnlich wie anfangs in Sumer, bei den Griechen, Kelten und Germanen), wurden ersetzt durch eine Religion der machtbetonten Denker und zielgerichteten Strategen mit monumentalen, genau berechneten Tempelbauten und phallischen Steinsäulen, welche als Resonatoren und Fixierer, als Steuerer der Erdenergien dienten – wie die Pyramiden mit ihren Obelisken und die christlichen Kirchen mit ihren Türmen.

Das Festhalten und Besitzergreifen hatte in ihnen endgültig Gestalt angenommen; insbesondere das Besitzergreifen von den Energien der Erde und des Weiblichen, dargestellt durch die Schlange.

Heute haben wir es endlich geschafft, auch die Himmelsenergien, ja die Urenergie selbst durch die Atomspaltung, Kernfusion, Lasertechnik und Antimaterieforschung in unsere Gewalt zu bringen. So sind denn auch die neuen Tempel oder Heiligtümer nicht mehr Kirchengebäude, sondern jene Ritualorte der Macht, wo die Hohenpriester der Hochtechnologie mit ihren Tempeldienern, adeligen Geldgebern und der Kriegerkaste zusammenkommen: die Atomkraftwerke und Banken; deren Zeremonialgegenstände Geld und Computer, Laserkanonen und Atomwaffen; deren Meditationszentren die Zyklotrone, wissenschaftlichen Labors, Vorstandsetagen, Pentagons, Forschungsreaktoren und Atomteststätten. Ohne die Verdienste mancher Philosophen, Mathematiker und Physiker der Antike (und anderer Zeiten) schmälern zu wollen, muß doch festgehalten werden, daß die Vaterschaft dieser zweifelhaften, naturfernen Errungenschaften zu einem hohen Grad bei den Aufklärern der Antike zu suchen ist, welche sich mit ihrer Kopflastigkeit auf Kosten des versklavten Volkes gegen Naturkulte und vor allem die respektvolle Würdigung der Naturkräfte wandten.

Pythagoras, einem keltischen Druiden vergleichbar (mit diesen soll er Verbindung gehabt haben), übermittelte altes Wissen aus Ägypten, Indien (und wahrscheinlich aus Atlantis), besonders hinsichtlich der nach harmonischen Gesetzmäßigkeiten erfaß- und ausdrückbaren Ordnung des Kosmos: »Die Weisen lehren, daß Himmel und Erde, Götter und Menschen Gemeinschaft zusammenhält und Freundschaft und Ordnung und Maß und Gerechtigkeit, und darum nennen sie das alles Kosmos.«

Bei seinem Schüler Heraklit war schon von einem ewigen Feuer, einem *Urfeuer* die Rede – was sicherlich auch mit Elektrizität und einer möglichen »Ursonne« zu tun hat. Das Feuer als Ausdruck ständigen Werdens, ständiger Unruhe, steht für Bewegung, beherrscht vom Maß, vom Sinn, vom Gesetz. Allmählich setzte sich die Auffassung durch, daß der *Geist* Ursache der Bewegung sein müsse und es für alles einen Zweck, einen *Sinn* gäbe.

Die Sophisten stellten diesem eher gemeinschaftsorientierten Weltbild das des Einzelgängers gegenüber: Tüchtigkeit, zu allem fähig sein, wurde als zentrale Tugend gefeiert – gerade auch dann, wenn es um die Überredung anderer ging. Ziel: der Erste, Führer sein. Der Stärkere herrscht über den Schwachen, lautet das »Naturgesetz«. Und: Der Mensch ist das Maß aller Dinge (Protagoras), das sei das »Naturrecht«.

So wurde die beeindruckende Wortwahl zentral bedeutsam, nicht jedoch Wahrheit und Verantwortung. Leistung und Macht wurden zu Kernbegriffen eines ich-zentrierten Weltbildes, das alle Züge der Unterdrükkung anderer in sich trägt. Nicht zufällig strebte Griechenland damals nach der Großmachtstellung im Mittelmeerraum. Nietzsche sollte später diese Gedanken aufgreifen und Hitler inspirieren; der amerikanische Lebensstil *(The American Way of Life)* beruht auf diesem Weltbild.

Sokrates indes trat dem Kult um den vernebelnden Wortschwall entschieden entgegen und entwickelte die Kunst, die Menschen durch Nachdenken selber die Wahrheit erkennen zu lassen. Als entscheidende Hilfe dabei sah er die *innere Stimme*, die Intuition an. Und er war davon überzeugt, daß man Gott mehr gehorchen müsse als den Menschen.

Platon, selbst in die ägyptischen Mysterien eingeweiht, griff diese Lehren auf, die Sokrates *lebte* und nicht aufzeichnete, und gründete in Athen die *Akademie* als Philosophenschule. Was zweifellos einen missionarischen Eifer und die Lust am Fixieren demonstriert. Während Sokrates ein Mann aus dem Volk war, stammte Platon, einer seiner Schüler, aus dem Hochadel Athens. Für ihn stand das Streben nach sittlichen Werten im Mittelpunkt, nach Idealen, die »das absolute Sein« darstellen würden. Auf diese Weise schuf Platon die theoretische Grundlage des Idealismus, des Strebens nach Vollkommenheit mit dem damit verbundenen energischen Willen, aber auch der daraus entstehenden Unruhe aus Unzufriedenheit mit sich selbst, mit dem gegenwärtigen, »unvollkommenen« Zustand, dem ständigen Vor- und Zurückschauen, ohne im Augenblick da-sein zu können.

Da die Welt der Ideen mit ihren Urbildern nach Platon das wahre Sein darstelle, betrachtete er den Körper als »das Gefängnis der Seele« – alles Materielle nur als Schatten der Urbilder, als ihr schemenhaftes Abbild. Damit bewegt er sich in der Nähe der biblischen Aussage, daß »Elohim« den Menschen »im Schatten seines Schattens« schuf, wie Paul Hengge Gen 1,27 übersetzt. Doch weiter mit Platon: Die Seele oder das Belebende vermittelt seiner Auffassung nach zwischen der sichtbaren Welt und jener der Ideen. Sie sei unsterblich und forme den Körper, woraus sich die Seelenwanderung (Reinkarnation) ergibt.

Die höchste Vollendung bestünde in der »Verähnlichung mit Gott«, wobei Platon den Staat als Großorganisation des Menschen auf dem Weg zum Guten betrachtet. Diesen Staat sollten besitz- und ehelose Wächter sowie Philosophenkönige regieren: die geistig und sittlich Besten – die Aristokraten. Ordnung und Recht gelten als Maß dieses Staates, die Demokratie ist seine schlechteste Form, die Monarchie stellt einen der Besten als Leiter an die Spitze (meint Platon). Für ihn ist »Gott« das Maß aller Dinge, sein *Demiurg* oder Weltenschöpfer schafft aus der von »Gott« geschaffenen Materie die Welt, wodurch »Gott« weit von der Erde wegrückt.

Platons streng dualistisch-elitäre und naturfeindliche Vorstellungen haben uns bis zum heutigen Tag geprägt. Insbesondere Paulus und das von ihm vermittelte, erst unter ihm so benannte »Christentum« beruft sich auf dieses Weltbild, schließlich Augustinus (»Unruhig ist unser Herz, bis es ruht in dir, o Gott«) und die zahlreichen Vertreter der *Gnosis*, welche diese Ideen mit Jesus von Nazareth als dem hohen Eingeweihten verbanden, der genau diese Grundsätze gelebt habe und so zum Sohn Gottes geworden sei – ohne »Gott« selbst zu sein (wodurch ein Gegensatz zu Paulus entstand).

Dieser geistig auferstandene, erwachte Jesus wird als »Christus« bezeichnet (»der Gesalbte« oder »Eingeweihte«). Folglich haben all jene Menschen, die in diesem höheren Bewußtsein leben, den »inneren Christus« oder das »Christusbewußtsein« erreicht. Ein Begriff, der aus den hellenistischen Einweihungskulten der Oberschicht kommt.

Die Teile der New-Age-Bewegung mit einer von Madame Blavatsky entliehenen theosophischen Ideologie haben dieselben Wurzeln, die, auf indoiranischem Gedankengut basierend, Yoga, Tantra und Wortmagie beinhalten und sich im Hinduismus und Buddhismus zu eigenen Religionen entwickelt haben. Rudolf Steiner hat seine *Anthroposophie* daraus abgeleitet und noch weitere Elemente aus der Ahura-Mazda-Lehre Zarathustras und der christlichen Gnosis eingebaut. Auch Hitler, der Rudolf Steiner als seinen Gegenspieler sogar durch Attentate verfolgen ließ, baute auf der Theosophie auf und stützte sich überdies auf gelehrige Schüler Platons, Zarathustras und der Sophisten, wie Nietzsche (die Lehre vom »Übermenschen«) und Hegel. Dabei spielten Luther und Calvin eine besonders wichtige Rolle, genauso wie die Grundlagen linearen, zielgerichteten Denkens von Aristoteles. Aristoteles begründete die Logik als die Wissenschaft vom Denken und Sprechen (!) und betonte damit die trennende und zuordnende (gleichsam schubladisierende) Funktion des Verstandes.

Durch sie entsteht eine Welt der Begriffe, die als Überordnungen letztlich nicht mehr der Wirklichkeit selbst, sondern einer Vorstellung von ihr entsprechen. »Gott« als Seinsgrund ist für Aristoteles der unbewegte Beweger, die reine Wirklichkeit, die Substanz, also Materie, an sich. Alles, was ist, hat als Seiendes Teil an »Gott« als seine Ausformung. Womit Aristoteles im Gegensatz zu Platon den Realismus begründet und in die

Nähe der modernen Feldtheorie rückt. Die Welt ist für ihn ein Kosmos von Formen, ein geordnetes, zielgerichtetes Ganzes, von »Gott« als »das Geliebte« bewegt.

Die Seele als Lebensprinzip erkennt er in drei Gestalten: als Wachstumsseele bei Pflanzen, als Sinnenseele bei Tieren und als schöpferische, mit freiem Willen und Verstand ausgestattete Vernunftseele beim Menschen. Sie muß aber erst ausgebildet werden. Der Mensch ist für Aristoteles vor allem ein vernunftbegabtes Lebewesen und vereinigt alle drei Seelen in sich. Als fünftes Element betrachtet er den Äther, die sogenannte *Quintessenz*, die unvergänglich sei. Leben ist für ihn das, was sich aus sich selbst bewegt, seine höchste Form der Geist. Die Welt ist das ideale Ziel aller Formwerdung – gleichsam die beste aller Welten (im Gegensatz zu Platon).

Das Handeln des Menschen soll vom Einhalten der rechten Mitte geprägt sein, wozu eine Menge Tugenden gehören. Das Glück findet sich nach Aristoteles in der vollkommenen Betätigung, im rechten Handeln, das vom rechten, also richtigen Geist geleitet ist. Für ihn ist der Weise das Ideal, der Staat die Vollendung der irdischen Sittlichkeit durch das Gesetz für ein gutes und vollkommenes Leben. Zitat aus Johannes Hirschbergers *Kleine Philosophiegeschichte*: »Wir arbeiten nicht um der Arbeit und des Geldes, sondern um der Muße willen und führen Krieg um des Friedens willen.« Zugleich stellte Aristoteles Platons Ideal des Individualismus die Tatsache gegenüber, daß der Mensch von Natur aus ein geselliges Gemeinschaftswesen ist und seine Grund- und Freiheitsrechte von Natur aus bestehen – das Naturrecht. Ein Staatsvertrag könne sie bestenfalls verkünden und bekennen.

Trotz dieser sicherlich richtigen Erkenntnis, die so manchem Politiker unserer Tage gut zu Gesicht stünde, verteidigte Aristoteles das zu seiner Zeit längst übliche Kastenwesen mit der Sklaverei als »von Natur aus« bestehend.

Im christlichen Europa währte die Sklaverei auch konsequent bis zum dreizehnten Jahrhundert, in Spanien und Portugal sogar bis zum sechzehnten, weltweit ist sie noch immer nicht überwunden, und als Klassengesellschaft ist sie uns bis heute erhalten geblieben.

Kindesaussetzung und Abtreibung stellen für Aristoteles kein Problem dar, die Sorge um die Seele wird als »Seelenbildung« des Menschen zur Aufgabe der Erzieher. Letzteres haben sich das Christentum und später der Staat als Mission und Bildungsaufgabe angeeignet, ebenso die Anhänger des humanistischen Bildungsideals, welche Platons Ideenlehre mit Aristoteles' Realitätssinn und Logik zu verbinden versuchen.

Es ist offensichtlich, daß beide Philosophen die Ungerechtigkeit der Sklaverei, des Bestehens einer wenigen Mächtigen dienenden Unterschicht nicht in Frage stellen, und es ist so auch begreiflich, daß der Adelige Aristoteles leicht von »Muße« sprechen kann.

Dieses Kastendenken, das sich im österreichischen Ständestaat der Dreißiger Jahre unseres Jahrhunderts wiederfindet, hat auch Paulus – im Gegensatz zu Jesus – unkritisch übernommen, genauso wie die vernebelnde Beredsamkeit der Sophisten und die verstandesbetonte, zwingende Logik des Aristoteles, der (neben Platon) nachhaltig die Theologie der christlichen Kirche geprägt hat. Das Motto könnte gelautet haben und noch lauten: »Über Gott und die Welt nachdenken und reden, statt ihn und sie zu leben.«

Die auf beide Philosophen und zum Teil andere Griechen der Antike zurückgehende neuzeitliche Naturwissenschaft ist auch nicht weit davon entfernt. Denn sie hat das Lebendige, das Göttliche, aus ihrem Blick- und Agitationsfeld zu bannen versucht, Erde und Natur zu »toten Dingen« erklärt. Platon und Aristoteles haben sich damit – gewollt oder ungewollt – als Loslöser, als Trenner entpuppt: vom natürlichen, zyklischen Leben und Denken; vom Ruhen der Gedanken und Vorstellungen, was Voraussetzung für neue Erkenntnisse und inneres Wachstum ist. Ihr Festhalten an Ideen und Formen, kurz an Zuordnungen des menschlichen Geistes, hat uns das Kuckucksei des todernsten, nicht lachen könnenden Abendlandes gelegt, das verlernt hat, bewußt zyklisch zu sein, loslassen und anziehen zu können.

Von beiden heben sich die Lehren eines Buddha oder eines Lao Tse ab, welche den unschätzbaren Wert der inneren Stille – des Innehaltens – als wichtigstes dynamisches Prinzip erkannt haben. Wir finden dieselbe Weisheit bei den Ureinwohnern aller Kontinente wieder und erkennen sie im Sich-Zurückziehen des sumerischen Königs sowie des Dorfvaters oder *Kikmongwi* bei den traditionellen Hopi in die unterirdische Kiva.

Beide Philosophen haben wesentlich dazu beigetragen, das Abendland von seinen natürlichen Wurzeln zu trennen und es so zu ständiger Unrast, Hektik und Kopflastigkeit geführt; eine Unrast, welche die beinahe vollständige Zerstörung der Natur und der Beziehungen der Menschen untereinander bewirkt hat. Die Früchte sind entsprechend: materieller Wohlstand und die Macht über das äußere Feuer, dafür aber spiritueller Notstand und Verlust des inneren Feuers, der uralten, ewig gültigen Weisheit und der natürlichen Bindungen des Menschen.

Jene, die glauben, die größte Macht zu haben – über Menschen, Erde und All – dank ihrer Technologie, ihrer Reichtümer und Waffen –, sind in Wahrheit die Ohnmächtigen geworden, so paradox das klingen mag. Sie sind Gefangene ihrer selbst geschaffenen Vorstellungen, einschließlich der Atomspaltung als letzte Konsequenz. Jener »Schlangenkraft«, die bis zum 16. Juli 1945 in der Erde gebunden war und damals nach langer Zeit wieder entfesselt worden ist.

Aber noch nicht ganz – die totale Entfesselung könnte die restlose Vernichtung allen Lebens mit sich bringen und gerade jenen am meisten schaden, die sich den größten Nutzen davon versprechen. Das wäre dann jener wieder erstandene oder freigelassene Luzifer, der nicht wünschenswert ist. Es gibt aber denselben Lichtboten (oder dieselbe Kraft des Lichts) unter einem gegenteiligen, inneren Aspekt: das kontrollierte Aufsteigen der Kundalini im Menschen – der Erkenntniskraft, die ihm den verantworteten, wahren Zugang zu den Naturgesetzen eröffnet und ihn mit der Anderswelt und der Schöpfungsmacht samt ihren Wesenheiten verbindet. Diese Chance haben alle Menschen – und die traditionellen Hopi meinen genau das –, ohne uns allerdings von der Pflicht zur Beseitigung der Not und des Leides in der Welt zu entbinden. Was sollen da noch sogenannte »Einweihungen« in ominöse Zirkel, die isoliert davon das Heil, die Macht oder sonst irgend etwas versprechen?

Das Göttliche leben, nicht darüber reden

Blicken wir zurück in jene Zeit, als Pythagoras, Sokrates, Platon und Aristoteles lebten und lehrten. Es war eine Situation ähnlich der unsrigen: voll Gewalt, Magie, Mord, Umweltzerstörung, Unterdrückung und Frauenfeindlichkeit. Die antike Philosophie, Mathematik und Physik stellte eine Art aufklärerischer Gegenströmung dar – ohne allerdings ihre Abnabelung von den natürlichen Zyklen zu erkennen. Im selben Bann standen auch die Despoten und Feldherren jener Zeit (und vermutlich aller Zeiten).

Heute jedoch kann jeder überdeutlich die aufkommende Götterdämmerung erkennen, die den Göttern und Götzen widerfährt, die Macht über andere versprechen; unsere gegenseitige Abhängigkeit, die dramatische Naturzerstörung (auch am eigenen Körper) und die erstmalige Gefahr, alles Leben mit einem Schlag unwiderruflich auszulöschen – kein begrenzter, kontrollierbarer Krieg mehr, kein Wissen, wie »die Natur« vor ihrem mächtigen Gegenschlag zurückzuhalten ist.

Wir erkennen noch etwas: wie wenig weise es von den Menschen war, zugunsten von persönlicher Macht lebenspendendes Wissen zurückzuhalten und – vielleicht aus Schutz vor Mißbrauch – nur auf eine Elite zu beschränken, statt ständig als Gruppe dieses Wissen zu *leben*, wie es die Hopi heute noch tun. Wie es scheint, blieben die sogenannten »Einweihungen« in unseren Breiten einer Männerelite vorbehalten – im Sklavenstaat Ägypten mit seinen Pyramiden als Einweihungsstätten des Isiskults und des legendenumwobenen druidischen Magiers und Wissenden *Hermes Trismegistos* (der dreifach Größte), dessen Kenntnisse von Ägypten als »Geheimwissen« im sechsten Jahrhundert vor der Zeit Jesu zu Pythagoras gelangten. Auf ihn sollen auch die *Mysterien des Orpheus* zurückgehen, die zur Gründung des Mysterientempels von Eleusis führten.

Diese asketischen, weltentsagenden, keuschheitsbetonten und streng vegetarisch ausgerichtetetn Kulte vermittelten den Eingeweihten den Zugang zum »ewigen Leben« (dem Elysium) insofern, als sie ihn mit einem todesähnlichen Erlebnis konfrontierten, wonach sich der Kandidat als Wiedergeborener oder »Auferstandener« fühlte. Motto: »Den Tod überwinden, nicht fürchten.« Vor dem Hintergrund dieser Einstellung, die allerdings weit entfernt von der Wirklichkeit der notleidenden Bevölkerung – insbesondere der verheizten Soldaten – war, kam es zum Mythos der leiblichen Auferstehung und der Erlösung.

Im krassen Gegensatz dazu standen die orgiastischen, mit Drogen und Alkohol verbundenen Bacchanalien des *Dionysoskults*, ein alter Göttin-Heroskult, der von Kreta übernommen worden war und, wie der *Kybele-Kult* seit dem fünften Jahrhundert vor der Zeitrechnung aus der heutigen Türkei kommend, bis in das vierte Jahrhundert weite Verbreitung gefunden hat. In beiden Kulten ging es blutig zu: Ein Opferstier wurde bei lebendigem Leib zerrissen und zu Bier (später Wein) genossen, der Heros nach dem berauschenden Festmahl bei der rituellen Hochzeit kastriert oder gar im Alkohol- oder einem anderen Drogenrausch ermordet.

Ähnlich dramatisch vollzogen sich zu dieser Zeit die Menschenopferkulte in Kanaan (Palästina) und in Karthago in Nordafrika. Sicher waren die elitären, frauenfeindlichen Männerkulte der Isis und von Eleusis eine Art Gegenreaktion auf die orgiastischen, blutigen Volksfeste. Beide können als Fluchtbewegungen innerhalb eines verkommenen Sklaven- und Despotenstaates betrachtet werden.

Waren aber die orgiastischen Volksfeste eher Ventile zum Dampfablassen der Bevölkerung, so stellten die elitären Männerbünde zugleich Zentren der abgesprochenen Einflußnahme dar. Sie waren Vorläufer der heutigen Logen der *Freimaurer*, *Rosenkreuzer*, *Templer* und anderer Geheimorganisationen.

Die Eleusismysterien vereinten beispielsweise einflußreiche Persönlichkeiten wie Pythagoras, Platon, den »Reformpolitiker« Solon, den Dichter Aristophanes, den römischen Senator und Dichter Cicero, der allerdings ständig die Zerstörung Karthagos forderte, den friedlichen römischen Kaiser Hadrian und schließlich den römischen Philosophenkaiser Marc Aurel, der in Wien starb.

Im gehobenen Mithraskult hingegen, der dem Christentum bis ins vierte Jahrhundert große Konkurrenz machte, waren vor allem Politiker und Militärs vereint, wie Nero und Konstantin »der Große«, seit dem Jahr 307 selbst Reichsgott dieses Kultes. Jener Mann, der als erster römischer Feldherr das Kreuz als Symbol der Macht über andere verwendete und so blutig seinen Feldherrenkopf rettete. Lange vor dem Wirken Jesu waren alle wesentlichen Elemente des paulinischen Christentums im apollonischen Mithraskult (zum Teil auch in den ägyptischen Mysterien) enthalten: die Wassertaufe, die rituelle Vermählung mit Gott durch den Genuß von Brot und Wein (das Abendmahl), der rituelle Tod Jesu, die Auferstehung und das Siegelzeichen auf der Stirn (vergleiche die *Apokalypse*). Diese Religion war patriarchal, zentralistisch, monotheistisch, hierarchisch und auf absoluten Gehorsam aufgebaut. Sie war asketisch-lustfeindlich, kannte Priester als Mittler – und die Fremderlösung.

Im Gegensatz zu diesem ichbezogenen, blutigen und offensichtlich schwarzmagischen Ritual, dessen Anhänger konsequenterweise Kriege führten beziehungsweise Unliebsame grausam verfolgen ließen (wie etwa Nero die Christen), stand die Heilpraxis der Pythagoräer und der Essener-Mönchsgemeinde, welche von 125 vor der Zeitrechnung bis 68 in einem Wüstenkloster bei Qumran am Toten Meer lebte und eine Niederlassung in Unterägypten hatte. Sie soll buddhistisch-zoroastrisch orientiert gewesen sein und Verbindung mit den Druiden ihrer Zeit gehabt haben. Diese Mönchsgemeinde half den Menschen damals durch ihr Wissen über Heilkräuter und mit Geistheilung – ähnlich, wie es Jesus von Nazareth tat –, sie beherrschte die Magie und Zahlensymbolik.

Neben dieser weißmagisch und friedenstiftend wirkenden Mönchsgemeinde gab es im damaligen Israel eine Laienbruderschaft, die aus Familien bestand. Gemeinsam war ihnen der ausschließliche Verzehr von pflanzlicher Nahrung, kein Opferdienst, die tägliche Gemeinschaft mit den Naturkräften in Gebet, Anrufung und verschiedenen Übungen (»Engelkommunionen«), der Glaube an Karma und Wiedergeburt, an die »Endzeit«, das Erscheinen des Messias als weltlicher Helfer der Juden, der zarathustrische Kampf zwischen Licht und Finsternis, die Vorstellung vom Körper als einem »Gefängnis der Seele«, die Einhaltung der mosaischen Gesetze und die Vorstellung von einem nicht eingreifenden Vater-Mutter-Gott, der Wahrheit und Weisheit in sich vereinigt.

Begriffe wie »Erbsünde« und »Sühnetod« oder »Erlösung« waren ihnen – wie Moses – völlig fremd. Sie waren auch davon überzeugt, daß Jesus einen Heilungs- und nicht Missionsauftrag an die Juden weitergegeben hatte und daß sich Gott durch die Schöpfung selbst offenbare. Wie die ersten Judenchristen (die Ebioniten oder Nazaräer) lebten sie freiwillig arm und waren eine Bewegung für die Armen. Jene hatten Jesus – wie die Essener – noch persönlich gekannt, lebten und wirkten ähnlich wie sie. Von Jesus sprachen sie lediglich als dem »Menschensohn« und dem von den Juden erwarteten Messias (eigentlich: »Befreier«), aber sie hielten ihn ebenso wie die Essener nicht für Gottes Sohn.

Der Gedanke der Erbsünde, der Erlösung und der Gottessohnschaft ist ganz offensichtlich das Produkt der hellenistischen Sklavengesellschaft (mit welchen tieferen Wurzeln auch immer) und den *Fünf Büchern Mose* fremd, denn er entsteht erst um 200 vor der Zeitrechnung in den Sprüchen des Jesus Sirach 25,32, gemeinsam mit der Vorstellung von einem »Satan«, wie Paul Hengge eindrucksvoll nachweist.

Genau am Thema Gottessohnschaft Jesu und Erlösung von der »Erbsünde« entzündet sich der Gegensatz zwischen den genannten Anhängern der *Jesusbewegung der Armen* (wie sie der deutsche Soziologe Anton Mayer treffend bezeichnet) und den paulinisch geprägten »Christus«-Verehrern, welche Jesus ebensowenig wie Paulus persönlich erlebt hatten. Dazu kamen jene Gebildeten, die von den Verteidigern der paulinischen Lehre und von ihm selbst sinnigerweise die »Erkennenden«, also *Gnostiker* genannt wurden. Sie machten der sich immer weiter ausbreitenden und sich in der römischen Gesellschaft etablierenden Kirche auch am meisten zu schaffen. Bis heute gibt es gegensätzliche Standpunkte zu den Kernfragen des Christentums.

Um die Gottessohnschaft Jesu, seine Göttlichkeit und seinen Erlösungsauftrag allen Menschen redegewandt nachzuweisen, entstand denn auch – aus der Tradition eines Platon, Aristoteles und Paulus – die katholische Theologie: das Reden und Nachdenken über die Offenbarung Gottes anstelle des lebendigen, für sich selbst sprechenden Zeugnisses durch eine ihn als lebendes Wort verkörpernde Gemeinschaft, die kraft ihres Wirkens keiner Rechtfertigung oder Beweise für ihren eigentlichen Urheber bedarf.

Damit begann die von der lebendigen Praxis abgehobene »Verkündigung des Wortes Gottes« als bloß gesprochenes, nicht aber in der Gemeinschaft erlebtes und gelebtes Wort.

Als das Christentum 381 durch den römischen Kaiser Theodosius zur Staatsreligion erhoben und die nichtchristlichen Kulte verboten wurden, gingen viele Gnostiker in den Untergrund und gründeten so die christliche Esoterik oder Geheimlehre, welche allmählich mit Elementen anderer Traditionen vermischt wurde. 381 wurde auch die Lehre von der göttlichen Dreifaltigkeit zum Dogma erhoben, die katholische Theologie, zur Begründung der Dogmen entstanden, wurde zur Überlebensfrage der inzwischen etablierten, durch die staatliche Macht abgesicherten Kirche. Überdies waren seit 367, zunächst noch ohne Begründung, die Schriften des *Neuen Testaments* in ihrem heute noch gültigen Umfang durch den römischen Bischof und Papst Athanasius festgelegt worden.

Heute ist mehr denn je die Widersprüchlichkeit dieser Schriften anerkannt und die Frage der genauen Ursprünge in mystisches Dunkel gehüllt – zumal das 1945 in Oberägypten im Nilsand entdeckte *Thomas-Evangelium* 118 Jesu-Worte (Weisheitssprüche oder »Logien«) in einer Klarheit überliefert, die sonst nirgendwo so deutlich zutage tritt.

Drei Viertel der neutestamentlichen Logien Jesu finden sich darin fast wörtlich wieder, »manches dazu noch reiner (formgerechter)«, wie Anton Mayer in dem Buch *Der zensierte Jesus* zusammenfaßt. Die Evangelien, die Jesu Worte in Erzählungen einbetten und somit orientalisch ausschmücken, werden durch die 118 Jesu-Worte »als erzählende Form grundsätzlich in Frage« gestellt. Neben Markus, der noch am wenigsten ausschmückt und verändert, könnten Lukas und Matthäus diese Quelle benützt haben.

Aber wie konnte es geschehen, daß ganz offensichtlich die Botschaft Jesu und sein Wirken so stark durch die Schrift entstellt wurde?

Zunächst ist jedes schriftliche Festhalten von Erkenntnissen und Vorgängen problematisch, da diese nur gelebt wirklich wahr und erfahrbar sind. Bei Verstorbenen, Vergangenem kann man nicht mehr nachfragen und den ganzen Wahrheitsgehalt erleben oder erfahren, sondern nur noch glauben oder nicht, etwas, das die eurasische Tradition und alle Schriftkulturen von jener der Ureinwohner mit lediglich mündlicher Tradition wesentlich unterscheidet. Schließlich ist der bewußten oder unbewußten Fälschung allein schon durch schlechte Übersetzung Tür und Tor geöffnet. Das gilt insbesondere für den Begriff »Gott«, der in unserer Kultur an sich schon eine Vorstellung enthält: die eines männlichen Gottes im Gegensatz zum Wort »Göttin« beispielsweise. Wieviel mehr gilt das für jene Macht, die wir nicht »hinter allem«, was ist, sondern in Wahrheit *in* allem, was ist, als treibende, ordnende, ruhende, letztlich sogar liebende Kraft verspüren?

Diese Feststellung ist deshalb so wichtig, weil sich durch Platon und Aristoteles bei uns die Vorstellung vom »transzendenten« Gott durchgesetzt hat – jener Wesenheit, die sich »hinter den Erscheinungen« befinden soll, statt in ihr. Womit läßt sich denn diese seltsame Trennung von »Materie« und »Geist« begründen, wenn alles, was ist, nur verschiedene Gestaltwerdungen letztlich ein- und desselben sind? Wir sollten endlich begreifen, daß alles Teil voneinander und miteinander verbunden ist – daß »Seele«, »Geist«, »Materie«, »tot«, »lebendig« und so weiter nur Beschreibungen verschiedener Zustände eines großen Ganzen sind, das einen gesetzmäßigen Rhythmus in sich birgt und daß unser Begreifen eben begrenzt ist.

Die griechischen Philosophen und ihre Nachbeter haben es geschafft, uns von dieser elementaren Voraussetzung allen natürlichen Lebens zu trennen – und uns so zu Neurotikern, zu Ideologen zu machen. Also Menschen, die inneren Bildern und Vorstellungen mehr anhängen als ganzheitlichen Erfahrungen. Sicher kann man Begriffe wie »Geist«, »Spirit« und »Körper« verwenden – aber doch nicht, um zu trennen oder zu urteilen, sondern nur, um eine Ebene der Betrachtungsweise zu verdeutlichen, das Unfaßbare dem schwerfälligen Verstand begreifbar zu machen.

Durch das wertende Trennen hat sich die irrige Meinung eingeschlichen, »körperlich« Erfahrbares sei schlecht, vergänglich, »geistig« Erfahrbares das Gegenteil. In Wahrheit geht jedoch beides fließend ineinander über und sollte sich im Gleichgewicht befinden. Das ist das Geheimnis der Welt, in der wir leben. Was darüber hinaus geht, gerät leicht zu Spekulation, Vorstellung oder Einbildung. Deshalb ist das »Einfrieren« oder Vermitteln von Erfahrungen durch Wort und Schrift sehr problematisch. Am besten macht man sie selbst.

Die traditionellen Hopi haben uns da einiges voraus. Sie kennen nicht nur keine Schrift, sondern sie beschreiben in ihrer Sprache gewöhnlich auch nur Vorgänge und sich daraus ergebende Eigenschaften. So bedeutet *Hopi* friedfertig, sanftmütig sein, sich im Gleichgewicht oder Einklang befinden, unter Kontrolle haben, selbstbeherrscht sein. Und das Wort *Koyaanisqatsi*, bekannt durch den gleichnamigen Kinofilm: verrücktes Leben; Leben in Aufruhr; Leben in Auflösung; Leben, das aus dem Gleichgewicht geraten ist; Leben in einem Zustand, der nach Veränderung ruft. Das alles drückt deutlich aus, daß die Welt viele Gesichter gleichzeitig hat (die sich alle auf ein anzustrebendes Gleichgewicht hin orientieren).

Wie ungleich schwieriger muß es daher sein, das Große Ganze, dessen Teil wir sind – und deshalb auch es selbst – in Worte zu kleiden!

Die Indianer haben dafür eine Bezeichnung, die meiner Auffassung nach den Nagel auf den Kopf trifft: *Das Große Geheimnis*. Da ist alles, wirklich alles drin – und sollte es auch bleiben. Alles andere ist nur ein Herauslösen, der Versuch, die zahllosen Erscheinungsformen beziehungsweise Wirkkräfte dieses *Großen Geheimnisses* zu beschreiben, zum Beispiel Erde, Sonne, Mond und deren Kinder. Genauso Blitz, Donner, Regen, Fruchtbarkeit. Wir können alle diese Erscheinungsformen unter einem Begriff zusammenfassen (siehe oben) oder ihnen jeweils eigene Namen geben. Aber sie bleiben trotzdem Teil des *Großen*, geheimnisvollen *Ganzen* oder *Einen*.

Alte, noch auf das Hören angelegte Sprachen, insbesondere die Hopi-Sprache, das Althebräische, Altnordische, Altenglische zum Beispiel, spiegeln diese Erfahrung wider. Je ursprünglicher eine Sprache in ihrer Lautmalerei ist, also klingend, desto natürlicher, wirksamer ist sie in ihrer Resonanz mit dem, was sie ausdrückt. Das gilt auch für die entsprechenden Zeichen, sofern es sie gibt. Ich denke da wieder an das Althebräische, die kabbalistisch ihm entsprechenden phönizisch-griechischen Zeichen und die altnordischen Runen.

In den *Fünf Büchern Mose* kommt genau diese Erfahrung mehrfach zum Ausdruck – sie ist aber durch die katastrophale Übersetzung beziehungsweise Umschreibung im fünften Jahrhundert vor der Zeitrechnung – rund hundert Jahre nach der Rückkehr aus dem babylonischen Exil – bei der Übertragung ins Aramäische verlorengegangen. Damals war Hebräisch nur noch tote Kult-, aber nicht mehr lebendige Volkssprache. Aus dem Aramäischen entstand um 250 vor der Zeitrechnung die für die Kirche bis ins 19. Jahrhundert verbindliche Übersetzung ins Griechische – die Sprache der neuen Herren.

Bei der Übertragung der heiligen Texte wurde der als unaussprechlich und heilig geltende Name Gottes – »JHWH« – durch »Adonai« ersetzt, was in den griechischen und lateinischen Texten »Herr« heißt (»Kyrios« oder »Dominus«). An die Stelle von »ELOHIM«, ein weiterer Gottesbegriff bei Moses, trat »Gott« (Theos, Deus) und für den dritten (!) Gottesbegriff »JHWH ELOHIM« wurde »Gott der Herr« formuliert, wie Paul Hengge in seinem Buch *Die Bibelkorrektur* berichtet.

Es ist interessant zu verfolgen, wie »Adonai« (»Herr«) als spätzeitlicher Gott (des dritten Jahrhunderts vor der Zeitrechnung etwa) rachsüchtig wie ein Mensch handelt und spricht und durch Brand- und Sühneopfer zu versöhnen ist. Er entspricht damit genau dem, was in dieser Zeit in Babylon, in Griechenland und teilweise auch in Ägypten verehrt wurde. Weit entfernt vom Ursprung also. Hingegen steht *JHWH* für den am Beginn der Überlieferung verwendeten Gottesbegriff, dessen Name sich mit den »Zehn Worten«, den »Zehn Geboten« verbindet, wo geboten wird, sich »kein Bildnis noch irgendein Gleichnis« zu machen, »weder des, das oben im Himmel, noch des, das unten auf Erden, oder des, das im Wasser unter der Erde ist« (Ex 20,4). Und weiter (Ex 20,5–7):

> »Unterwirf dich ihnen nicht, diene ihnen nicht, denn ich bin das Lebende Wort (*JHWH*), dein(er) *ELOHIM*, die (*EL*) mit Sorge hinsehen auf die Untat der Väter, die nachwirkt an den Kindern noch im dritten und vierten Geschlecht derer, die mich nicht achten. – Aber tausendfache Liebe entsteht unter denen, die meinen Geboten folgen.
> Du sollst den Namen (*SCHEM*) *JHWH* deiner *ELOHIM* nicht mißbrauchen, denn das Lebende Wort (*JHWH*) wird dem nicht helfen, der es ausspricht ohne den Geist.«

Die »entwicklungsgeschichtlich richtige Beschreibung der Erkenntnisse, die ein menschenwürdiges Leben ermöglichen« (Hengge), erklärt den Lebensinhalt, »das Gesetz dient dem Wohl der Mitmenschen.«

In diesen »Zehn Worten«, wie sie bei Hengge heißen, werden weder Glaube noch Opferrituale, noch das Leben nach dem Tod beschrieben – sie geben lediglich Anleitung, die Wissenden (*ELOHIM*) zu erkennen, die Anbetung der falschen Bilder zu vermeiden und das Wohl des Menschen – auch Andersdenkender – in keiner Weise zu beschneiden.

> »Die Bereiche vor und nach dem Leben sind für die Sinnerfüllung des irdischen Lebens nicht maßgebend, sie können es nicht sein, weil dem Menschen die Fähigkeit fehlt, die Gesetze des Universums zu erkennen. Der Mensch ist nicht das Ebenbild der Schöpfungsmacht, sondern der Schatten ihres Schattens« (vgl. Gen 1,27). »Alle Aufgaben des Menschen stellen sich ihm in diesem Leben. Nach dem Gesetz der Zehn Worte gibt es keine Werte jenseits des irdischen Lebens, für die Verpflichtungen, die in diesem Leben entstehen, vernachlässigt werden dürfen.« Ein Leben im Hier und Jetzt also!

Auf der Grundlage des Gesetzes der Zehn Worte

> »wird es immer und überall möglich sein, in der Urwelt der *ADAMAH* (jene, die nach den Instinkten der Tiere – unter der Herrschaft des Muttertieres leben, Anm. des Autors) das Leben einer Gemeinschaft so zu ordnen, daß die Kinder, die Schwachen und die Alten in ihrem Lebensrecht geschützt sind«.

Die Zehn Worte sind genau das Gesetz, von dem der im Augenblick verwurzelte Jesus von Nazareth später sagen wird, daß es für den Menschen gemacht sei – zur Erhaltung der menschlichen Lebensrechte, »zum Schutz der Freiheit und der Lebensrechte auch und vor allem der Schwachen«.

Dabei gilt: Andersdenkende wegen ihrer Glaubens- oder Lebenseinstellung nicht verfolgen. Und: Jesus ist gekommen, dieses Gesetz zu erfüllen, nicht, es aufzuheben (vgl. Mt 5,17–20).

Es kann nur durch den Menschen verwirklicht werden und lebt im Gewissen, im Gedächtnis »der Hirten« fort, jener, die das zu Erkenntnissen führende lebende Wort der Schöpfungsmacht *JHWH ELOHIM*, also die Naturgesetze, leben, lehren und hüten. Daher kann Jesus sagen: »Ich bin der wahre Hirte«, denn er kennt das Gesetz und hält sich daran.

»Wissende« können aber auch Magier, Priester, Richter, Götter, Götzen und Mächtige sein (mit einer Vorrangstellung aufgrund ihres Wissens). Sie heißen *HA ELOHIM* oder schlicht *ELOHIM*. Eine Art von *Kachinas* der Hopi sind als »hohe Wissende« – und als Hüter – vergleichsweise hier anzusiedeln. *Kachinas* sind aber als Naturkräfte auch identisch mit dem Begriff *JHWH ELOHIM – das zu Erkenntnissen führende lebende Wort der Schöpfungsmacht,* ihre göttliche Stimme. Diese Macht oder göttliche Stimme leitet den Menschen zu den Erkenntnissen des Naturablaufs als menschennahe, freundliche Kraft. *JHWH* ist demnach das leitende oder *lebende Wort* der Menschen, in dem die durch die Naturgesetze oder deren Wissende erworbenen Kenntnisse sowohl als Lebensstil als auch durch mündliche Überlieferung weitergegeben werden. Dieses lebende Wort – seine Praxis – braucht deshalb keine eigenen, von der Gemeinschaft abgehobenen Vermittler, denn es existiert nur in ihr als Ganzes wirklich. *HA ELOHIM* hingegen versuchen mitunter, *JHWH* zum eigenen Vorteil für sich zu behalten, um als »Eingeweihte« Macht über andere zu gewinnen.

Den traditionellen Hopi ist diese gemeinsame Verantwortung füreinander und für die Schöpfung genauso klar und geläufig wie das bei Moses in der Wüste verwendete *MAN*, auch *Manna* oder »Himmelsbrot« genannt. Es ist nichts anderes als »das Wissen, das in der zugrunde gegangenen Kultur entwickelt worden war« (Hengge). Dieser Geist des lebenden Wortes *JHWH* und die daraus entwickelte Gerechtigkeit sicherte das Überleben der menschlichen Gemeinschaft. Es wurde auf der Wanderung durch die verwüstete Welt in einem »Krügelchen« aufbewahrt, wie Moses schreibt. Und genau das beschreiben die *Fünf Bücher Mose*: die Wanderungen einer Gruppe von Überlebenden einer großen Katastrophe, die füreinander die Verantwortung erkannt und trotz weiterer Katastrophen und Druck von außen mit wechselndem Erfolg füreinander auch praktiziert haben. Die gelernt haben, daß die daraus entstehenden Verpflichtungen und die Rechte der anderen nicht beschränkt werden dürfen. Wie es in 3 Mos 19,18 heißt:

> »Gib deinem Nächsten die gleichen Rechte und Lebensmöglichkeiten, die du für dich selbst beanspruchst.«

Ich denke, daß hier deutlich Parallelen zu den Hopi und zu ihrem weggewanderten Weißen Bruder zu erkennen sind, zumal die Zehn Worte auf zwei Steintafeln verewigt worden sein sollen und die Hopi ebenfalls von solchen Tafeln sprechen.

Wie auch immer – die Zehn Worte oder das Gesetz könnten für eine weltweite Gemeinschaft, »die in absoluter Freiheit lebt oder leben möchte«, zur gemeinsamen, alle verbindenden Richtschnur oder Leitlinie werden. Oder zumindest der Impuls, zusammenzufinden. Genau das wollte der große Nazarener wohl erreichen oder zumindest für sein Volk, das viele Züge des gesuchten Weißen Bruders trägt, in Gang setzen.

Daß uns dieses Wort nur auf Umwegen erreicht hat – so wie uns heute seine lebendigen Hüter in Arizona erreichen –, unterstreicht nur seinen Wahrheitsgehalt. Daß es – insbesondere im *Neuen Testament* – so entstellt und mit einem männlichen Geschlecht versehen wurde, ist eine andere Geschichte, welche zeigt, daß *HA ELOHIM*, also Wissende, die Wahrheit zwar verdunkeln, aber nicht unwirksam machen können, denn *ELOHIM*, die Schöpfungsmacht, wie sie Hengge übersetzt, hat so viele Möglichkeiten, sich zu äußern, wie es nicht nur Menschen, sondern Erscheinungen aller Art in den uns zugänglichen Welten gibt. Aber nur der Mensch kann dieses lebende Wort *JHWH* als Leitimpuls bewußt wahrnehmen und bewußt verwirklichen; die Schöpfungsmacht selbst bleibt ihm als Ganzes dennoch das *Große Geheimnis*. Nach dem Schöpfungsbericht kann er sie weder begreifen noch mit ihr direkt in Verbindung treten, so mächtig, so überwältigend ist sie, wie Moses berichtet: »... mein Angesicht kannst du nicht sehen, denn kein Mensch wird leben, der mich sieht« (Ex 33,20).

Doch diese herrliche Erde, unsere Mutter und ihre Kinder, diesen Himmel und seine Kinder können wir sehen und erleben mit der allem innewohnenden, rhythmischen Gesetzmäßigkeit. Mit diesen erfahrbaren und jedem zugänglichen Offenbarungen können wir in Verbindung treten und so das *Große Geheimnis*, seine Wahrheit und Weisheit bewußt erleben: in der befreienden und Entfaltung ermöglichenden Liebe, die das Kind der Wahrheit und Weisheit ist.

Von Jesus über »Christus« zum Führerkult

Jesus von Nazareth, der große Nazarener, wie ich ihn gerne nenne, war einer von jenen, die das begriffen und gelebt haben. Sein Auftreten kam zum richtigen Zeitpunkt. Denn es herrschte ringsum Unterdrückung, Leid und Elend durch Sklavenhaltung und Ausbeutung; orgiastische, degenerierte Fruchtbarkeitskulte mit Tier- und Menschenopfern waren an der Tagesordnung. Ebenso schwarze Magie (einschließlich Sexualmagie), Verleumdung, Neid, Mißgunst, Pharisäertum und elitäres Gehabe der »Wissenden«.

Die Weisheit des *Alten Testaments* war mehr entstellt als enthüllt, wie die Arbeit von Paul Hengge beweist, die elitären Männerbünde und Bruderschaften der Isis, des Hermes Trismegistos und die von Eleusis für die Oberschicht selbstverständlich. Daneben gab es Mönchsgemeinden wie die Essener und mit ihnen verstreut lebende Familien und einzelne, die heilten und halfen. In diesem Chaos wuchs die Erwartung eines Befreiers, der den Juden die verhaßte römische Fremdherrschaft abschütteln helfen und die religiöse Ordnung der glücklichen alten Zeiten wiederherstellen sollte, deren Erinnerung sicher im Volk schlummerte. Mitunter gab es – besonders bei den griechisch Gebildeten – auch die Hoffnung auf ein besseres Jenseits, die nachfolgende Auferstehung; diese Hoffnung wurde durch Platonisches Denken und so ziemlich alle Kulte, Bünde und Bruderschaften der Zeit bis hin zu den Essenern genährt, die, von Zarathustras Lehren beeinflußt, an ein baldiges Weltende glaubten.

Da spricht nun einer aus dem Volk zum Volk und wettert gegen die jüdische Priesterkaste, die genauso wie die Reichen und politisch Mächtigen dem Volk schwere Lasten auferlegt und es dadurch immer mehr abhängig macht. Er wirbelt indes genug Staub auf, um vom zuständigen römischen Statthalter Pontius Pilatus als Aufrührer und Widerstandskämpfer in einem Schnellverfahren abgeurteilt und in seinem Auftrag gekreuzigt zu werden. »Jesus, wahrscheinlich siebenunddreißig Jahre alt und mit Maria Magdalena verheiratet, ist nicht von den Juden, sondern allein von den Römern umgebracht worden«, steht da bei dem Freiburger Strafverteidiger Weddig Fricke zu lesen. Gefunden in seinem Buch *Standrechtlich gekreuzigt. Der Prozeß Jesu.*

Das ist aber nicht die einzige notwendige Korrektur am offensichtlich verfälschten Jesus- und Judenbild. Eine andere betrifft die »Göttlichkeit« Jesu – sein »Gottmenschentum«, die sogenannte »Erbsünde« und die »Erlösung« der Menschheit von ihr durch den angeblichen »Sühnetod« Jesu. Sowohl den Essenern als auch der ersten Judengemeinde unter Jakobus, dem Bruder Jesu, waren diese Begriffe nicht geläufig – am wenigsten wohl Jesus selber, der, den Evangelien nach zu schließen, nie davon gesprochen hat.

Er hielt auch nichts von Untertanenmentalität, Anbiederung und Anpassung an die Mächtigen; nichts von Frauenfeindlichkeit, Besitzanhäufung, Opferkult und Missionierung Andersdenkender – schließlich sprach er auch nur zu seinesgleichen, den nach den Gesetzen des Mose lebenden Juden. Weltflucht und individuelles Seelenheil waren ihm, der im Augenblick lebte, fremd. Er kam aus der Unterschicht und fühlte sich ihr und dem in ihr lebenden Wort *JHWH* verbunden.

Deshalb warf er die Geschäftemacher aus dem Tempel in Jerusalem, griff die mit gespaltener Zunge sprechenden Pharisäer und Schriftgelehrten an, bedauerte und warnte die Reichen und Mächtigen, liebte rauschende Feste, Kinder, Frauen, Tiere und die Erde mit ihren zahlreichen Geschöpfen. Er heilte Kranke, half Elenden und Schwachen, kurz, er lebte ganz im Hier und Jetzt. Er richtete sich nach dem mosaischen Gesetz und hielt nichts vom Sterben vor der Zeit – sonst hätte er wohl zu Gewaltanwendung oder ständiger Enthaltsamkeit von irdischen Genüssen aufgerufen.

Jesus wurde von seinesgleichen, die auch galiläisches Aramäisch sprachen, offenbar recht gut verstanden, von griechisch-römisch Gebildeten und Besitzenden schon wesentlich weniger, wie die Schrift beweist. Am wenigsten möglicherweise vom jüdischen Schriftgelehrten und griechisch gebildeten Paulus, der ihn und seine Anhänger noch verfolgte, als er schon gestorben und Stephanus ermordet worden war. Wobei er zumindest bei der Organisation dieses Verbrechens mitgeholfen hat. Seine persönliche Vision danach läßt ihn eine Zeitlang erblinden und schließlich zum missionarischen Eiferer für einen Toten werden. Seine Botschaft: daß jener vordem so gehaßte und verfolgte Jesus der »Sohn Gottes«, der erwartete Messias war.

Nach Ablauf eines Jahres, das er in Antiochia, der drittgrößten Stadt des Römischen Reiches, bei Nichtjuden verbringt, nennen sich die dort bekehrten Griechen plötzlich und erstmals »Christen«. Ein Begriff, der nur in der Welt der hellenistischen Einweihungskulte bekannt war und soviel wie »Gesalbter«, »Eingeweihter« bedeutet.

Es spricht vieles dafür, daß Paulus, der gegen bares Geld römischer Bürger geworden war, der nichtjüdischen Außenwelt einen Jesus präsentierte, wie *er* ihn sah oder wahrhaben wollte – aus welchen Gründen auch immer. Dieser als Gottmensch erhöhte und »auferstanden« ins ungreifbare Jenseits vergeistigte Christus – wozu sollte er gut sein, nachdem Jesus von Nazareth doch schon das Wesentliche gesagt, gelebt und in seiner jüdischen Jesusbewegung der Armen hinterlassen hatte?

In seinem Buch *Der zensierte Jesus* glaubt Anton Mayer eine Antwort auf diese Fragen gefunden zu haben. Schließlich gründete weder Jesus selbst noch der auferstandene »Christus« diese Kirche, wie der katholische Kirchengeschichtler August Franzen in dem Buch *Kleine Kirchengeschichte* einräumt: »Die Beantwortung ist schwierig, da Christus nirgends, soweit uns überliefert ist, einen klaren Gründungsbefehl gegeben hat.« Was denn auch nach dem ursprünglichen mosaischen Verständnis begreiflich wird: Da ist von einem »Amt« und einer »Kirche« nicht die Rede, wohl aber von jenen »Hirten«, welche die Schwachen vor den Starken schützen und so mithelfen, daß die Gemeinschaft der Verantwortung füreinander tragenden Menschen erhalten bleibt. Nicht mehr und nicht weniger.

Diese »Hirten« werden aber von niemandem eingesetzt – und schon gar nicht zu »Stellvertretern« des lebenden Wortes *JHWH*. Wie denn auch? Sie werden »Hirten« durch ihr Lebendigsein im Wort *JHWH* und bleiben es, solange sie als Helfende, als Heilende danach in Gemeinschaft mit Gleichgesinnten leben. Wenn sie nicht mehr das lebende Wort verkörpern, scheiden sie von selbst als Hüter aus.

Dieses Prinzip findet sich auch bei den traditionellen Indianern in der von den Weißen so genannten Gestalt des »Häuptlings« und bei den Hopi im Dorfvater oder *Kikmongwi* wieder (es kann auch eine Frau sein), der genau wie die anderen von seiner Hände Arbeit lebt (insbesondere vom Maisanbau). Durch seine hohe Weisheit und spirituelle Kraft hat er sich zur allerdings einstimmig gewählten spirituellen Autorität entwickelt, der man schlicht die Aufmerksamkeit und Gefolgschaft aufkündigt, wenn sie das nicht mehr lebt, wovon sie spricht. In der katholischen Amtskirche dagegen behaupten vom Volk Entrückte, einen allen entrückten Gott, insbesondere seinen ebenso entrückten Sohn, »Christus«, zu vertreten. Zugleich wird die Stellung des Monarchen als »Stellvertreter Gottes« behauptet, im doppelten Wortsinn.

Von da ist der Schritt zum Guru- und Führerkult nicht mehr weit, und Adolf Hitler konnte sich mit höchstem kirchlichem Segen als Vollstrekker der Vorsehung betrachten.

Aber hatte nicht schon *JHWH* selbst durch Moses in den Zehn Worten derlei Götzendienst als Bilder, als Vorstellung verurteilt und vor deren Verehrung gewarnt? Wozu sollte Jesus von Nazareth derlei gewollt haben, wo er doch jede Verehrung und Vormachtstellung für sich und seine Jünger energisch zurückwies?

Wozu sollte eine solche Umkehrung des mosaischen Gesetzes gut sein, welche die Menschen zu Abhängigen statt zu Freien macht? Wozu sollte das fortgesetzt werden, was in den zahlreichen Kulten seiner Zeit ohnehin geschah – einschließlich Höllenangst, Jenseits- und Erlösungsglaube, Leidens- und Opfertheologie?

Das unterscheidet »Gläubige« von Jesus, Moses und allen in der Gemeinschaft des lebenden Wortes *JHWH* Lebendigen: Jene *glauben* an etwas (und viele reden auch nur davon), diese jedoch *leben* das, wovon sie reden – und werden so zu Wissenden, zu wahren Hütern des lebenden Wortes *JHWH*. Jesus glaubte nicht an das *Große Geheimnis* oder seine anmaßenden »Stellvertreter«, er lebte einfach in Einklang mit den Gesetzen des *Großen Geheimnisses*!

Die Zensur seines lebendigen Zeugnisses wurde in der Folge konsequent betrieben, ähnlich wie es vor Jesus bei Buddha und nach ihm bei Mohammed geschah. Kaum war der Zeuge tot, wurde seine Botschaft von ihren wortgewandten Verkündern aufbereitet für jene, die hellenistische, sonnenhaft-männliche Größe gewohnt und nicht bereit waren, irdische Weisheiten eines schmählich als Aufständischer Hingerichteten zur Kenntnis zu nehmen.

Ein solcher Heros, der gut ins bekannte Schema paßte, sich aber doch durch seinen Göttlichkeits- und Erlösungsanspruch für alle Menschen abhob vom üblichen, nicht mehr satt machenden Eintopf; ein solcher Gott, der von den Mächtigen keine gesellschaftlichen Veränderungen (sprich: Gerechtigkeit) forderte und die Sklaven mit einem köstlichen Leben nach dem Tod belohnte, einer, an den der Glaube allein schon genügte, wie Paulus unglückseligerweise verkündete – der mußte ganz einfach Zulauf erhalten.

Ganz so einfach war es wohl nicht, aber diese Bilder drängen sich geradezu auf, wenn man die Geschichte der katholischen Kirche aufmerksam studiert. Wie mißverständlich nämlich die Jesu Erlösertat behauptenden, theologisch begründenden Ausführungen von Paulus sind, beweist die Ernte seiner Saat. »An ihren Früchten werdet ihr sie erkennen« heißt es schon in Mt 7,15–23 über die falschen Propheten, zitiert aus der legendären Bergpredigt Jesu, die beim gebildeten Lukas bereits reichlich entstellt wirkt.

Die Früchte sind: Entwürdigung, Unterdrückung und Vergewaltigung der Frau und von Mutter Erde, Verfolgung Andersdenkender bis zum Holocaust, ein unbewältigtes Verhältnis zu Besitz und Macht, bis zum Kapitalismus der Gegenwart; schließlich die rücksichtslose Ausbeutung von Mensch, Tier, Pflanze, Erde und All. Ernte-Stichworte der Aussaat einer durch staatliche Macht abgesicherten römischen Amtskirche:

Fällen der heiligen Bäume der Andersdenkenden durch Bonifatius und seine Nachahmer;

Besetzung ihrer heiligen Haine und Plätze durch Errichtung von naturabweisenden, »wetterfesten«, die Erdenergie kontrollierenden Gebäuden, gepaart mit phallischen, den Himmel zerschneidenden Türmen (wie es Benedikt anordnete);

Einengung des ursprünglich vom zyklischen Lauf der Gestirne geleiteten Tages- und Jahresablaufs der Menschen auf ein vom Glockenschlag asketisch-mönchischer Bruderschaften zerhacktes, aufgedrängtes Zeitmaß;

Rodung der Wälder und Anleitung der Einheimischen zu regelmäßiger Arbeit durch Männerbruderschaften (Mönchsgemeinden), die zugleich die Schrift hüten – und auslegen;

Abschlachtung der andersdenkenden Sachsen, um Widerspenstige zu bekehren, besser, umzudrehen, wodurch der kleine Karl zum »Großen« und Kaiser des sogenannten *Heiligen Römischen Reiches Deutscher Nation* wurde;

Verfolgung Andersdenkender bis nach Jerusalem durch beutemachende, Verheerung anrichtende Kreuzzüge, welche fließend in die »Heilige Inquisition« und von da in den Hexenwahn mit der Ausrottung wissender Frauen und Männer mündete (jene Menschen, die noch das uralte Wissen aus den mosaischen Zeiten der Stämme herübergerettet hatten und daher auch nicht bereit waren, sich unterdrücken oder unterwerfen zu lassen);

Verfolgung der andersdenkenden Juden, die zunächst gut dafür waren, den weltlichen und kirchlichen Fürsten Geld zu leihen, dann aber den Haß jener Mächtigen auf sich zogen, die sich selbst unfähig gemacht hatten, fruchtbar zu sein, weil sie einen Toten und Totes anbeteten, statt füreinander und für die Erde samt ihren Kindern lebendige Verantwortung zu tragen…

Nein, bei weitem nicht alle waren und sind so – es geht immer um konkrete Einzelpersonen und Gruppen –, aber der Glaube, das lebende Wort *JHWH* wortgewandten Verkündern und Auslegern, den mächtigen *HA ELOHIM*, überlassen, es in der Schrift festhalten zu können, erweist sich als tragischer Irrtum mit für Millionen tödlichem Ausgang.

Heute, wo die Saat jenes großmachtbesessenen Hellenismus endgültig als alles vernichtender Feuerengel aufzugehen droht, ist es ganz besonders interessant, die sich gegenwärtig auf Petrus und Paulus berufenden »Stellvertreter Gottes« beziehungsweise sogenannten »Hüter seines Wortes« selbst zu Wort kommen zu lassen.

Ausgelöst durch den frischen Wind des *Zweiten Vatikanischen Konzils* von 1962 bis 1965 und die damit verbundene zaghafte Öffnung der katholischen Kirche konnte sich so etwas wie eine Aufbruchstimmung entfalten und eine beginnende Zusammenarbeit mit Andersgläubigen (die *Ökumene*), schließlich die lateinamerikanische *Theologie der Befreiung* – die echte Solidarität der Kirche mit den Armen. Auch sonst kam viel in Bewegung, wie der schon wieder vergessene *Holländische Katechismus* beweist.

Aber bereits jener Papst, der das von Johannes XXIII. begonnene Konzil fortgesetzt und beendet hat, Paul VI., hatte seine Probleme damit. »Ich habe das Gefühl, daß durch eine Ritze der Rauch des Satans in den Tempel Gottes eingedrungen ist«, formulierte er freimütig über die sich regende Freiheit unter den wiedererwachten Christenmenschen. Und sein Nachfolger im Amt, Johannes Paul II., begann auffällig oft in der Welt herumzureisen, weniger als Beweis seiner Weltoffenheit denn als »Hauptinstrument einer pastoralen Zentralisierung der Kirche«, wie der Chefredakteur der deutschen katholischen *Herderkorrespondenz*, David Seeber, laut *Der Spiegel*, Nr. 48/1985, vermutet. So ist es denn auch, denn unter Wojtyla wird sehr deutlich die geöffnete Türe wieder geschlossen, was bei Vatikan-Kennern bereits als »Gegenreform Johannes Pauls II.« bezeichnet wird.

Der Papst scheute sich nicht, amerikanischen Bischöfen, die sich gegen Reagans Atom- und *SDI*-Weltuntergangsprogramm engagierten, das amtliche Wort zu verbieten. In seiner besorgten Brüderlichkeit greift er auf Altbewährtes zurück: Er holt sich den rechtskonservativen deutschen Kardinal Joseph Ratzinger aus München als rechte Hand in den Vatikan. Ratzinger ist seit 1981 »Kopf der geistig-geistlichen Reformation«, wie es *Der Spiegel* formulierte, denn er ist als Präfekt oder Leiter der *Kongregation für die Glaubenslehre* oberster Glaubenswächter und erster Mann der Kirche nach dem Papst. Diese Kongregation hieß früher einmal »Heilige Inquisition« und hatte insbesondere durch die Hexenjagd unzählige Opfer auf dem Gewissen.

Genauso zentralistisch wie der Hellenismus und das aus ihm hervorgehende Römische Reich war, genauso soll die Kirche heute wieder geführt werden: Kritik an der Kirche oder an ihrem päpstlichen Lehramt ist seither – auch ohne Dogmenanspruch – verpönt, beinahe schon ketzerisch; Gehorsam ist »notwendig und fruchtbar« (Ratzinger). Schließlich würde sich, so der zweitoberste katholische Glaubenshüter, die *Theologie der Befreiung* mehr auf irdische Gerechtigkeit als auf die (jenseitige) Heilserwartung konzentrieren. In der Tat

Ratzingers scharfer Rechtskurs – als durchaus parallel zu den Aktionen eines Franz Josef Strauß, Ronald Reagan und einer Margaret Thatcher zu betrachten – weckte in der Folge Widerstand im den Kadavergehorsam nicht mehr gewohnten Gottesvolk, wobei die Reaktionen des Kurienkardinals nicht gerade sanft ausfielen. So zitierte Ratzinger auch flugs den vorhin genannten Paul VI. mit seinen Ängsten vor der Freiheit eines wahren Gottesmenschen. Sich ihn zum Vorbild nehmend, übernahm auch der Leiter der Vatikanischen Bibliothek, der österreichische Kurienkardinal Alfons Maria Stickler – sich selbst als »Sohn des Gehorsams« bezeichnend –, obiges Zitat, das er auch auf die Situation der Kirche in Österreich angewandt wissen will, wie das österreichische Magazin *Profil*, Nr. 18/1987, berichtete. In einem dort abgedruckten Interview beklagt er, daß über »die Gottheit Christi, die Erbsünde und das Gericht« zuwenig gesprochen werde. »Die Hölle gehört zu den grundlegenden Wahrheiten des Christentums. Unser ganzes Erdenleben ist ja darauf ausgerichtet, uns auf die Ewigkeit vorzubereiten. Man bekommt in der Ewigkeit das, was man sich auf dieser Erde verdient hat.« Und: »Sauberkeit, Ehrlichkeit, Opfergeist, Verzicht« würde ein Leben nach den Geboten der Kirche verlangen.

Als der Wiener Erzbischof und Kardinal Franz König 1986 aus Altersgründen sein Amt aufgab, besetzte der Papst den vakanten österreichischen Hirtenposten mit einem weiteren Mann des rechten Glaubens: völlig überraschend und ohne Absprache mit den österreichischen Bischöfen, durch den Leiter der österreichischen *Legio Mariä* (»Streitmacht Mariens«), Hans Hermann Groer, einem Benediktinermönch, von dem *Der Spiegel*, Nr. 17/1987, behauptete, er sei »kein Förderer des Dialogs«. Und weiter: »Bei der Bestellung des österreichischen Militärbischofs siegte abermals ein strammer Rom-Günstling, der viermal im großdeutschen Wehrmachtsdienst verwundete Alfred Kostelecky.«

Schließlich erfolgte die päpstliche Ernennung des Oberösterreichers Kurt Krenn aus Oberkappl an der bayerischen Grenze zum Wiener Weihbischof für Kunst, Kultur und Wissenschaft. Jenes Mannes, der auf der Regensburger Theologischen Fakultät eher unauffällig wirkte, aber durch seine enge Zusammenarbeit mit *ÖVP*-Organisationen und sein ungetrübt freundliches Verhältnis zur Atomkraft und zum Schnellstraßenausbau in seiner Heimat auffiel.

Als Gastprediger formulierte er ebendort forsch, daß »im Weltbild des Sozialismus die Menschenwürde keinen Platz hat«, daß es wohl übertrieben sei zu behaupten, der Wald sterbe, wie das Magazin *Profil*, Nr. 17/1987, berichtete. Grün engagierte Gläubige verglich er mit Anarchisten; Katholiken in der Friedensbewegung »untergraben die wahre Linie« und, was die Kirche betrifft: »Wir stehen in der Pflicht gegenüber der Tradition und haben das zu glauben, was in der Schrift steht.« Sein Amtsverständnis gipfelt denn auch in der Aussage: »Ich habe das Glaubensgut der Kirche rein und unverkürzt zu hüten« (*Kurier*, 27. April 1987). Was die aufgescheuchten österreichischen Katholiken über seine höchst umstrittene Bestellung denken, ist ihm sicher nicht gleichgültig, aber er fühlt sich dem Papst »im Wort«, wie er versicherte.

Folglich kam es auch genau am Jahrestag von Tschernobyl, wenige Tage vor Neumond, am 26. April 1987, zu einer patriarchalen Weihegroteske im Wiener Stephansdom, obwohl Krenns Bestellung nur Ablehnung und einen Riesenwirbel durch alle katholischen Lager hindurch – außer den rechtsstehenden – ausgelöst hatte.

Der Präsident der *Katholischen Aktion*, Paul Schulmeister, wies schließlich in der katholischen *Furche* nach, daß der Leiter der politischen Akademie der *ÖVP*, der *ÖVP*-Abgeordnete und Mock-Berater Andreas Khol, bereits 1984 ein »Langzeitprogramm« des Papstes zur konservativen Kurskorrektur der österreichischen Kirche durch entsprechend negative Berichterstattung herbeischrieb und dafür »das Instrument der Bischofsernennungen« vorschlug. Jener Andreas Khol, der in seinem Waldheim-Verteidigungsbuch die Zeit des Austrofaschismus zwischen 1934 und 1938 als beispielhaft für einen »neuen österreichischen Patriotismus« beschrieb. Dieselbe Zeit, die der umstrittene Kurt Waldheim selbst und der seit 1987 neue österreichische Außenminister Alois Mock als besonders positiv hervorheben. Es handelt sich um jenen Ständeoder Kastenstaat, in dem unter den Regierenden der katholischen Kirche und des Staates, die eng zusammenarbeiteten, so etwas wie soziale Gleichgültigkeit herrschte – eine Haltung, die auch dem Apostel Paulus, Aristoteles und Platon nachgesagt wird. In diesem Staat gedieh der Austrofaschismus, der die Sozialistische Partei als illegal verbot, das Parlament unter dem Beifall des Wiener Kardinals Theodor Innitzer auflöste und schließlich Sozialisten, Kommunisten und andere Unliebsame in die Vorläufer der Konzentrationslager, die sogenannten »Anhaltelager«, steckte (auch Bruno Kreisky befand sich unfreiwillig in einem solchen Lager) – und so Österreich mit seiner »im Namen Gottes« begründeten Dollfuß-Schuschnigg-Diktatur wie eine reife Frucht in die Hände Hitlers fallen ließ.

Ein Hauch dieses eisigen Windes streifte auch am Tag der Weihe von Kurt Krenn den Wiener Stephansplatz: 150 Polizisten mußten vor dem Portal des Domes sowohl dem neuen Wiener Erzbischof Groer als auch dem zu weihenden neuen Hirten mit sanfter Gewalt den Weg in den Dom durch und über seine äußerst widerwilligen, wie ein Menschenteppich dasitzenden Schafe bahnen.

In der Predigt kam der Wiener Oberhirte Groer auch rasch zu des Pudels Kern, indem er seinen großen Gönner, den Papst, zitierte:

> »Die Jugend der Welt ist besser geworden. Sie hat die Periode des Widerspruchs und Aufbruchs der nachkonziliaren Zeit überwunden. Heute sucht sie das Gebet und das spirituelle Leben.«

Fritz Csoklich, der Chefredakteur der katholischen *Kleinen Zeitung* in Graz (Steiermark), betitelte am nächsten Tag seinen ganzseitigen Kommentar zum Geschehen entsprechend kurz und doppelsinnig: »Ein schwarzer Tag«.

Beredter Herrenglaube statt lebendiges Wort?

»Sinnen und Trachten mehr auf das Himmlische und nicht auf das Irdische lenken« (Erzbischof Groer, Osterpredigt 1987) – das war auch das tiefe Anliegen des in einem apokryphen Text als zwielichtig beschriebenen Apostels Paulus. Wenn Johannes Paul II., Ratzinger, Stickler, Groer, Krenn & Co. sich wieder massiv auf das *Neue Testament* und insbesondere die paulinische Theologie und Vorgehensweise berufen, so lohnt es doch, sie ausführlich zu hinterfragen. Wobei es hier nicht um eine Verurteilung oder Herabsetzung geht, sondern um das Aufspüren möglicher Schwachstellen, die den Keim für die heutige kirchliche Situation und die ihrer Gläubigen bilden. Neben den bereits angeführten Vergleichen soll hier vor allem die hervorragende zehnjährige Arbeit des deutschen Soziologen Anton Mayer aus Freiburg im Breisgau als solide Basis gewürdigt und mit einigen interessanten Aspekten verbunden werden. Dabei geht es vor allem um die gesellschaftliche Herkunft Jesu, seine herkunftsbedingte Sprache und die der Verfasser der Schriften des *Neuen Testa-*

ments sowie um die Rolle der Religiosität Jesu für die Politik in seiner Zeit.

Zunächst sticht der Unterschied zwischen den knappen, schlicht formulierten Sätzen Jesu bei Markus und Johannes im Vergleich zu den geschliffenen Worten bei Matthäus und Lukas ins Auge, die hellenistisch Gebildete waren. Markus und Johannes, deren eigener Schreibstil ebenfalls knapp und schlicht ist, hätten demnach aus der Unterschicht stammen müssen und wären – so Mayer – Jesus am nächsten gestanden. Auch berichten beide nichts über die Abstammung, die Geburt und Kindheit Jesu. Sie scheint ohne Bedeutung zu sein – im Gegensatz zu Matthäus und Lukas, die sich bemühen, Jesus als Nachkommen Davids auszuweisen, also als von adeligem Geschlecht. Lukas schildert Jesus sogar als von Gott selbst gezeugt und von einer Jungfrau geboren. Dabei zitieren die beiden reichlich aus dem *Alten Testament.*

Die Inkarnation Jesu entspricht nach dieser Darstellung dem damals geläufigen Göttin-Heros- oder Gott-Sohn-Schema der Mysterienkulte (zum Beispiel des Mithras-Kultes), wo der Heros und »Lichtbringer« ebenfalls göttlich gezeugt, jungfräulich geboren und, wie im Demeter- und Eleusiskult, bei Lukas beispielsweise von den Hirten begrüßt wird.

Lukas bestimmt als einziger auch schon die Rolle Marias, der Mutter Jesu, indem er sie sich »Magd des Herrn« – nach dem damaligen Sprachgebrauch seine Sklavin – nennen läßt. Lukas ist überdies der einzige, der über den gelehrigen zwölfjährigen Wunderknaben Jesus im Tempel berichtet.

Merkmale Jesu, die ihn als einfachen, schlichten und auch gelegentlich aufbrausenden Menschen wie bei Markus kennzeichnen, unterschlägt oder verfeinert er bis zur Unkenntlichkeit, wobei er ihn am häufigsten »Herr« nennt (was damals Gebieter über Sklaven bedeutete). Schließlich gebraucht er »öfter als die drei anderen Evangelisten zusammen« das Wort »Frieden«, Markus aber nur einmal im Gruß »Geh in Frieden!«.

Die Verurteilung Jesu lastet der Evangelist Lukas bereits den Juden an, wobei er die Römer von Schuld fast wortwörtlich reinwäscht (was den Tatsachen, wie man inzwischen weiß, völlig widerspricht), bei Jesu Tod am Kreuz läßt er ihn ein Gebet der Gottesergebenheit sprechen, während Markus und Matthäus Jesu Gottverlassenheit als Augenblick der Verzweiflung stehen lassen. Ausdrücke des Strebens und des Erfolges finden sich bei Lukas am häufigsten – ein Kennzeichen der aufstrebenden Mittelschicht und der Oberschicht selbst. Entsprechend führte Lukas auch einen Begriff ein, der vom Hof des Kaisers kam. Die Bezeichnung *charis*, also »Gnädigkeit«, fälschlich mit »Gnade« übersetzt. Mayer: »Lukas erneuert damit eine von Paulus ausgegangene Bewegung, die Markus und Matthäus energisch gestoppt hatten. Während Paulus das Wort *charis* übermäßig (139mal) gebraucht, nehmen sie es überhaupt nicht in den Mund«, Johannes nur einmal.

Lukas und Paulus führten das Wort *charis* zu einer Zeit ein, als es zu einem »stehenden Ausdruck für Begünstigung durch den Kaiser oder durch einen höhergestellten Beamten« wurde und die religiöse Urerfahrung, die *Barmherzigkeit*, verdrängte. Mayer stellt daher fest:

> »Anstelle der Solidarität mit den Bedrückten (in alter Sprache: Barmherzigkeit) tritt die persönliche Begünstigung, die ein Leben lang mit Dankbarkeit *(charis)* abzutragen ist, in der Sprache von heute: die Protektion. Indem Lukas in seinem Evangelium die Gnädigkeit des Kaisers auf Gott projiziert, individualisiert er das Heil. Mit ihm schon beginnt die bürgerliche Mission: ›Rette deine Seele!‹, was auch immer in der Welt geschehe.«

Und härter noch: »Wer das Heil in der Individualität sucht, ist damals wie heute zum Lob der ›Gemeinschaft‹ gezwungen.«

Zuletzt verschweigt Lukas in seiner Kirchengeschichte die Hinrichtung des Paulus durch Enthauptung auf Befehl Neros – wohl um dem römischen Staat damit nicht zu schaden. Folgerichtig schreibt er auch am längsten und differenziertesten von »Gesetz und Ordung«, »Zucht und Ordnung«, Geboten und Verboten, und schließlich von »ermahnen, tadeln und strafen«. Dazu zitiert Mayer den Rechtswissenschaftler Peter Noll: »Die Ordnungstheologie mag sich auf eine alte und ehrwürdige jüdische, heidnische und christliche Tradition stützen, auf Jesus kann sie sich nicht berufen.«

Der Arzt Lukas, der laut Mayer mit seiner staatserhaltenden und den Mächtigen sich behutsam anbiedernden Darstellungsweise »die konstantinische Wende« zur Staatskirche einleitet, entproletarisiert und entpolitisiert Jesus auf diese Weise, macht ihn – wie Paulus – den gehobenen Schichten als einen der ihren schmackhaft. Was auch in beider Schlüsselbegriffe zum Ausdruck kommt, die aristokratischen Ursprungs sind, wie Ordnung, Nutzen, Vorteil, Einmütigkeit, Einheit, Führerschaft. Ähnlich wie Cicero, der in Eleusis Eingeweihte, bemühte Paulus Worte wie »das Gute und Nützliche« als einheitlichen Begriff.

Der Gebrauch der Namen Jesus und »Christus« offenbart ebenfalls Aristokratisches. So kommt bei den Evangelisten Jesus zehnmal häufiger vor als »Christus«, bei Markus sogar in 98 Prozent der Fälle, in den Paulus zugeordneten Texten jedoch ist das Verhältnis nahezu umgekehrt: »Christus« taucht in 70 Prozent der Fälle des gesamten neutestamentlichen Gebrauchs als Namensgebung auf, um (im Hebräerbrief 9, 11) als »Hoherpriester der künftigen Güter« angepriesen zu werden, der »mit seinem eigenen Blut« ... »eine ewige Erlösung bewirkt hat«. Der Titel »Christus« und die sich auf ihn beziehenden Bekenntnisformeln sind für Mayer ein Zeichen, daß der »Proletariertod Jesu am Kreuz« entpolitisiert wurde, »wobei ein Proletarier nach Karl Marx ein erniedrigtes, ein geknechtetes, ein verlassenes und verächtliches Wesen« ist. Die Entproletarisierung erfolgte insbesondere unter Paulus prompt, der den Begriff aus der elitären griechisch-ägyptischen Einweihungstradition seiner Zeit übernahm. In Antiochia nannten sich die von Paulus bekehrten Griechen auch erstmals »Christen«.

Darüber hinaus werden in den Paulus zugeordneten Schriften, die zum Teil von seinen Mitarbeitern und Schülern stammen, ganz offensichtlich Inhalte eines Einweihungs- und Menschenopferrituals aus damaligen Männer-Geheimbünden auf den gekreuzigten Jesus übertragen. Aus dieser Sicht wird Jesu Tod zum blutigen Sühne- und Erlösungsopfer, womit allerdings auf eine Gottesvorstellung und Kultpraxis zurückgegriffen wurde, die Jesus eindeutig überwunden hatte. Mayer:

> »Während sich im ganzen Neuen Testament kein einziger Hinweis darauf findet, daß er sich selbst als Sühneopfer verstanden hätte, rückten sie (die paulinischen Christen, Anm. des Autors) in die Mitte ihres Glaubens einen sadistischen Gott, der sich in seinem Zorn nur durch den Masochismus seines Sohnes versöhnen ließ.«

Die Opfer- und Leidenstheologie der Christen nach Jesus nahm damit ihren auf »Christus« bezogenen Anfang.

Der mosaische Gottesbegriff Jesu, der – ohne menschliche Attribute – als lebendes Wort *JHWH* Schutz für die Armen, Schwachen, Unterdrückten, Kinder, Alten und somit *Barmherzigkeit* bedeutet, degenerierte zum despotischen Herr(en)gott der paulinischen Christen, der das Blutopfer seines dadurch zum »Christus« erweckten oder »erhöhten« Sohnes und sklavische Unterwerfung fordert.

Diese »Macht- und Herrenchristologie«, wie sie Mayer nennt, ermöglichte es, »christliche Milizen« und »Christkönigskrieger« aufzustellen und in Konkurrenz zum damals mächtigen Mithraskult zu treten. »Nur Jesusvergessenheit ließ eine Kriegstheologie ausbauen und die Friedenstheologie vergessen«, schreibt Mayer und weist darauf hin, daß in der »Weltkriegstheologie« die Deutschen führend waren.

Hans Lilje, der spätere Präsident des *Lutherischen Weltbundes*, verklärte beispielsweise 1941 den »Krieg als geistige Leistung«, und der Münchner Kardinal Lorenz Jaeger diskriminierte im selben Jahr die russischen Soldaten als »fast zu Tieren entartet«.

Paulus, seine Mitarbeiter und Schüler leisteten aber – bewußt oder unbewußt – eine viel weitreichendere Arbeit als die »Entpolitisierung Jesu«, wie Mayer sagt, indem sie Jesu Lehre in die bekannten Kulte ihrer Zeit integrierten und den Nazarener in geistig entrückte Welten versetzten.

Statt die Erinnerung an Jesus als den Befreier, als Symbol und Beispiel des von seiner Ichsucht und seinen falschen Vorstellungen befreiten Menschen zu feiern, entstand wie in Ägypten der Kult um einen Toten, mit dem Gekreuzigten oder dem Kreuz selbst als Symbol. Anstelle einer lebendigen Gemeinschaft befreiter Menschen, die füreinander Verantwortung übernehmen, entstand eine Kirche der Mächtigen: die »Sklavenkirche«, wie sie die Hopi nennen: Das Christentum als asketischer Glaube vom ständigen Absterben des Fleisches und Leidensdruck verursachenden opfervollen »Hingeben« anstelle der Feste feiernden, barmherzigen Jesusbewegung, die sich im bewußten Einklang mit dem sich weiterentfaltenden zyklischen Werden und Vergehen der Schöpfung geborgen weiß.

Jesu Frohbotschaft entartete zur Drohbotschaft und Todesnachricht. Sein Tod wurde zum Auftakt für Hekatomben von Menschenopfern in perversen Ritualen verirrter, von Ängsten geplagter und machtbesessener Führer im Namen Gottes oder der Vorsehung. Geistige Nachfahren Kains, welche die schützende, fürsorgende Hand des Hüters Habel, die bewußt geöffnet und gewaltfrei war, mißverstanden haben. Ein Mißverständnis, dessen Auflösung die traditionellen Hopi sehnlichst erhoffen, denn das Ritual der Mächtigen und Ichgefangenen, die nicht mehr schützende Hirten der Schwachen gegenüber den Starken sind, folgt dem Weg der von Menschen erdachten Regeln und Gesetze. Das Ritual der wahren Bruderschaft hingegen folgt dem Weg der vom Ich befreienden irdisch-kosmischen Zyklen der Schöpfungsmacht.

Dieser Weg heißt auch *spiritueller, ganzheitlicher Weg*, wie die Hopi sagen – und auf ihm aufrecht gemeinsam zu gehen IST das *Reich Gottes*, von dem Jesus, der Menschensohn, sprach. Der »Menschensohn« geht diesen Weg und tritt dadurch in Verbindung mit der Schöpfungsmacht, wie es bei Ezechiel 2,1 heißt: »Du, Menschensohn, stell dich auf deine Füße, ich will mit dir reden!«

Nicht Unterwürfigkeit ist gefragt, sondern *der aufrechte Gang*; die Indianer und Zigeuner nennen es auch schlicht *Stolz*.

»Wer vor Gott nicht in die Knie zu gehen braucht«, schreibt Mayer, »darf es um so weniger vor Menschen« – auch wenn sie es zu erzwingen versuchen, was Ezechiel allem Anschein nach leibhaftig erfuhr (er lebte etwa ein oder zwei Jahrhunderte vor Jesus), denn: »Du, Menschensohn, wohnst unter Skorpionen« (Ez 2,6). Davon wußte auch schon Moses zu berichten, und die Welt ist voll davon – dabei kann dieses Tier überhaupt nichts dafür. Das Kniefallsyndrom ist ja nicht neu und war bereits vor den Paulusschriften verbreitet. Mayer weist jedoch klar nach, daß eine Neuauflage der Voraussetzungen dafür in den paulinischen Texten zu finden ist – nicht bei Jesus selbst:

> »Wenn die Anthropologen damit recht haben, daß sich der Sinn aller Wörter von leiblichen Erfahrungen ableitet, dann stellt sich der entscheidende Wandel der neutestamentlichen Religion von Jesus zu Paulus als eine Wende der Sinneserfahrung dar, konkret in der Abkehr vom Auge zum Ohr und damit von der Freiheit zum Gehorsam.«

In Übereinstimmung mit den frühen Schriften des *Alten Testaments*, die noch große Naturverbundenheit erkennen lassen – wie Jesus selbst, der die meiste Zeit in freier Natur verbrachte –, vermitteln die Evangelien unbefangen sinnenfreudige Erfahrungen. Vom Riechen über Schmecken bis zum Schlüsselbegriff des »Berührens« ist die ganze Palette unter Menschen vermittelbarer Sinnenfreudigkeit vorhanden. Wo jedoch der Evangelist Johannes zum Beispiel »den Duft der Narde« einatmet, rühmt sich Paulus dagegen, den »Duft der Erkenntnis Christi« zu verbreiten und für Gott »Christi Wohlgeruch« zu sein (2 Kor 2,14–15).

Entscheidend vollzieht sich die Sinnenwende, wie schon erwähnt, bei Paulus in der Umkehr des Stellenwertes von Sehen und Hören. Im *Alten Testament* gilt das Auge noch als Gleichnis Gottes, im *Neuen Testament* bewerten es die Evangelisten ebenfalls am höchsten und nennen es von allen Sinnesorganen am häufigsten.

Kein Wunder, denn die Liebe zum Sehen erzeugt auch »Skepsis«, wie das griechische Wort für Sehen verdeutlicht, und folglich kritisches Bewußtsein. Jesus spricht in den *Logien* zehnmal vom Auge, »dem Organ der freien Sicht«; vom Ohr, dem Instrument der Hörigkeit, nur einmal. Am heftigsten greift er »blinde Führer« an. Zugleich verwirft er mit der Kritik am begehrlichen Blick die Besitzgier.

Alles ist bei ihm konkret, in der seh-, spür- und riechbaren Welt erlebbar. Paulus untergräbt diese natürliche Überlegenheit des Auges – und damit des klaren Blicks, der klaren Sicht.

Vielleicht hängt diese persönliche Vorliebe mit seiner dreitägigen Sehunfähigkeit nach dem Damaskuserlebnis zusammen, wo er Jesus, wie es heißt, lediglich gehört haben will (vgl. Apg 9,1–9). Ertrug Paulus das Licht der Wahrheit nicht und hörte statt dessen auf »den Einflüsterer«, der, sich geschickt verstellend, schwer erkennbar ist? Dieser insofern möglicherweise als »Stimmen hören« zu deutende Vorgang erinnert an die Eingebung der »Geheimlehre« an die schon erwähnte Madame Blavatsky durch zweifelhafte geistige Führer mit ebenso fragwürdigem Ergebnis.

Nach Damaskus entscheidet eindeutig das Hören den Glauben Paulus' in bezug auf Jesus, den er ja tatsächlich nur vom Hörensagen kennt. In der Folge spielen in den paulinischen Schriften Begriffe aus diesem Bereich eine zentrale Rolle, wie »gehorchen« und »Gehorsam«, die von ihm etwa sechsmal so häufig benutzt werden wie von den anderen Autoren zusammen. Paulus spricht konsequent auch systematisch von der »Unterwürfigkeit des Kindes unter die Eltern, der Frau unter den Mann, des Mannes unter Christus, des Christus unter Gott«. Mit dieser Haltung steht er wieder in der spätjüdischen (nicht mehr mosaischen) Tradition und versucht den Ärmsten im Römischen Reich, den völlig rechtlosen und als Ware geltenden Sklaven, auch klarzumachen, daß ihr demütigender Zustand nur von vorübergehender, »äußerer Natur« sei: »Der innere (Mensch, Anm. des Autors) wird Tag für Tag erneuert, denn die kleine Last unserer gegenwärtigen Not schafft uns in maßlosem Übermaß ein ewiges Gewicht an Herrlichkeit, uns, die wir nicht auf das Sichtbare starren, sondern nach dem Unsichtbaren ausblicken« (2 Kor 4,16–18).

Entsprechend dieser die Herrschenden unterstützenden Grundhaltung ruft Paulus konsequent die Massen der Unzufriedenen in Epheser 6,5–9 zum Gehorsam auf: »Gehorcht euren irdischen Herrn mit Furcht und Zittern und mit aufrichtigem Herzen, als wäre es Christus«, um sie überdies als »Sklaven Christi« zu bezeichnen. Jesusferner kann man nicht argumentieren. So entfallen denn auf die wegen Fluchtgefahr von Ärzten wie Vieh gebrandmarkten Sklaven 84 Prozent der paulinischen Mahnworte, auf die Herren lediglich 16 Prozent.

Dazu muß man sich vergegenwärtigen, daß der Sklave in der hellenistisch-römischen Kultur ohne Einschränkung auf Leben und Tod seinem Herrn unterworfen, Mißhandlungen rechtlos ausgesetzt war und für den Tierkampf oder das Bordell verkauft werden konnte; die Sklavin mußte dem Herrn willfährig sein. Der vornehme Aristoteles beschrieb diese Menschengruppe daher treffend als »lebendige Werkzeuge«.

Kein Wunder, daß die traditionellen Hopi von einer solchen Praktiken huldigenden Sklaven- und Untertanenreligiosität nichts, aber auch gar nichts wissen wollen. Das kann nicht der erwartete Weiße Bruder sein, der wie Jesus selbst für das Reich Gottes auf Erden eintritt. Genauso lehnen sie grundsätzlich jede missionarische Haltung ab. Bei Paulus läßt diese regelrecht krankhafte Züge offenbar werden: die eines in ständiger Angst, unter ständigem Druck lebenden Mannes, auf dem laut 1 Kor 9,1–27 »ein Zwang liegt«... »das Evangelium zu verkünden«, der sich »für alle zum Sklaven gemacht hat, um möglichst viele zu gewinnen«. Und er gesteht ein: »Vielmehr züchtige und unterwerfe ich meinen Leib, damit ich nicht anderen predige und selbst verworfen werde.«

Bei der Durchsetzung seiner Mission ist Paulus jedes Mittel recht. Er verhält sich wie ein skrupelloser Politiker. Von keines Zweifels Blässe angekränkelt, sagt er im Phil 1,15–18: »Einige verkünden Christus zwar aus Neid und Streitsucht, andere aber in guter Absicht. Die einen predigen Christus aus Liebe (...) die anderen aus Ehrgeiz, nicht in redlicher Gesinnung (...) Aber was liegt daran?«

Mit dieser Sequenz wurde die Grundlage für das weitverbreitete machiavellistische Argument »Der Zweck heiligt die Mittel« gelegt. Die Zahl derer, die sich dieses Arguments bedienten und bedienen, ist Legion. Paulus selbst handelte entsprechend, wie Lukas berichtet: Er ließ in Paphos auf Zypern einen Magier erblinden, als dieser den dortigen Prokonsul vom Glauben an die Lehre des Paulus abhalten wollte. Für Johannes mit dem Beinamen Markus, – dem späteren Evangelisten, der Jesu Worte am klarsten überliefert hat –, war dieser Mißbrauch von Magie wohl etwas zuviel, denn er verließ danach Paulus mit seinen Begleitern, um zur Urgemeinde nach Jerusalem zurückzukehren (Apg 13,1–13).

Besonders schamlos entlarvt sich Paulus als Vertreter der Herrschenden in einer Empfehlung, die letztlich in der Aufforderung zur »Pflichterfüllung« gegenüber der Obrigkeit gipfelt, in Röm 13,1–7, und Titus 3,1. Da heißt es: »Jeder leiste dem Träger der staatlichen Gewalt den schuldigen Gehorsam, denn es gibt keine staatliche Gewalt, die nicht von Gott stammt; jede ist von Gott eingesetzt.«

Wohin die Befolgung dieser kühnen Behauptung führen kann, haben Luther in Wittenberg und Calvin in Genf eintausendfünfhundert Jahre später überdeutlich vor Augen geführt. Während Luther nach einer plötzlichen Kehrtwendung den Ungehorsam gegen die Obrigkeit als größere Sünde wertete denn die blutige Verfolgung und Niederschlagung der aufbegehrenden Bauern unter Thomas Müntzer, forderte Calvin in Genf bedingungslosen Gehorsam auch gegen eine tyrannische Regierung (wie es die seine war).

Der Soziologe Mayer ortet das auslösende Moment der plötzlichen Kehrtwendung Luthers in seiner Ablehnung und Herabsetzung des Jakobusbriefes als »leeres Stroh«, obwohl dieser Brief wahrscheinlich vom Bruder Jesu, dem Ersten der Jerusalemer Urgemeinde nach Jesu Tod, verfaßt worden war. In diesem Brief spricht Jakobus (wie Jesus) in deutlichen Worten gegen die Reichen und ihren Reichtum:

> »Ihr aber, ihr Reichen, weint nur und klagt über das Elend, das euch treffen wird. Euer Reichtum verfault und eure Kleider werden von Motten zerfressen (...) Noch in den letzten Tagen sammelt ihr Schätze. Aber der Lohn der Arbeiter, die eure Felder abgemäht haben, der Lohn, den ihr ihnen vorenthalten habt, schreit zum Himmel (...) Ihr habt den Gerechten verurteilt und umgebracht, er aber leistete euch keinen Widerstand« (Jak 5,1–6).

Diese bemerkenswerten Worte bringen Unterdrücker aller Zeiten begreiflicherweise in Schwierigkeiten, zumal sie jene Zentralaussage des Jakobusbriefes unmißverständlich illustrieren, in der es heißt: »Ihr seht, daß der Mensch aufgrund seiner Werke gerecht wird, nicht durch den Glauben allein« (Jak 2,24). Auf diese Weise wandte sich Jakobus eindeutig gegen jene obrigkeitsfreundliche Lehre des Paulus, nach der »der Mensch gerecht wird durch Glauben« (Röm 3,28) und somit »aus Gnade« (Röm 4,16).

Das ließ schließlich den Protestantismus erstehen, da sich Luther und Calvin auf die seltsame Auslegung des Paulus – im Widerspruch zu Jesus und Jakobus (!) – beriefen. Obwohl die Reformatoren Calvin und Zwingli den Jakobusbrief als echt einstuften und anerkannten, diskriminierte ihn Luther: Weil er von einem »Jüd« verfaßt worden war, wie er es formulierte. Mit dieser ersten Streitschrift der Jesusbewegung verwarf er zugleich die seines aufmüpfigen Zeitgenossen Thomas Müntzer und lieferte so die theologische Begründung für die grausame Verfolgung der aufständischen Bauern. Dafür bekam er, wie Mayer berichtet, ein Kloster geschenkt.

Luther sollte sich noch Jahrhunderte später als willkommene Inspiration Hitlers erweisen, indem dieser wie jener auf den von Paulus und seinen Schülern geschürten Judenhaß zurückgriff. Die »Reichskristallnacht« zum 10. November 1938, als aufgehetzte Nationalsozialisten die meisten jüdischen Synagogen des »Deutschen Reiches« niederbrannten und die Geschäfte der jüdischen Mitbürger plünderten, fand am 455. Geburtstag Martin Luthers statt.

Nicht zufällig. Hatte doch der große deutsche Reformator schon zu seiner Zeit in sieben Punkten die »Endlösung der Judenfrage« vorgeschlagen, wie Mayer nachweist. Unter anderem hatte er empfohlen, daß man ihre Synagogen »mit Feuer anstecken«, ihre Häuser zerstören, ihnen alles wegnehmen, sie zur Zwangsarbeit verpflichten und verjagen solle. Einsamer Höhepunkt: »... weg mit ihnen!«, wozu er besonders »die Herren« aufstachelte.

Die schon mehrfach erwähnte Begründerin der Theosophie, die in Georgien geborene Russin Helena Petrowna Blavatsky, zeigt in ihrem aus besagten zweifelhaften geistigen Quellen stammenden Machwerk *Die Geheimlehre*, daß sie desselben Geistes Kind ist. Dort benutzt sie den sprachwissenschaftlichen Begriff »Indoarier« oder »Indoiraner« ungerechtfertigt als Rassenbezeichnung und erhebt die »arische Rasse« zur »Lichtrasse«. Jüdische Mitmenschen werden in diesem Zusammenhang als »abnormes und unnatürliches Bindeglied« verächtlich gemacht, und sie befindet, daß die »niederen Rassen«, nämlich alle Ureinwohner – unter anderem die Indianer – aufgrund »karmischer Notwendigkeit« zum Aussterben verurteilt seien.

Dieser haarsträubende Unsinn findet seine biblische Parallele in der behaupteten, angeblichen kollektiven Schuld der Juden am Tod Jesu – obwohl Gegenteiliges nicht nur der gesunde Menschenverstand nahelegt, sondern auch genaue Untersuchungen längst erwiesen haben. Wir finden diese kühne, durch nichts zu rechtfertigende Unterstellung bei einigen Autoren des *Neuen Testaments* (außer bei Markus und Jakobus zum Beispiel), wobei Matthäus mit dem nur von ihm benutzten »Zitat« (Mt 27,25) »Sein Blut komme über uns und unsere Kinder!« den biblischen Zündstoff für die Pogrome an den jüdischen Brüdern und Schwestern lieferte.

In ähnlicher Weise ging auch Paulus vor, der als widersprüchlichster Autor des *Neuen Testaments* in 1 Thess 2,13–16 ebenfalls eine »jüdische Kollektivschuld« erfindet und den Juden unterstellt, daß »sie unablässig das Maß ihrer Sünden voll« machten. Dabei müßte gerade er zugeben, daß die Hohenpriester, Ältesten und Schriftgelehrten, von denen auch er einer war, den Tod des Aufrührers Jesus wünschten – nicht »das jüdische Volk«, dessen Frauen und Männer Jesus trösteten, ihm das Kreuz tragen halfen, ihn beweinten und ihn bestatteten. Mit der römischen Rechtspraxis bestens vertraut, mußte Paulus überdies wissen, daß Pilatus als gerissener Politiker im eigenen Interesse den Staatsfeind Jesus zum Tode verurteilte und niemand von der jüdischen Oberschicht ihn dazu zwingen konnte.

Der Verfasser des Johannesevangeliums, das Luther zusammen mit den paulinischen Schriften als »Kern und Mark des Neuen Testaments« empfiehlt, treibt die Hetze gegen die Juden schließlich auf die Spitze. Der sogenannte »Verräter« Judas wird als Dieb zum Urtyp jüdischer Geldgier gemacht, das jüdische Volk allgemein als »Kinder des Teufels« gebrandmarkt.

Der neutestamentarisch geschürte Antisemitismus führte unter anderem dazu, daß den jüdischen Mitbürgern schon unter Karl dem Großen in christlichen Ländern verboten wurde, Land zu erwerben, Ackerbau zu betreiben und Handwerksberufe auszuüben, so daß sie vor allem Handel – auch mit Geld – betreiben mußten, denn durch das früh erlassene Zinsverbot der Kirche, die das Erheben von Zinsen beim Geldverleihen korrekt als »Sünde« betrachtete, blieb diese schon für die Finanzierung der Kreuzzüge begehrte Aktivität den jüdischen Händlern vorbehalten, die leihen konnten und durften. Die Kirche berief sich dabei auf Lukas 6,34–35 und auf den Umstand, daß Geld nicht gebären und sich selbst vermehren kann – Zins daher gegen die Natur sei.

Was die frommen Christen aber nicht daran hinderte, Geld gegen Zins bei jüdischen Mitbürgern anzulegen. Auch der angesehene Theologe Thomas von Aquin empfahl diese Vorgehensweise, da man sich dann zwar »sündiger Menschen« bediene (!), selbst aber nicht sündige. Dieser zwielichtigen Ethik der Kirche wurde erst 1917 ein Ende bereitet, als sie (wohl zur Beschaffung von Barmitteln in Zusammenhang mit dem Ersten Weltkrieg und der russischen Revolution) das Zinsverbot aufhob. Damit erkannte sie allerdings lediglich die längst eingespielte calvinistische Praxis als legitim an und segnete den Kapitalismus offiziell ab.

Calvin, der in Genf einen protestantischen Stadtstaat unter seiner diktatorischen Herrschaft gegründet hatte, fand nämlich heraus, daß aufgrund der paulinischen Glaubens- und Gnadenlehre, die Augustinus erweitert hatte, der Mensch grundsätzlich schlecht und sein Schicksal vorherbestimmt sei. Wenn allerdings der Gläubige Erfolg in der Arbeit habe, so sei das ein Zeichen seiner göttlichen Auserwähltheit; Gleiches gelte für Erfolge im politischen Bereich.

Mit dieser Vorstellung der Auserwähltheit der Erfolgreichen konnte jene Politik der Neuzeit beginnen, welche vor allem das englische und nordamerikanische Nationalbewußtsein heute noch prägt. Calvinistische Sekten wie die Puritaner, Presbyterianer, Baptisten, Quäker und

Methodisten sorgten für eine weltweite Verbreitung dieser Lehre. Das schlug sich nicht nur in den von ihnen mitbegründeten USA und in Großbritannien nieder, sondern insbesondere auch in Frankreich, Dänemark, Schweden, Norwegen, den Niederlanden, am Niederrhein (mit den Hansestädten) und in Preußen. Für die Heimat des Calvinismus, die Schweiz, die mit dieser Einstellung, welche die Verantwortung gegenüber der Mitwelt unter den Tisch fallen läßt, zum Zentrum des Kapitals und zum reichsten Land der Welt wurde, hatte wie für Nordamerika und Großbritannien die große Stunde des gottgewollten Kapitalismus geschlagen.

Begründet wird diese Haltung mit dem seltsamen »Gleichnis vom anvertrauten Geld« in Mt 25,14–30 (vgl. auch Lk 19,11–27), wo der »Herr« erntet, obwohl er nicht gesät hat, und seinen »Diener« tadelt, der das anvertraute Geld nicht einmal auf die Bank gelegt hat, um dafür Zinsen zu erhalten. Es ist augenscheinlich, daß Jesus dieses Gleichnis so nicht erzählt haben kann (wenn es überhaupt von ihm stammt), weil dies in völligem Widerspruch zu anderen Aussagen von ihm stünde.

Mit welchem Recht fordert ein sogenannter »Herr« (sprich: Sklavenhalter) von dem ihm Unterworfenen eine Vermehrung des eigenen Besitzes – ohne selbst dafür zu arbeiten? Anton Mayer bezeichnet diese Formel als »Wolfsgesetz des Evangeliums«, als Grundgesetz des Kapitalismus überhaupt, denn »Wer hat, dem wird gegeben, und er wird im Überfluß haben; wer aber nicht hat, dem wird auch noch weggenommen, was er hat« (Mt 25,29).

Hier wurde – wie bei Lk 19,11–27 – ganz offensichtlich ein Jesuswort maßlos entstellt, das bei Mk 4,24–25 in seiner ursprünglichen Aussage so lautet:

> »Nach dem Maß, mit dem ihr meßt und zuteilt, wird euch zugeteilt werden, ja, es wird euch noch mehr gegeben. Denn wer hat, dem wird gegeben; wer aber nicht hat, dem wird auch noch weggenommen, was er hat.«

Dieses Wort bei Markus bezieht sich wohl kaum auf Jesus sicherlich eher fremde Bankgeschäfte, sondern wie bei Lukas 8 auf den Sämann und auf das »karmische« Gesetz von Säen und Ernten des Gesäten. Der Sämann sät das lebende Wort *JHWH* – das *Reich Gottes*; und dieses fällt entweder auf fruchtbaren oder unfruchtbaren Boden. Auch wenn Lukas 19 dieses eindeutige Jesuswort wieder als Bankgeschäft aufgreift. Was jedoch um so deutlicher auf eine Verfälschung hinweist. Meiner Meinung nach tut

Anton Mayer, der mit seinem Buch *Der zensierte Jesus* insgesamt hervorragende Arbeit geleistet hat, Markus hier offenbar unrecht.

Calvin jedenfalls hat sich direkt an die Version von Matthäus und Lukas gehalten und darauf auch seine Befürwortung des Kapitalismus aufgebaut. Diese Version kennzeichnet einen Gläubigen, der Geld anhäuft und Zins nimmt, als »tüchtig und treu«. Calvinistisch betrachtet ist dieser Gläubige – da erfolgreich – stark im Glauben und von Gott auserwählt. Durch diese spitzfindige Umkehrung der Anliegen Jesu waren endlich auch Christenmenschen in der Lage, das für die katholische Kirche geltende Zinsverbot als treue calvinistische Christen (helvetischen Bekenntnisses) nicht mehr beachten zu müssen.

Auch das seltsame Gleichnis von den Arbeitern im Weinberg, in dem der »Gutsbesitzer« (wohl kaum die Terminologie Jesu) eine bezeichnende Antwort gibt, darf zum bibelgestützten geistigen Standard der von Gott auserwählten Besitzenden gerechnet werden: »Darf ich mit dem, was mir gehört, nicht tun, was ich will?« (Mt 20,15). Diese der Jesusbewegung fremde Einstellung hat über den Mißbrauch und die Ausbeutung von Mensch und Erde, Tier und Pflanze wesentlich zur Entwicklung und zum Einsatz der Atombombe beigetragen...

Darüber hinaus ist, wie schon Freud nachgewiesen hat, die Schaffung unserer »Zivilisation« aufs engste mit der Unterdrückung von Sexualität verknüpft. Auch dafür hat wiederum Paulus mit seiner neurotischen Körper- und Frauenfeindlichkeit (letztlich dem Lebendigen gegenüber) die Grundlagen geschaffen und so unzählige Menschen in dramatische Konfliktsituationen gebracht. Obwohl bekannt, sollte das der Vollständigkeit halber noch belegt werden. »Die Frau ist der Abglanz des Mannes« – er aber »Abbild und Abglanz Gottes«, »denn der Mann stammt nicht von der Frau, sondern die Frau vom Mann«, heißt es da in 1 Kor 11,2–16, und in Kol 3,18: »Ihr Frauen ordnet euch euren Männern unter...«, um in Röm 7,14 und 18 in folgendem zu gipfeln: »Ich aber bin Fleisch, das heißt: verkauft an die Sünde.«... »Ich weiß, daß in mir, das heißt in meinem Fleisch, nichts Gutes wohnt.« Was notgedrungen zu der Empfehlung führt: »Es ist gut für den Mann, keine Frau zu berühren« (1 Kor 7,1). Verständlich, »denn für mich ist Christus das Leben, und Sterben Gewinn« (Phil 1,21).

Schon Jesus soll gesagt haben: »Laßt die Toten ihre Toten begraben!« Das sollten wir ruhig auch für Paulus und seine Nachahmer in Anspruch nehmen, ungeachtet dessen, daß die paulinische Verdrehung der Lehren Jesu so verheerende Folgen hatte und noch hat. Niemand ist jedoch gezwungen, diesen Vorstellungen zu folgen. Deshalb ist hier die Frage nach

»Schuld« oder die Feststellung einer möglichen »Schuld« fehl am Platz. Hat nicht jeder seinen eigenen, freien und gesunden Menschenverstand, seine eigene Intution, die ihm hilft, Lebenbedrohendes von Lebenerhaltendem zu unterscheiden?

Die Schöpfung ganzheitlich, nicht bloß im Kopf erfahren

Eines scheint sicher: Paulus hatte trotz allem zumindest erkannt, daß der Mensch durch die Erkenntnis der Zeugungsfähigkeit, seiner Gestaltungs- und schöpferischen Kraft begonnen hat, sich von seinem Ursprung, seinem EINS-SEIN mit der Schöpfungsmacht zu lösen. An diesem Punkt begann die lange Wanderung der Menschheit zurück zum Ursprung. »Du sollst von diesem Baum nicht essen, sonst stirbst du« heißt vielleicht: »Wenn du diese Stufe der Erkenntnis von Gut und Böse erreichst, löst du dich von mir, vom EINS-SEIN mit mir und allem – stirbst du in einen neuen Zustand hinein, was das bewußte Ingangsetzen des Rades von Tod und Wiedergeburt nach sich zieht.«

Durch diese Loslösung wird die Freiheit des Menschen, seine ureigenen Erfahrungen zu sammeln, konkret – und damit auch seine Möglichkeit, diese herrliche Schöpfung in all ihren vielseitigen Gestalten und Zusammenhängen bewußt zu erfahren. Das ist – wie beim Kind – der notwendige Prozeß des Selbständigwerdens, der mit der Abnabelung von der Mutter beginnt. Die Konsequenzen trägt der so Geborene selbst: Niemand kann ihm die entsprechenden Entscheidungen und ihre Folgen abnehmen – so wie niemand für jemand anderen essen, trinken, verdauen, ausscheiden, schlafen, das heißt überhaupt leben kann. Erst so lernt und wächst der Mensch. Dabei bedeutet das von Paulus vertretene Erlöserprinzip ein Ablehnen der Verantwortung des Menschen für sich selbst, den Rückfall in das Stadium der frühen Kindheit. Den unsinnigen Versuch, über einen allmächtigen Vater wieder in den Mutterschoß zurückzugelangen. Oder umgekehrt: Der Erlöserglaube ist das Ergebnis einer ungelösten, nicht aufgearbeiteten Vater-Mutter-Beziehung.

Daraus ergibt sich zwangsläufig eine völlige Unterordnung. Einerseits unter eine unvernünftige Vorstellung – also einen Glauben – und andererseits unter den Zwang, sein körperliches SO-SEIN bekämpfen zu müssen, da der fälschlich vorgestellte Urschoß als rein »geistiger« betrachtet wird.

Heute, im Zeitalter der Quantenphysik und Antimaterieforschung wissen wir, daß die dualistische Trennung von »Geist« und »Materie« ein

Unsinn ist. Es werden nicht nur immer kleinere elektrische Ladungen entdeckt, sondern es steht darüber hinaus auch fest, daß alles untrennbar miteinander verwoben ist und ständig ineinanderfließt. Was wir wahrzunehmen glauben, ist völlig vom Wahrnehmungsvermögen des Betrachters abhängig, der selber ein Teil dessen ist, was er wahrnimmt – und so das »Betrachtete« beeinflußt. So jedenfalls sieht es die Neue Physik.

Wie Moses schon im Pentateuch vermittelt, geht es deshalb darum, alle Vorstellungen über das Geheimnis der Welt fallenzulassen, um von solchem Ballast frei zu sein und den Augenblick zu leben. Nicht Unter-Ordnung, sondern der aufrechte Gang des bewußten Sich-Einordnens in das Ganze der uns erfahrbaren Schöpfung ist dafür notwendig. Alles andere ist Spekulation. Nur so können wir zur Entfaltung des Ganzen als *Wissende* – nicht als Glaubende – beitragen. Das ist nur dadurch möglich, daß wir füreinander sorgend teilen, worüber wir verfügen, füreinander Verantwortung übernehmen, um uns gegenseitig bei der Entfaltung unserer lebenspendenden Kräfte – der Fruchtbarwerdung im weitesten Sinne – zu unterstützen. So wie die Erdenmutter und ihre Kinder mit uns fürsorgend teilen, so müssen wir es als eines ihrer vielen Kinder mit ihnen und folglich auch untereinander tun.

Dieses Bewußtsein, das die gesamte Schöpfung konkret (sprich: ganzheitlich) – nicht nur in Bildern oder Gedanken – verantwortungsbewußt handelnd und unterlassend miteinschließt, ist *spirituelles Bewußtsein. Der spirituelle Mensch ist der durch das lebende Wort JHWH erwachte, bewußt gewordene Mensch, der nach diesen Erkenntnissen in uneingeschränkter symbiotischer Verwobenheit mit allem, was ist, lebt:* sich mit ihm freut, leidet, mitgeboren wird und mit stirbt. Dieses so handelnde und unterlassende Bewußtsein – dieser ganzheitlich erwachte Mensch – ist genauso begrenzt und weit geöffnet wie die gesamte Schöpfung, das heißt: genauso wachstumsfähig, weil im Einklang mit ihr.

Unser freier Wille bestimmt darüber, ob wir uns dieser Erkenntnis ohne Einschränkung hingeben, und bestimmt damit auch unsere Sicht sowie den Ablauf für uns selbst und das Ganze. Wir haben dabei eine hohe Verantwortung, denn wir sind imstande, die Gesteine, die Berge, die Pflanzen und die Tiere bewußt in ihrem ganzheitlichen Wachstum ebenso zu fördern wie uns selbst und unseresgleichen. Das mag man *Magie* und *Mystik* nennen. Alle wirklich aussagekräftigen Mythen und Kulte handeln letztlich von diesem *Großen Geheimnis* der Erde und der gesamten Schöpfung: der Mensch als Hirte, welcher durch seine schützende, behütende und hegende Macht zum Mittler und Spender der Fruchtbarkeit zur Entfaltung allen Lebens wird.

Das Gegenteil ist ihm indes ebenfalls möglich – wir erleben das gegenwärtig in der extremsten Form. Das bedeutet aber zugleich, daß die Zeit für die wahren Hirten gekommen ist. Und das ist der wahre »Christus«, den Paulus wohl suchte, von dem auch anderswo so oft die Rede ist: der erwachte, im lebenden Wort *JHWH* für die gesamte Schöpfung Verantwortung tragende Mensch, der als Hüter die Schwachen vor den Starken und Mächtigen schützt. Er ist eins mit der Schöpfung und ihren zahllosen Kindern, er sucht diese Einheit nicht in sich oder außerhalb, er lebt sie.

Moses ist tot, Paulus ist tot und Hitler ist vermutlich auch gestorben. Sie alle sind verschieden handelnd und unterlassend in Erscheinung getreten und haben ihr Erbe hinterlassen. Sie haben das getan, was ihnen richtig schien. Ich halte nichts davon, sie zu verehren oder zu verdammen – das hieße, sich ein Bild von ihnen zu machen und sich davon festlegen lassen. An ihren Früchten können wir jedoch erkennen, inwieweit sie Mutter Erde und ihren Kindern wahre Hüter und damit Vereiniger geworden sind – oder Zerstreuer und Durcheinanderwerfer. Auch das ist kein Urteil, sondern der Versuch, Prozesse mit möglichst klarem, unverhülltem Blick wahrzunehmen.

Es ist wichtig, das Rad von Karma und Wiedergeburt nicht durch Ur-Teilen und Ver-Ur-Teilen, durch Schuld-Zu-Schreibungen und beleidigtes Zurückschlagen oder Sich-Zurückziehen in Gang zu halten, denn nur dann dreht es sich kraft unserer bewußten Menschwerdung und nicht aufgrund von Vernichtung – dem Tod vor der Zeit. *Das Große Geheimnis* offenbart sich in seiner Fülle nur in einer reichlich fruchtbaren, Leben entfalten helfenden Gemeinschaft – wie ein Baum voll heranreifender, köstlicher Früchte, der zusätzlich noch vielen Lebewesen Lebensraum gewährt. Wie die *Fünf Bücher Mose*, Jesus und die Hopi lehren, ist dieses *Große Geheimnis* keine persönliche, rächende, strafende oder sonstwie eingreifende (menschenähnliche) Gottheit, sondern eine zusammenfügende und auflösende, alles durchdringende und letztlich doch ordnende, belebende Kraft, der wir uns nur unter Verlust der Fruchtbarkeit verschließen, aber niemals wirklich entziehen können. Die Irokesen nennen sie *Orenda*, die Lakota oder Sioux *Makopa*, die Algonkin *Manita*, wie Frank Waters in dem Buch *Meine Zeit mit den Hopi* schreibt. Indem wir uns dieser Macht bewußt öffnen und so im Einklang mit ihren unserem Einfluß entzogenen Gesetzen leben, sind wir bewußte Teilhaber und Mitgestalter ihrer alles umhegenden Kraft.

Das ist keine Angelegenheit des Glaubens, sondern ein ständiger Vorgang des Erlebens. Du mußt dies selbst erkennen. Du mußt dies selbst erfahren. Du mußt dies selbst empfinden. Du kannst das nie wirklich allein – du wirst immer in Gemeinschaft sein: Ob es die Erde ist, die dich trägt, die Höhle, die dich umhüllt, der Himmel, der sich über dir wölbt, das Wasser, das dich umspült, die Luft, die durch dich strömt. Ob es diese sind, die dich berühren und so zu dir sprechen, oder die Ameise, die über dich krabbelt, das Gras, das dich weich bettet, die Blume, die dein Herz erfreut, oder der Wind, der dich liebkost – du bist nie allein.

Nimm diese ständige Berührung wahr, die nie vereinnahmt – und handle genauso.

Kapitel 4

Wir sind Kinder derselben Mutter

Je mehr wir alle unsere Sinne weit öffnen, im wahrsten Sinne des Wortes *wach* sein lassen, desto eher erfahren wir die Ganzheit des Lebendigen. Jede Einengung oder Beeinträchtigung eines unserer Sinneswerkzeuge hindert uns daran.

So kann auch eine vom Alltag, von der Mitwelt abgespaltene »Einweihung« niemals einen vollständigen Eindruck des Ganzen vermitteln, sondern lediglich jenen abgehobenen Teil, dem sich der Mensch durch sein Abheben geöffnet hat. Wahre Einweihung eröffnet uns die Einsicht der Ganzheit oder Heiligkeit *allen* Lebens: daß es durch unzählige, einander ergänzende Kreisläufe untrennbar miteinander verwoben ist und getragen wird durch die ihm innewohnenden Kräfte der ständigen, zyklischen Erneuerung und Gestaltwerdung.

Während die alles gestaltende Kraft *Großer Geist* (»Great Spirit«) genannt werden kann, können wir mit den Hopi die individuell gestaltgebende Kraft *Spirit* nennen: als ein persönliches Energiefeld, wie auch die Irokesen sagen, offenbart sie sich in einer sinnlich erfahrbaren Gestalt oder Struktur. Wir nehmen es entsprechend unserer Wahrnehmungsfähigkeit – der Wachheit unserer Sinne – wahr. Das heißt, daß wir, wenn unsere Sinne nicht wach genug sind, bestimmte Energiefelder und die Zusammenhänge ihres Auftretens auch nicht wahrnehmen. Daraus entwickelte sich die Vorstellung vom »Jenseits«, der »Anderswelt«, als das, was jenseits unserer gewöhnlichen Wahrnehmungsfähigkeit liegt.

Das Haupthindernis dieser mangelnden natürlichen Wahrnehmungsfähigkeit sind wir selbst, wenn wir unsere Sinne nicht voll, sondern höchst einseitig entfalten. Während scheinbar »Wissende« unserer Kultur die einseitige Betonung auf den Denksinn – den Verstand – legen, vernachlässigen andere genau diesen Bereich, indem sie Instinkt und Triebe betonen. Die einen glauben, abgehoben von der Erde und der Verantwortung für sie, ihre machtorientierten Verstandesspiele von der Hochtechnologie bis zu vermeintlichen Astralreisen machen zu können, während die anderen meinen, ohne Verstand konsumieren und ausbeuten zu können. Viele kombinieren beides in einer Weise, die sie sowohl um ihren Verstand als auch um ihren Körper bringt.

Dabei ist alles ganz einfach: Jede Einseitigkeit, die entweder den Körper oder den Verstand als Organ der Wahrnehmung und Triebkraft einschläfert, entfernt uns von unserer Ganzheit; davon, mit Körper und Geist, mit Herz und Hirn, sprich wachem, ganzheitlichem Bewußtsein den irdisch-kosmischen Rhythmus zu leben und zu feiern – denn wozu sollte diese Einheit gut sein als dazu, sie voll auszukosten? Das ist das von Jesus verheißene *Reich Gottes*: nicht in uns oder außerhalb von uns oder in einem vorgegaukelten »Jenseits«, nein, JETZT und ÜBERALL, IMMER – *ewig*.

Für Irokesen und Hopi ist es selbstverständlich, den lebenspendenden Kräften, die auch *Kachinas* genannt werden, Dank zu sagen und mit ihnen in einer gedeihlichen, vom gegenseitigen Austausch getragenen Beziehung zu stehen – um ein Umschlagen in Zerstörung auszuschließen und so Fruchtbarkeit für alles Leben zu erwirken: sei es die Sonne, der Wind, das Wachstum des Maises, das Wasser, der Blitz, der Donner, die Lebenskraft der Pflanzen, Tiere, Berge, Gesteine... Das befreit und ist notwendig, denn das Christentum und die anderen Hochreligionen und Ideologien unserer »Zivilisation« haben uns weit davon entfernt.

1977 formulierten Abgesandte der Irokesen bei einer *UNO*-Konferenz in Genf:

> »Unser Befreiungsprozeß gilt nicht ausschließlich nur uns Menschen, sondern schließt alle Formen des Lebens mit ein, die diese Erde mit uns teilen und wie wir unterdrückt sind.«

Und weiter:

> »Die Bewohner dieses Planeten müssen Abschied nehmen von jener engstirnigen Auffassung von menschlicher Freiheit und begreifen, daß die Befreiung etwas ist, das auf die ganze Natürliche Welt ausgedehnt werden muß. In erster Linie ist die Befreiung all jener notwendig, die Leben erhalten: der Luft, der Gewässer, der Bäume, all jener Dinge also, die das heilige Netz des Lebens zusammenhalten.«

Diese unabänderliche Wahrheit ist es, die Jesus den *Menschensohn* in den Augen der Mächtigen aller Zeiten zum Aufrührer werden läßt, denn Leibeigenschaft ist weder der Erde noch ihrer Kinder Bestimmung. Sie ist eine Erfindung der Menschen, die aus dem Gleichgewicht geraten sind. Die Frage ist aber nicht die, wie wir »das System« oder die Mächtigen verändern (im Klartext: missionieren), die uns all das beschert haben und bescheren, sondern wie wir uns selbst und die Natürliche Welt möglichst unabhängig von ihnen machen. Dabei ist es notwendig, das Entstehen neuer Hierarchien und »Vermittler« von vornherein gänzlich zu vermeiden – sonst wird die alte Herrschaft unter neuen Vorzeichen fortgesetzt.

Die Irokesen beispielsweise, seit 1609 in ständiger Auseinandersetzung mit dem europäischen, meist calvinistisch geprägten Kolonialismus, haben das schon lange erkannt und im *Großen Gesetz des Friedens* festgelegt. Als sechs Nationen zur Irokesenkonföderation verbindende Grundlage geht es davon aus, »daß eine Hierarchie unweigerlich Konflikte schafft, und aufgrund dessen richtete man die bis ins kleinste Detail durchdachte Ordnung des gesellschaftlichen Lebens daraufhin aus, die interne Entstehung einer solchen Hierarchie zu verhindern«, denn:

»Eine geordnete Gesellschaft, die in der Lage ist, Menschen vor Unrecht zu schützen und gleichzeitig dafür sorgt, daß keine Hierarchie entsteht, ist eine vielfältige und zugleich ganzheitliche Gesellschaft.« Konfliktherde wie Revierbegrenzungen wurden bereinigt, indem man sich »auf allgemein gültige Gesetze über die Behandlung von Wild und die Jagd als solche« einigte.

Ausgehend davon, daß die Grundsätze des Friedens »von den Ratsfeuern in jede Behausung im Lande der Haudenosaunee« getragen werden sollten, wurden sie auch zum »Ausgangspunkt für die Entstehung der modernen Klans«. Womit die mutterrechtlich organisierten Großfamilien gemeint sind.

Wir finden erstaunliche Ähnlichkeiten bei Moses, bei Jesus und insbesondere bei den traditionellen Hopi, mit denen die Irokesen seit 1948 wieder in enger Verbindung stehen. Waren es bei den Hopi der Große Geist *Massau'u* und die *Kachinas*, welche sie lehrten, im Einklang mit den natürlichen Gesetzen zu leben, so kam zu den in Zeiten des Krieges und Streits lebenden Völkern der noch ungeeinten sechs Nationen, die damals die Wälder bewohnten, ein Mann, »der Worte und Taten des Friedens im Land verkündete und später der ›Friedensbringer‹ genannt werden sollte«. Das Friedensgesetz, das – wenn auch entstellt – zum Vorbild der westlichen Demokratien wurde und Karl Marx inspirierte, wird heute, nach einer Zeit des vorübergehenden Verfalls unter dem mächtigen Druck der USA, von den Traditionellen wieder eingehalten.

Ich glaube, daß jene Irokesen, die es befolgen – genauso wie alle anderen traditionellen Indianer auch, die sich noch oder erneut in Übereinstimmung mit ihren ursprünglichen Weisungen befinden –, uns viel zu sagen haben. Denn sie leben nicht in der Abgeschiedenheit eines Klosters oder einer anderen isolierten Gemeinschaft, wo sie mit unserer Selbstmordkultur keinen oder nur sehr beschränkten Kontakt haben, sondern mitten in ihr, ja von ihr auf das äußerste bedroht und häufig völlig mißverstanden. Sie setzen unserer Lebensweise bewußt die ihre entgegen, indem sie in Verwandtschaft miteinander und ihrem Land leben, die Gesetze der Erde studieren und nach Kräften befolgen.

Natürlich sind auch sie nicht vor Fehltritten gefeit, haben ihre Schwächen – und doch: Das ist es, was der große Nazarener meinte – jene ganzheitlich-spirituelle Lebensweise ohne Mittler und Hierarchien, verbunden mit einer Fülle von Danksagungen, Festen und Zeremonien, die in einer Verteilung angesammelter Güter gipfeln, damit sich bei niemandem Besitz anhäufen kann. »Es heißt, daß in unserem Volk diejenigen, die uns führen und von den englischsprachigen Völkern mit einiger Ausdauer fälschlicherweise Häuptlinge genannt werden, die Ärmsten unter uns sind. Nach den Gesetzen unserer Kultur sind unsere Führer sowohl politische als auch spirituelle Führer. Sie leiten viele Zeremonien, die die Verteilung von Reichtümern verlangen. Als spirituell-politische Führer sorgen sie für eine Art wirtschaftlichen Ausgleichs.«

Davon können wir nur lernen. Denn die spirituell-politisch Ersten der Irokesen sind, wie bei den traditionellen Hopi, Autoritäten kraft ihres überzeugenden Lebensstils und bleiben es auch nur solange, wie sie diesen beibehalten, sonst werden sie von den Clanmüttern wieder abgesetzt. Bei den Hopi sagt man ihnen einfach die Gefolgschaft auf. Dabei ist die Familie die Grundeinheit des geordneten Zusammenlebens und der Wirtschaft.

Allen Unkenrufen und ständigen Spaltungstendenzen zum Trotz – es gibt auch dort genügend Anpassungswillige an den Weg der weißen Gesellschaft – wächst die Zahl jener, die den spirituellen Weg, wie er auch genannt wird, unbeirrt von Rückschlägen gehen, öffentlich dazu stehen und ihn gewaltfrei verteidigen. Sie tun das, indem sie zunehmend zu Selbstversorgern werden, indem sie versuchen, auch Technologien einzusetzen und zu entwickeln, die sie unabhängig machen von unserer Gesellschaftsform, die trotz vieler scheinbarer Freiheiten eine Sklavenhaltergesellschaft geblieben ist: die der Bauern, Arbeiter, Angestellten und Konsumenten.

Ich plädiere dafür, daß wir auf diese Menschen, die *leben*, wovon sie reden, hören, mit ihnen Verbindung aufnehmen sollten, um von ihnen zu lernen, um uns auszutauschen und so den Kreis des Lebens wieder zu schließen: zwischen dem männlich orientierten, verstandesbetonten Entdecker- oder Forschergeist, der auch mathematische Zusammenhänge erfassen und ausdrücken will – dem des *Weißen Bruders*, wie die Hopi sagen –, und dem weiblich orientierten, mehr intuitiven, zyklischen Denken, das auf Zusammenhalt, Beständigkeit und die Stabilisierung des natürlichen Gleichgewichts ausgerichtet ist. Diese beiden Denkweisen sind einander ergänzende Kräfte, die in allen Erscheinungen des Kosmos wirken, in unserer gemeinsamen Mutter, der Erde – und in uns selbst. Sie kommen im Bruderschafts- oder besser Gemeinschaftssymbol der Hopi zum Ausdruck, wo zwei ineinandergreifende, leicht gewölbte Hände dargestellt werden.

Dabei geht es nicht nur um die Vereinigung dieser beiden Kräfte, sondern insbesondere um eine umfassende Erneuerung unserer gemeinsamen Beziehung zur Erde, die uns Mutter, Geliebte, Tochter und weise Freundin zugleich ist. Nicht um den Rückfall in magische Göttin-Heros-Kulte, obwohl deren Wurzeln sicher auf diese gelebte Beziehung zurückgehen. Nicht um dem eigenen Wohl dienende Einweihungsriten, Schamanenpraktiken und apolitische Esoterik. Es geht um die Befreiung der natürlichen Anmut und der lebenspendenden Kräfte von uns und unserer Erdenmutter mit ihren Kindern. Das ist unsere wahre Heimkehr.

Ein Schritt in diese Richtung ist, wenn wir wieder lernen, uns dem natürlichen Leben zuzuwenden, es zu beobachten, mit ihm zu wachsen und es zu hegen. Wenn wir wieder in unser Land Hineingeborene werden – Eingeborene oder Einheimische, die eine persönliche, innige Beziehung zu ihrem Land haben, auf dem sie leben, von dem sie Nahrung, Kleidung, Wohnstatt und die zum Leben notwendige Weisheit erhalten.

Ich persönlich beispielsweise lerne sehr viel im Zusammenleben mit meiner Frau und unseren Familien, mit unseren Kindern, mit denen wir mitwachsen und reifen; mit unseren Blumen, Gräsern, Kräutern, Gemüsen und Tieren in unserem Garten, mit unseren zahlreichen Katzen, die für mich ein besonders inniger Ausdruck der Erdmutter geworden sind, weil sie sich nicht vereinnahmen lassen, die Familie mit ihrer Verspieltheit und Weisheit beleben – ohne an Selbständigkeit, Selbstbewußtsein, Anmut und Anziehungskraft zu verlieren. Die gelebte Partnerschaft, durch die Kinder zur Familie und erwachsen geworden, wo man vor Überraschungen nie sicher ist, aber auch am meisten lernt und austauscht, ist uns die beste Voraussetzung für umfassendes Wachstum geworden –; diese Erfahrung möchte ich nicht missen.

Ein anderer Schritt ist das Hineinhorchen in uns, das zunehmende Wahrnehmen unseres Körpers, seiner Botschaften, seine nicht übertriebene, aber doch sorgfältige Pflege; das Hineinhorchen in unsere Mitwelt, ihre Botschaften; Aufmerksamkeit und Wachheit im Umgang mit ihr.

Daraus kann sich die Teilnahme an gewaltfreien öffentlichen Aktionen zum Schutz unserer Mitwelt ergeben. Alles, was uns begegnet, wird uns Lehrmeister – es liegt lediglich an uns, die Gelegenheit wahrzunehmen. Daß wir dabei manchmal schlafen oder danebengreifen, entmutigt uns nicht, denn die nächste Gelegenheit kommt bestimmt!

Wieder ein anderer Schritt ist die Zusammenarbeit mit traditionellen Indianern, soweit sie es wünschen, ihre finanzielle, publizistische, ideelle und moralische Unterstützung; letztlich das Aufarbeiten und praktische Umsetzen ihrer Botschaft an uns, wie ich sie in meinem Buch *Unser Ende ist euer Untergang* zu vermitteln versucht habe.

Indem wir im Land unserer Geburt an einem uns gewogenen Ort tiefe Wurzeln schlagen und Verantwortung dafür übernehmen, finden wir die Beziehung zu ihm, zu uns selbst, zueinander und zu unseren eigenen Wurzeln – finden wir die Antwort auf die Frage, was wir für dieses Land und füreinander tun und lassen können. So finden wir auch unsere Verbindung zu den traditionellen Hopi wieder, die vor langer Zeit, wie sie sagen, ihre Wurzeln weltweit ausgelegt haben. Denn als Kinder derselben Mutter verbindet uns derselbe Stamm – wie die Äste eines Baumes durch diesen verbunden sind; und mit ihm ein tiefes gemeinsames Wissen, das es zu erwecken und zu hegen gilt.

Es ist weder »zufällig« noch hat es mit »Mystik« zu tun, daß unter den traditionellen Ureinwohnern beider Amerikas – ja sogar darüber hinaus – die traditionellen Hopi als »spirituelle Führer« aller gelten: weil sie als einzige das Wissen um die Aufrechterhaltung der natürlichen Welt und die damit verbundene Praxis bis zum heutigen Tag als Gemeinschaft leben. Und dies trotz oder gerade wegen der seit dem vorigen Jahrhundert ständigen, immer stärker werdenden Bedrohung und Aushöhlung durch weiße Missionare, Siedler, Industrie- und Bergbaukonzerne – und die eigenen Leute selbst, die deren Verlockungen nicht widerstehen konnten.

Damit befinden sie sich zweifellos im Wirkungsbereich dessen, wonach wir seit der Trennung von unserer Mutter, Geliebten, Tochter und weisen Freundin und insbesondere seit den Tagen des Jesus von Nazareth so intensiv suchen: nach den wahren Hütern des Lebens und alles Lebendigen.

Kapitel 5

Die wahren Hüter

Das »Meisterdenken« hat uns in eine Sackgasse geführt: Es schafft Abhängigkeit dort, wo Selbständigkeit gefragt ist; eine Hierarchie zwischen denen, die »sich bemeistert« haben und denen, die noch nicht so weit »fortgeschritten« sind. Zumindest in unserer Gesellschaft. Diese Vorstellung beinhaltet einen vermeintlichen Triumph über die Natur des Menschen, über die Natur selbst und andere Menschen. Das Führertum bis zum Führer-, Guru- und Starkult hat sich daraus entwickelt. Schon die Antike war voll davon. Im Meisterdenken steckt auch die indoeuropäisch-platonische Dualität, der Kampf zwischen dem bösen, verderblichen Fleisch, der finsteren, chaotischen Materie und dem lichtvollen, alles ordnenden Geist. Sinnlichkeit als Ausdruck des Bösen, die Tatsache leugnend, daß ohne Erotik und Sinnlichkeit wir alle schon ausgestorben wären.

Infolgedessen steht bei Paulus das »Streben nach Vollkommenheit« im Vordergrund, als ob irgend jemand wirklich wüßte, was das ist.

Auf diese Weise wurde und wird Druck ausgeübt: auf jene, die »vollkommen« sein oder werden sollen, zum Beispiel Priester, Ordensleute und letztlich jeden »Gläubigen«. Auf diesem Boden gedeihen Selbstzerfleischung, Kasteiung und Kastrierung bis zur Infantilität und totalen Abhängigkeit von jenen »Wissenden«, die behaupten, den Weg dorthin weisen zu können.

Einem traditionellen Indianer würde niemals einfallen, über Meisterschaft zu sprechen oder nachzudenken, denn er *ist* entweder Schamane, Eingeweihter, spiritueller Führer oder ähnliches, aber deshalb nicht besser oder höher gestellt als andere oder gar mit größeren Annehmlichkeiten ausgestattet. Er ist aufgrund dessen lediglich angesehen, und man holt sich gerne Rat und folgt ihm freiwillig – aber eben nur, solange er für seine Gemeinschaft, in der er wirkt, glaubhaft ist.

Gewiß existieren sogar in der sehr egalitären, also gleichberechtigten Hopi-Gesellschaft verschieden hohe Eingeweihte, wirklich Wissende neben den anderen – jedoch nicht als isolierte Elite, sondern lediglich aufgrund ihrer Aufgabe und Lebensweise, die auch mit entsprechender Verantwortung für die Gemeinschaft verbunden ist – handfest, nicht theoretisch. Ein Elitedenken, wie es in der Antike, in den indoeuropäischen Kulturen üblich ist – von den Druiden, Philosophen, Königen und Brahmanen bis zu den Priestern der Kirchen, den Monarchen des Mittelalters und den Regierenden heute –, ist einem traditionellen Indianer völlig unbegreiflich. »Nicht den Meister spielen« heißt die Devise – wie bei Jesus selbst – und in den organischen, schriftlosen Gesellschaften, wie sie Murray Bookchin in seinem Buch *Die Ökologie der Freiheit* behandelt, fehlt das »Ich« völlig, jedoch nicht das Wissen um die Individualität – die Beziehungen sind »zutiefst unautoritär«.

Diese organischen Gesellschaften sind gekennzeichnet durch ein »allumfassendes Lebendigsein«, kennen keinen Zwang, keinen Befehl. Die »Führung« findet als Anleitung ohne Befehlsgewalt statt, der »Führer« ist eigentlich Berater und nur durch sein tatsächliches Beispiel Lehrer. Organische Gesellschaften kennen das fürsorgende Teilen, das die Frauen zu einer feststehenden, gemeinsamen Tätigkeit entwickelt haben, das mutterrechtlich geordnete, kooperative Zusammenleben und das Dorf mit höchstens 3000 Einwohnern – mehr schafft einseitige Abhängigkeiten und infolgedessen Hierarchien. Sie praktizieren eine »intensive Solidarität nach innen und mit der Natur«, bemerkt Bookchin.

Infolgedessen werden Dinge, Menschen und Beziehungen in ihrer Einmaligkeit gesehen und nicht in ihrer Über- oder Unterlegenheit; jedes Teil ist unentbehrlich für die Harmonie des Ganzen. Das kommt bei den Hopi zum Beispiel im Zeremonienzyklus des Jahres zum Ausdruck, wo jeder Clan mit seiner Zeremonie zum Gelingen des Ganzen beiträgt. Ebenso im Aufwachsen der Kinder: Beim Abstillen der Kinder liegt die Betonung auf dem Bewußtsein gegenseitiger Abhängigkeit zwischen dem Kind und der Gruppe. »Es ist ein stufenweiser Prozeß«, schreibt Bookchin nach der Beobachtung der Amerikanerin Dorothy Eggan, »in dessen Verlauf das Kind seine Unabhängigkeit von der Geborgenheit des Körpers und der Fürsorge der Mutter erlangt, indem das Kind sich mit seinen Gefühlen auch anderen Personen zuwendet und die Erfüllung sowohl in sich selbst als auch in seiner Umwelt findet.«

Viele Mütter finden sich da ein, viele liebevolle Beziehungen entstehen, in denen die heranwachsenden Kinder unterwiesen werden. Dabei erwerben die Hopi-Kinder »die allerwichtigste Gabe... der wechselseitigen Abhängigkeit, in der das Individuum und die Gemeinschaft sich gegenseitig unterstützen«. Güte, Solidarität und gegenseitiger Respekt werden auf diese Weise zum Geburtsrecht und seelischen Erbe, erläutert Bookchin.

In diesem Prozeß wird eine »hemmungslos symbiotische Vernunft«

vermittelt, die »das Andere« in einem logischen Zusammenhang von Gegenseitigkeit sieht. Es kann daher nie fremd werden, sondern bleibt aktiver Teil des Ganzen – auch wenn es parasitär, schmarotzend sein mag.

»Einzigartigkeit wird ohne Zweifel geschätzt«, wie Bookchin aufgrund von Beobachtungen der Amerikanerin Dorothy Lee feststellt, »aber sie wird immer im Kontext der Gruppe gesehen. Sich allzu sehr herauszustellen, besonders in Form der Selbstpreisung, ruft eine vorsichtige Distanz hervor und kann die Person der Lächerlichkeit preisgeben.« Folglich müssen Behauptungen über bestimmte Fähigkeiten durch Tatsachen belegt werden – was auch Jesus von Nazareth praktizierte. Zudem halten sich Hopi-Kinder in ihren Leistungen aus Tradition eher zurück, um die Gruppensolidarität nicht zu gefährden.

Das alles schließt ein Meisterdenken und -verhalten völlig aus, ebenso wie das ständig eingeübte kooperative Verhalten beim Pflanzen und der Essenszubereitung. Leistungsideologie, Egoismus und Elitedünkel haben hier keinen Platz. Dafür aber eine unerschütterliche Solidarität mit allem, was besteht. Das mündet folgerichtig in die kooperativ durchgeführten, komplexen Zeremonien, die helfen, das Gleichgewicht zwischen Mensch und Erde, ja der Erde und dem Kosmos selbst, aufrechtzuerhalten, von dem sich ein Hopi völlig abhängig weiß.

Die bedingungslos fürsorgende Mutterliebe, die entwöhnt, ohne abzuschieben, und die wechselseitig erlebte Abhängigkeit prägen sich tief als Erfahrung des gegenseitigen Geborgen- und Getragenseins ein. Es fällt einem Hopi daher nicht schwer, diese innige Beziehung auch auf die Erdmutter, ihre nichtmenschlichen Kinder, den Kosmos und die darin wirkenden Kräfte auszuweiten. Die Einweihung in die Zeremonienzyklen, die noch im Kindesalter stattfindet, dient vor allem diesem Zweck. Zugleich bedeutet sie die konkrete Übernahme von Verantwortung für die Aufrechterhaltung und Entfaltung der natürlichen Kreisläufe. Sie ist verbunden mit entsprechenden Erzählungen über die Entstehung, Herkunft, die Aufgabe und die richtige Lebensweise der Hopi und der Menschheit. Dorothy Lee in ihrem Buch *Freedom and Culture* (zu deutsch: »Freiheit und Kultur«):

> »Das ganze Wesen des Hopi-Individuums wirkt auf das Gleichgewicht der Natur ein, und die Entwicklung der ihm innewohnenden Möglichkeiten und ihre Anwendung beleben das ganze Universum.«

Solche Schilderungen wurden in den USA zu einem der Ausgangspunkte für die *Human-Potential-Bewegung* und haben ihren Einfluß bis heute nicht verloren. Diese Bewegung suchte in den sechziger Jahren die fruchtbare Auseinandersetzung mit dem schöpferischen Potential des Menschen. Sie bildete auch einen wesentlichen Grundstock für die Entstehung der New-Age-Bewegung. Doch in Teilen der aus verschiedenen Richtungen abstammenden New-Age-Szene finden sich auch jene Romantiker, die locker von der Einheit mit dem Universum schwärmen, ohne den Einsatz, die Ernsthaftigkeit und Verantwortung, die hinter der naturverwobenen Lebensweise der Hopi stecken, auch nur annähernd zu erfassen.

Ich will hier nicht urteilen oder jemanden verletzen, sondern lediglich auf die Ernsthaftigkeit und die schwerwiegenden Folgen des Unterfangens hinweisen, das uns als weitgehend naturentwöhnten, »vergeistigten« Zivilisationsgeschädigten bevorsteht. Trotz vermeintlichen Wissens und einer Fülle von Studien über schriftlose, organische Gesellschaften wie die der Ureinwohner Amerikas – insbesondere über die Hopi-Kultur – trennen uns noch Welten von ihrer ab der Schwangerschaft erlernten Fähigkeit, wirklich eins mit der natürlichen Welt zu sein. Da versagen alle wortreichen anthropologischen Beschreibungen. Nur sie selbst und insbesondere ihre hohen Eingeweihten sind in der Lage, uns zu helfen, den spirituellen, ganzheitlichen oder organischen Weg wirklich zu gehen und nicht wieder einer Ideologie aufzusitzen.

Was hilft uns beispielsweise die Erkenntnis der Quantenphysik und sonstiger Wissenschaften, daß es tatsächlich keine Materie gibt (was die Hopi schon immer wußten), sondern nur elektrische Felder, »die durch die gegenseitige, polare Anziehung vereinigt werden: die unsichtbaren Kachina-Kräfte, wie sie die Hopi bezeichnen«? Was hilft uns diese Erkenntnis, wenn wir nicht in der Lage sind, sie als praktisches Wissen in Ehrfurcht zu leben? Wenn wir nicht fähig sind, mit diesen elektrischen Feldern oder Kräften entsprechend umzugehen, um diese schöne Erde und ihre Kinder nicht durch einen Atomschlag oder einen totalen Super-GAU völlig aus dem Gleichgewicht zu werfen? »Warum ist es denn so schwer, zuzugeben, daß aus ihnen neben der destruktiven Energie der H-Bombe auch wohltätige psychische Energie hervorgerufen werden kann?« fragt Frank Waters berechtigterweise in dem Buch *»Pumpkin seed Point. Meine Zeit mit den Hopi«*.

Allein dieses Beispiel zeigt, welches ungeheure Wissen die traditionellen Hopi hüten, welche Verantwortung sie tragen, wenn sie in der Lage sind, mit diesen Kräften tatsächlich umzugehen, wie sie uns glaubwürdig versichern (vgl. dazu die authentischen Aussagen in meinem Buch *Unser Ende ist euer Untergang*).

Abgehobene Euphorie ist hier genausowenig angebracht wie endzeitdräuender Pessimismus. Denn einerseits laden die traditionellen Hopi die Verantwortlichen unserer noch immer von Leid geprägten Welt ein, sich mit ihnen zusammenzusetzen, um mit ihnen fürs erste das wichtigste Wissen zur Wiederherstellung eines beständigen Friedens zu teilen, andererseits verweisen sie uns als Orientierungshilfen auf zwei Dinge: zunächst auf das Öffnen des Scheitels, also das Beleben der ganzheitlichen Intuition und Wahrnehmungsfähigkeit, und dann auf die Wurzeln, die sie beziehungsweise ihre Vorfahren, unter ihnen der ältere *Weiße Bruder*, ausgelegt haben.

Die Hopi wollen sich nicht als »Meister« aufspielen und vermeiden alles, was so verstanden werden könnte. Sie tun genau das, was sie als tatsächlich Eingeweihte, folglich hohe Wissende und große Verantwortung Tragende kennzeichnet: Sie halten sich zurück und unternehmen nichts, um uns von sich abhängig zu machen. Nur dadurch kommen wir in die Lage, selbständig zu werden und den uns entsprechenden, für uns geeigneten Weg *selbst* herauszufinden – sobald wir wollen. Schon Buddha, Lao Tse und Sokrates verstanden ihre Arbeit auf diese Weise und Jesus von Nazareth ebenso. Lediglich einige Übereifrige haben den Nazarener zum allein seligmachenden Erlöser hochstilisiert und damit sein eigentliches Wirken und Wollen bis zur Unkenntlichkeit entstellt.

Die traditionellen Hopi leben ihre lebendige Überlieferung täglich: im gemeinsamen Anbau von Mais, Kürbis, Bohnen, Chili und Obst; in ihren Handwerkskünsten wie Töpfern, Weben und Flechten; in ihren mutterrechtlich organisierten Clangemeinschaften, in ihren Männer- und Frauenbünden, die – wie die Clans – Zeremonien durchführen; in ihren regelmäßigen Fasttagen, Meditationen, Gebeten und Festen; in ihren zahlreichen, miteinander verflochtenen Zeremonien, die sie im Schoß der Erdmutter, der Kiva, als unterirdischem Zeremonial- und Versammlungsraum und auf ausgesuchten Plätzen durchführen.

Fruchtbarkeit und Gedeihen aller Wesen, aller Kreisläufe, aller Ebenen stehen dabei im Mittelpunkt: Es geht darum, jenen entwicklungsfähigen Möglichkeiten, die vorhanden sind, um lebenspendend in Erscheinung zu treten, zu ihrer Verwirklichung oder Gestaltwerdung zu verhelfen. *Kachinas* und Hopi helfen einander in diesem Prozeß gegenseitig, und die Hopi erfüllen so ihren Auftrag des wahren Menschseins: Hüter und Förderer des Lebens und all dessen zu sein, was sich zum Wohl alles Seienden reichlich fruchtbringend entfalten will.

Diese Zeremonien und Einweihungen stellen vermutlich noch immer den Ursprung all jener Traditionen dar, die wir unter Begriffen kennen wie *Mantra, Kundalini-Yoga* (rechtshändiges Tantra), *Runenmagie, Kabbala, Öffnen des Scheitels* und aller anderen Chakras, Astralreisen, Heilen durch *Weiße Magie, Geomantie, Akupressur und Akupunktur*, Heiliger Tanz und dergleichen mehr. Es lassen sich durchaus auch verschiedene Parallelen zwischen bedeutenden Elementen der Hopi-Zeremonien (insbesondere der *Wuwuchim*-Zeremonie des »Neuen Feuers«, der Keimkraft) und den Göttin-Heros-Kulten auf Kreta, in Sumer, ja sogar in Ägypten und in Eleusis mitsamt ihren Einweihungen herstellen.

Wir finden bei ihnen das *Zweihorn* als Symbol des hohen Wissenden, dessen drittes Auge und Scheitechakra geöffnet sind; das *Einhorn* als Symbol des geöffneten dritten Auges; das *Mongko* als Zeichen der höchsten spirituellen Verfügungsgewalt – vergleichbar dem Henkelkreuz (oder Pflanzstock) der ägyptischen Pharaonen und dem Bischofs- oder Hirtenstab, was auf die schon bei Moses beschriebene Funktion und Macht des Hirten als schützendem, hegendem Wissenden hinweist und von den Monarchen als Zepter übernommen worden ist.

Wir finden das *Tiponi* als Zeichen der rituellen Macht, der Gegenwart der rituell kontaktierten Kraft oder Energie in den Darstellungen beziehungsweise Symbolen der jeweiligen Gottheit oder des jeweiligen Heiligen wieder. Auch die in den Göttin-Heros-Kulten verwendete Axt fehlt bei den Hopi nicht als Symbol, ebenso der mit Blumen verzierte Jüngling als Darstellung der Keimkraft (in Kreta der Lilienprinz) – und die Flötenspieler des Flötenbundes, die entfernt an die Flötenspieler bei den Dionysos- und Eleusis/Demeterkulten und an die Musiker in den Kirchen erinnern.

Auch ein Dreierrhythmus ist vorhanden – allerdings bei den Hopi nicht auf den Mond bezogen, sondern auf das fahlblaue Halbdunkel, die gelbliche Dämmerung und das Rot der aufgehenden Sonne, wie Frank Waters im *Buch der Hopi* berichtet. Täglich würden so die Schöpfungsphasen des Menschen offenbar: die Umrisse seiner noch unbelebten Gestalt, seine durch den Atem belebte Gestalt und schließlich sein bewußtes Auftreten in der leuchtenden Fülle der Schöpfung.

Bei der Neufeuerzeremonie wird in der Dämmerung, vor Sonnenaufgang, das rituelle Feuer in der Zweihornkiva entzündet, das, so Frank Waters, »die kosmische Kraft der Sonne darstellt, die von ihr zur Erde strömt«. Später, wenn die Sonne aufgeht, stellen weitere Rituale das Keimen der Saat, die in Erscheinung tretende Pflanzenwelt und die Reife der Früchte zur Erntezeit dar. Darauf werden Fackeln mit dem Neufeuer zu den anderen drei Kivas getragen, um auch ihre Feuer zu entzünden. Dies symbolisiert das Erwecken der Fruchtbarkeit in Mitwelt und Mensch, das Wecken der Kundalini und damit das Erwachen des wahren, umfassenden Bewußtseins, das um seine Verantwortlichkeit weiß, die geistige Wiedergeburt.

Diese, den Jahreszyklus eröffnende Zeremonie findet im November statt, beginnend mit acht Tagen Vorbereitung und Reinigung ab Neumond. Danach folgen acht Tage geheimer Rituale in den Kivas, die am letzten Tag durch einen öffentlichen Tanz auf dem Dorfplatz beendet werden. In der Nacht zuvor hat die streng abgeschirmte Einweihung in die Verantwortung für diese vierte Welt stattgefunden, wie die Hopi sagen: das Öffnen des dritten Auges. Von zentraler Bedeutung ist dabei unter anderem, »daß die Welt in den Zustand ursprünglicher Reinheit und Harmonie zurückgeführt werden muß«. Das ist die Grundlage einer guten Ernte, eines glücklichen Lebens. Der Ablauf der Zeremonie wird vom Stand der Gestirne bestimmt, ihr Gelingen wird, wie die Hopi wissen, abends durch einen Regenbogen, auf beiden Seiten der Sonne stehend, signalisiert.

Meines Erachtens lassen sorgfältige Vergleiche mit dem Göttin-Heros-Kult, der Kabbala, den Runen, den großen Arkanen des Tarot und der Zahlen- und Bildersymbolik des griechischen Alphabets durchaus Rückschlüsse zu, die einen Ursprung der aus diesen Kulturkreisen bekannten Zeremonien und Einweihungsritualen bis in die von den Hopi beschriebenen Kulturen ihrer Vorfahren auf Mu (Lemurien, Kasskara) und ihrem Nachbarkontinent Atlantis nahelegen. Faszinierend ist dabei aber vor allem die Tatsache, daß diese »ausgelegten Wurzeln« heute bei den traditionellen Hopi klar erkennbar, lebendig und nicht durch Hierarchien entstellt oder degeneriert sind.

Überall dort, wo Menschen begonnen haben, über Mensch und Mitwelt zu herrschen, wo Hierarchien entstanden sind, ist es zu einer entsprechenden Degeneration dieser lebenserhaltenden Zeremonien gekommen, wurden sie allmählich für eigensüchtige Ziele mißbraucht. Gleichgültig, ob die betreffenden Hierarchien männlich oder weiblich dominiert waren.

Schon die uns als matriarchal bekannten oder als solche eingeschätzten Kulturen weisen städtischen Charakter, regen Handel und entsprechend hierarchische Strukturen auf. Wobei die Tatsache der Arbeitsteilung zwischen Stadt und Land, der Tierzucht und der künstlichen Bewässerung bereits eine starke Entfremdung von der Natur signalisieren, worauf auch die Irokesen in ihrer *Botschaft an die westliche Welt* hinweisen. Durch die aus dem Nordosten eindringenden indoeuropäischen Reiter- und Streitwagenvölker mit ihrer Krieger- und Priesterkaste als Oberschicht wurde allerdings nachweislich der Schwerpunkt der Herrschaft auf den Mann und damit auf ständige Kriegführung verlagert.

Doch selbst unter diesen Völkern gibt es noch genügend Hinweise auf die Hopi-Mythen, was sich im Bereich der Symbole besonders auffällig zeigt. Ob es sich dabei um das *Schildsymbol* der Hopi handelt, welches als Kreuz im Kreis den Sonnenlauf und heilige Plätze beziehungsweise Chakren darstellt; das *Bruderschaftssymbol* (als einander ergänzende, schützende Mächte, Kräfte oder Energien) oder um das *Symbol des vereinigenden Aufstiegs* (alle drei auch im Hebräischen und bei den Runen zu finden), oder um das *Labyrinth* (beispielsweise von Kreta), das sich auch im altägyptischen Osireion von Menes befand; es ist heute noch in der Kathedrale von Chartres zu erkennen, ebenso in englischen Rasenlabyrinthen – und bei den Hopi südlich ihrer Dörfer Oraibi und Shipaulovi.

Nach Nigel Pennick (*Die alte Wissenschaft der Geomantie*) werden in Labyrinthen

> »die Muster der sich in der darunterliegenden Erde befindlichen Kräfte in stoffliche Gestalt übertragen, in eine zweidimensionale Darstellung der Spiralen der Wasseradern unten und der Tourbillons, Energiewirbel, oben«.

Die letztgenannten Energiewirbel sind gleichsam Torbögen, Brückenübergänge oder Tore von der physischen zur astralen Welt. Sie werden durch entsprechende Tänze beziehungsweise Zeremonien aktiviert. Folglich handelt es sich beim Labyrinth um die Markierung eines Ortes mit fließenden Grenzen zwischen verschiedenen Seinszuständen, was zu einer geschärften Wahrnehmungsfähigkeit führt. Genau das findet sich in den Zeremonien und heiligen Plätzen der Hopi wieder, sogar der vorhin zitierte, wenn auch nicht sichtbare Torbogen, der am fünfzehnten Tag der *Wuwuchim*zeremonie als Durchlaß der Geistwesen auf der dritten Mesa bewacht wird.

Waters schreibt über das Hopi-Labyrinth, das bei ihnen als *Mutter-Erde-* beziehungsweise als *Mutter-Kind-Symbol* bekannt ist:

> »Der quadratische Typ stellt die geistige Wiedergeburt von einer Welt zur nachfolgenden dar...«, im kreisförmigen Typ symbolisieren die Kreuzmitte »Vater Sonne, den Spender des Lebens«, die Linien und Wege den allumfassenden Plan des Schöpfers, »dem der Mensch auf seinem Lebensweg folgen muß.«

Wobei darin die Wiedergeburt und das Land der Hopi ebenso versinnbildlicht sind.

Die bauliche Parallele dazu bildet die Kiva, der unterirdische Versammlungs- und Zeremonienraum der Hopi. Wenn sie zum Abschluß der Neufeuerzeremonie aus ihr heraufsteigen, symbolisiert das den Aufstieg in unsere vierte Welt, die geistige Wiedergeburt.

Gerade diese Zeremonie erinnert sehr an die hermetisch abgeschlossenen ägyptischen Einweihungs- und Wiedergeburtsrituale des Thot (Hermes oder Merkur, als Teutates bei den Galliern und als St. Michael bei den Christen bekannt), und an jene in der großen Pyramide zu Gizeh. Platon bezeichnete die Pyramide als »Element und Keim des Feuers«, und John Michell verweist in seinem hochinteressanten Buch *Die Geomantie von Atlantis* auf Jesu Gleichnis vom Senfkorn, das als Symbol der Vitalität gilt (Mk 4,31–32). In diesem Jesuswort kommt – nach der *Gematria*, dem Zahlenwert der griechischen Buchstaben erschlossen – die »Zahl der Fusion« zum Ausdruck, welche die fruchtbare Vereinigung zwischen den zwei gegensätzlichen Prinzipien der Natur repräsentiert. Als 1746 ergibt sie sich aus der »Zahl des Tieres«, 666, welche »die positive Aufladung mit der Energie der Sonne« symbolisiert, die im Zusammenhang mit einem Herrscher steht, während die Differenz zwischen beiden, die Zahl 1080, das ergänzende weibliche Prinzip der Natur darstellt, die Intuition. Als Kraft des Mondes wirkt sie auf das Wasser und ist jene aufnehmende Kraft, »die dem solaren Prinzip des rationalen Intellekts gegenübersteht«. 1080 bedeutet daher nach der griechischen Zahlenlehre *Der Heilige Geist, Der Geist der Erde, Der Quell der Weisheit, der Abgrund.* 1080 steht für weiblich oder *Yin* und 666 für männlich oder *Yang*.

1746 steht demnach nicht nur für die Fusion dieser Kräfte, sondern auch für die sich daraus ergebende Kraft, den »Geist der Welt«, wie Michell schreibt. Dieses Zahlenverhältnis kommt nach John Michell im jeweiligen Umfang zweier einander in Spitze und Basismitte der großen Pyramide von Gizeh überschneidender gleich großer Kreise zum Ausdruck. Sie »illustrieren damit (...) ihre magnetische Qualität«.

Eine ähnliche Verschmelzung von Himmel und Erde, von kosmischer und irdischer Energie, die durch das Zusammenwirken der Steinmasse der Pyramide (Erde) und einer Gold-Kristallspitze (Himmel) bewirkt worden sein und so zu bestimmten Zeiten diese Energie als Lebensenergie verfügbar gemacht haben soll, fand im Allerheiligsten des Tempels in Jerusalem statt. Dort stand die Bundeslade mit den Steintafeln des Moses, die allerdings nach der endgültigen Rückkehr aus der babylonischen Gefangenschaft im sechsten Jahrhundert vor der Zeit Jesu nicht mehr

Schildsymbol der Hopi
(nach Thomas Banyacya Sr.)

Radkreuz

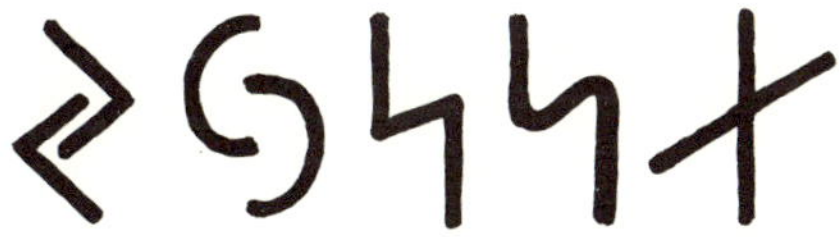

Symbole des vereinigenden Aufstiegs
(nach Edred Thorsson Rune Nr. 12:
Symbol der Fruchtbarkeit, der Ernte, der Erleuchtung, des Adlers)

Bruderschaftssymbol der Hopi
(nach Weißer Bär)

Labyrinth-Darstellungen der Hopi
(Mutter-Erde-Symbole) nach Weißer Bär

erwähnt wird. Beim Verschmelzungsvorgang soll es zu starken Licht- und Energiewirkungen gekommen sein, »die jeden, (...) der nicht darauf vorbereitet gewesen wäre, hätten töten können, entstanden aus einer Energiefusion zur Erzeugung des Lebensgeistes, durch den das ganze Land wieder fruchtbar gemacht wurde. Sein Name: ›Die Herrlichkeit des Gottes Israel‹« (Zahlenwert: 1746).

Salomon, der durch seine zahlreichen, weithergereisten Frauen Zugang zu vielen Geheimnissen hatte, nützte noch diese Technologie, ebenso jene Wissenden der unterirdischen Mysterien der Erdgöttin im Demeterkult auf Kreta und in Eleusis in Gewölben unter dem Tempel, der häufig, wie bei den Kelten, noch aus Holz errichtet war. Vom Tempeldach führten, wie Michell schreibt, Metallstangen hinunter, durch »die positive Ladung der atmosphärischen Elektrizität in die Wasser- und Erzadern der Erdkruste eingeleitet« wurde. Die Steuerung dieses so entstehenden Energieflusses und die von Zeit zu Zeit notwendige Reinigung der Kanäle wurde – wie mit Akupunkturnadeln beim Menschen – durch Steinsäulen und Holzpfähle vorgenommen.

Die keltischen Druiden, die indischen Brahmanen, Perser-, Meder-, Assyrer- und Osirispriester in Ägypten sollen damit ebenso vertraut gewesen sein. Pythagoras zum Beispiel wurde von Wissenden dieser Kulturen ebenfalls eingeweiht, bevor er seinen asketischen, weltentsagenden Kreis gleichsam als Orden oder Kloster in Unteritalien gründete.

Die traditionellen Hopi können heute noch mit diesen Energien umgehen. Sie suchen ihren *Weißen Bruder* – jene Wissenden, die mit demselben hohen Bewußtsein von Verantwortung wie sie die Verschmelzung der irdischen und kosmischen Energien handhaben können. Zum Wohl aller Wesen, nicht zu ihrem Schaden, wie das bisher mit dem Mißbrauch der Bindungskräfte des Atoms geschieht und beim Mißbrauch der Fusion durch die Wasserstoffbombe geschehen ist.

Offensichtlich haben Moses, Salomon und Jesus von Nazareth um dieses Geheimnis gewußt und mit dem wahren *Weißen Bruder* der Hopi viel gemeinsam – vielleicht gilt das auch für keltische Druiden. Aber wo sind deren Nachfahren heute? Wo ist jenes Volk oder jene Gruppe von Menschen, die noch dieses hohe Wissen gemeinsam hütet und in lebendiger Verantwortung umsetzt für die irdisch-kosmische Gemeinschaft? Die es so für alle Wesen fruchtbar macht (nicht nur für eine Minderheit)?

Welches Volk kennt noch (oder wieder) die Resonanzgesetze universellen Wachstums und kann auf natürliche Weise die ständig vorhandenen Energien von Himmel und Erde zum Wohl aller Wesen kontrollieren?

Welches Volk ist in der Lage – wie die Hopi –, die Akupunkturpunkte der Erde, ihre heiligen Plätze als Schaltstellen dieser Energien aufzuspüren und so zu behandeln, daß die Qualitäten der Erde – ihr Wohlbefinden und das ihrer Kinder – noch gesteigert werden?

Dieses Volk muß »nahe den natürlichen Quellen des Lebens leben«, wie es John Michell formuliert, wodurch es in »einen geschärften Wahrnehmungszustand« gerät, der »auf eine höhere Dimension des Sehens hinausläuft«

Es ist der Zustand, den die Hopi meinen, wenn sie vom *Offenhalten des Scheitels* sprechen, der Zustand höchster ganzheitlicher Intuition, höchster Erkenntniskraft.

Wenn wir beginnen, mit dem Land, auf dem wir leben, eine soziale Beziehung einzugehen, es zu behandeln wie unseren eigenen Körper – dann werden wir wahrnehmen, wie Mutter Erde und ihre Kinder zu uns sprechen und uns deutlich genug jene Geheimnisse enthüllen, die seit der Antike unter dem Namen *Hermes Trismegistos*, also »Hermes, der dreifach Größte« und seit der Neuzeit nicht nur bei Indianern auch als *Quetzalcoatl* – die gefiederte oder fliegende Schlange – als Hüter der Lebensenergien und somit heiligen Wissens und heiliger Plätze durch die Gehirne der Suchenden spuken. Vielleicht wäre es deshalb auch sinnvoll, bei den hohen Eingeweihten der Hopi selbst behutsam und, ohne den Meister zu spielen, anzuklopfen...

Kapitel 6

Leben ist heilig und unteilbar

Du sollst nicht töten

Am 16. Juli 1945 war es soweit. Die erste Plutoniumbombe der jüngsten Menschheitsgeschichte kam in der Wüste von Neu Mexiko, in Alamogordo, nahe der Mescalero-Apachen-Indianerreservation, versuchsweise zur Explosion. Ihr denkwürdiges Codewort: *Trinity,* Dreifaltigkeit. Ihr Test und ihr nachfolgender Einsatz am 9. August 1945 über Nagasaki war nur möglich mit Hilfe des russischen Chemikers und Sprengstoffexperten George Bogdan Kistiakowsky, einem Professorensohn, der aus Kiew in der Ukraine stammte. Er löste das knifflige Implosionsproblem – die nach innen gerichtete Sprengung, welche die beiden Plutoniumhälften zu einer überkritischen Masse vereinte.

Im Raum Kiew, in Tschernobyl, war im 18. Jahrhundert auch jene mystische Richtung des Judentums zu Hause, welche die Offenbarung Gottes in der Natur betont: die Chassidim. Es ist sicher ein bemerkenswertes Zusammentreffen, daß dort rund 41 Jahre später das erste nicht endende Uran-Plutonium-Feuer eines von Menschen gebauten Atomreaktors ausbricht.

Die ebenfalls unter Robert Oppenheimer in Los Alamos (Neu Mexiko) entwickelte Uranbombe, welche zur Vereinigung zweier Uranmassen U 235 zu einer überkritischen lediglich einer einfachen Sprengvorrichtung bedurfte, wurde wegen der hohen Wahrscheinlichkeit ihres Funktionierens auch gleich »live« – ohne Vorwarnung Japans – getestet: am 6. August 1945 über Hiroshima. Das Uranerz kam aus Belgisch-Kongo (heute Zaire) in Afrika; die Finanzierung, Ausführung und Überwachung lag bei den USA unter ihrem damaligen Präsidenten Roosevelt, getrieben und unterstützt vom britischen Premierminister Winston Churchill, der sich für Großbritannien gemeinsam mit den USA die Weltherrschaft sichern wollte.

Die entscheidenden technisch-wissenschaftlichen Voraussetzungen zum Bau der Uranbombe kamen seit Dezember 1938 vom europäischen Festland: Von dem Wiener Otto Frisch, der mit seiner Tante Luise Meitner nach dem erfolgreichen Hahnschen Experiment (in Berlin) als erster

»die Kernspaltung erkannt, berechnet und benannt hat«, wie *Der Spiegel* Nr. 33/1985 berichtet. Luise Meitner hatte vorher jahrzehntelang in Berlin mit Otto Hahn zusammengearbeitet und wie ihr Neffe Frisch als Jüdin Deutschland verlassen, kurz bevor Otto Hahn am 17. Dezember 1938 die Uranspaltung gelang. Während sie in Schweden blieb, arbeitete Otto Frisch in Kopenhagen mit Nils Bohr zusammen und berichtete ihm von seiner Kernspaltungstheorie aufgrund des Hahnschen Experiments. Bohr brachte die sensationelle Nachricht Anfang Januar 1939 nach Washington auf einen Physikerkongreß. Im selben Jahr entdeckte der Franzose Frédéric Joliot die Bedeutung der Neutronenvermehrung als Voraussetzung der Kettenreaktion. Er sollte unter De Gaulle nach 1945 Frankreich zur Atommacht aufbauen.

Gemeinsam mit dem deutschen Physiker Rudolf Peierls, bei dem der spätere Mitarbeiter und Spion Klaus Fuchs in Kiel studiert hatte, erstellte Frisch, inzwischen vor den Nazis nach England geflüchtet, »den ersten überzeugenden Gesamtentwurf der Struktur und Funktionsweise einer Atombombe. Sie schlugen zudem eine erfolgversprechende Methode vor, wie spaltbares Material in genügender Menge zu gewinnen sei.« Damit überzeugten sie im Juli 1941 die Verantwortlichen in Großbritannien, daß die Bombe noch während des bereits begonnenen zweiten Weltkrieges fertiggestellt und eingesetzt werden kann.

Der – wie die meisten seiner jüdischen Kollegen – schon 1933 emigrierte Ulmer Physiker Albert Einstein schlug in einem vom 2. August 1939 datierten Brief an Präsident Roosevelt den Vereinigten Staaten den Bau der Atombombe vor: nachdem ihm die vor Hitler ebenfalls geflüchteten ungarischen Kernphysiker Leo Szilard, Eugene Wigner und Edward Teller – der spätere Konstrukteur der ersten Kernfusions- oder Wasserstoffbombe und heutige *SDI*-Verfechter – über die bis dorthin zwar gediehene, aber ab 1942 nicht mehr vorangetriebene Arbeit deutscher Wissenschaftler berichtet hatten.

Aber erst im Sommer 1942 war es in den USA soweit, als das Militär die Organisation des »Manhattan-Projects« übernahm und die mitarbeitenden Wissenschaftler zu seinen und der daran verdienenden Multis willkommenen Werkzeugen machte. Trotz ihrer Proteste – denn sie wollten durch den Bau der Bombe Hitler bezwingen, aber der war dafür schon längst kein Thema mehr... Entscheidend für die Freigabe der öffentlichen Mittel war der Angriff der Japaner auf die USA in Pearl Harbor am 7. Dezember 1941 im Pazifik.

Kurz davor, schon im Sommer desselben Jahres, entdeckte der Chefphysiker der Universität Berkeley bei San Francisco in Kalifornien,

Ernest Lawrence, der zur Atomzertrümmerung das Zyklotron entwikkelt und dafür den Nobelpreis erhalten hatte, das Element Plutonium. Jenes Plutonium, das, weil hochgiftig, nach dem griechischen Gott der Unterwelt (!) benannt wurde und sich wesentlich leichter aus Uran 238 abtrennen läßt als Uran 235. Mit dieser Entdeckung konnte er bereits eine erste Freigabe von Geldern bewirken.

Der Italiener Enrico Fermi entwickelte dafür in Chicago den (wie in Tschernobyl graphitmoderierten) ersten Atomreaktor der Welt, der zum Urahnen der heutigen AKWs wurde. Drei weitere Reaktoren zur Erbrütung des Plutoniums für die Bombe folgten. Ort: Das Hanford-Sperrgebiet am Columbiafluß im Staat Washington, nahe der Yakima-Indianerreservation.

Ein Riesenheer von 500000 Mitarbeitern begann in zum Teil militärisch gesperrten Gebieten der USA, endgültig das in die Tat umzusetzen, was bei Platon, Aristoteles und Paulus über Luther und Calvin seinen nachvollziehbaren, missionarischen Anfang genommen hatte: die völlige Loslösung der menschlichen Erkenntniskraft von ihren natürlichen Bindungen, vom Leben, von der Natur selbst. Behilflich waren dabei die größten, selbstverständlich bestbezahlten Multis, wie *Du Pont, Union Carbide, Eastman (Kodak), Westinghouse, General Electric, Standard Oil* (*Exxon, Esso,* Rockefeller) und *Kellog*. Neben der chemischen Plutoniumfabrik in Hanford, vergleichbar *ALKEM* in Hanau, errichtete *Du Pont* in Oak Ridge am Tennesseefluß die größte Gasdiffusionsanlage der Welt zur Gewinnung von Uran 235.

Wissenschaftlicher Kopf der Elite, die an der Entwicklung der Atombombe selbst beinahe wie in einem KZ arbeitete: Robert Oppenheimer von der Universität Berkeley, ein Mann mit messerscharfem Verstand, der die *Bhagavadgita* in Sanskrit las und maßlos ehrgeizig war. Sein Doktorat hatte er im deutschen Göttingen erworben. Zitat: »Wenn etwas technisch verlockend ist, dann macht man es.« Seine Idee war es, die Elite in einem isolierten Camp bis zur Fertigstellung der Bombe zu konzentrieren. Was dann auch ab 1943 geschah. Ort des Geschehens: Los Alamos am Ostrand des Coloradohochplateaus, nahe bei Santa Fé in Neu Mexiko. England war vor allem durch die Bereitstellung von Wissenschaftlern beteiligt.

Dabei muß der Teufel diese Männer geritten haben – am meisten Churchill und Roosevelt selbst, denn es wurde über Nacht unter militärischer Kontrolle und Disziplin mit einer völlig neuen, unerprobten Atomindustrie etwas aus dem Boden gestampft, das das Gesicht der Erde und ihrer Kinder dramatisch verändern mußte – weil diese Industrie auf absoluter, weltweiter Machtausübung mit der Drohung völliger Zerstörung begründet ist. Dies geschah zur gleichen Zeit, als das einem Drudenfuß oder Pentagramm nachempfundene *Pentagon* als Kriegsministerium in Washington unter derselben militärischen Leitung neu gebaut wurde.

Doch einer machte diesen wahnwitzigen Plänen zumindest teilweise einen Strich durch die Rechnung: Klaus Fuchs, Pastorensohn aus Rüsselsheim am Main (Bundesrepublik Deutschland). Er wollte nicht, daß England und Amerika »Rußland und die Deutschen sich zu Tode kämpfen« lassen. Seit 1943 gab er aus England seine Informationen an die Sowjets weiter. 1944 an die Stelle Edward Tellers berufen, der nur noch an seiner Kernfusionsbombe arbeiten wollte, tat er dies von Los Alamos aus. Zuletzt am 19. September 1945 von Santa Fe, etwa sechs Autostunden von den Hopi-Mesas entfernt.

Schon 1949 hatten die Sowjets ihre eigene Atombombe, im November 1952 konnte Edward Teller der Welt die Zündung der weitaus mächtigeren Fusionsbombe vorstellen, wo Wasserstoffkerne wie in der Sonne unkontrolliert zu Heliumkernen verschmolzen werden. Doch die Völker der vom zweiten Weltkrieg noch schwer gezeichneten Staaten waren noch viel zu sehr mit dem Wiederaufbau beschäftigt und begriffen nicht wirklich, welche Urgewalt da entfesselt worden war. Die größte Bombe dieses Typs, »Mark 17« genannt, hat inzwischen eine Sprengkraft von zehn Millionnen Tonnen, 769mal mehr als die Bombe von Hiroshima. Der Feuerball ihrer künstlichen Sonne hätte einen Durchmesser von 5,2 Kilometer (Hiroshima: 100 Meter), der Atompilz eine Ausdehnung von 160 Kilometer Breite und vierzehn Kilometer Höhe...

Niemand kann wirklich vorhersagen, welche Folgen dieses vom Menschen entfachte Sonnenfeuer hätte, dessen Entfesselung seit der Entdekkung der Radioaktivität durch Marie und Pierre Curie im Jahre 1903 als Wunschvorstellung von der »unerschöpflichen Energiequelle« durch die Gehirne der Wissenschaftler spukt und seit Roosevelt und Churchill auch die Politiker magisch anzieht. Man war euphorisch dem Geheimnis der Materie – ihren kleinsten Bausteinen – auf der Spur: dem Atom und jener Bindungskraft, die es zusammenhält – ohne die die Welt nicht bestehen kann.

Ausgehend vom schwersten Element, dem Uran 238, galt es, diese Kernkraft zu »entfesseln«. Aber schon 1935 wies der namhafte französische Kernphysiker Frédéric Joliot-Curie anläßlich der Verleihung des Nobelpreises an ihn auf den düsteren Schatten hin, der über dieser Forschung liegt:

»Doch wenn die Kettenreaktion unglücklicherweise auf alle Elemente unseres Planeten übergreifen sollte, kann man die Auslösung einer solchen Katastrophe nur mit Beklemmung betrachten.«

Gemeint ist, daß eine vom Menschen ausgelöste Kettenreaktion sich ins Unendliche fortsetzen und die »Erde in einen glühenden Stern verwandeln könnte«, wie Adolf Hitler am 23. Juni 1942 seinem Rüstungsminister Albert Speer gegenüber betonte. Was für ihn – neben der Ablehnung der »jüdischen Physik«, wie er sich ausdrückte, der Hauptgrund war, die Bombe nicht zu bauen und lediglich die Reaktorforschung auf Sparflamme durch Werner Heisenberg und Carl Friedrich von Weizsäcker betreiben zu lassen (vgl. *Stern* Nr. 35/1985). Heisenberg hatte damals schon die absolute Sicherheit der Kontrolle einer Kettenreaktion ausgeschlossen (es kennt auch heute noch niemand die kritische Masse, die zur Auflösung der Erde führt), nur Enrico Fermi machte noch 1945 in selbstsicherer Überheblichkeit Witze, als in Alomogordo die Testzündung der ersten Atombombe der jüngeren Menschheitsgeschichte bevorstand.

Mit ihrem blasphemischen Decknamen *Trinity* (*Dreifaltigkeit* oder *Dreieinigkeit*) wurde der genau umgekehrte Vorgang benannt, der sonst das Leben kennzeichnet: die endgültige Kernspaltung statt der symbiotischen Zellteilung in Mensch, Tier und Pflanze; die zerstörende Kraft des Auseinanderstiebens der neutralen und elektrisch geladenen Teilchen als Bewegungs- und Strahlungsenergie anstelle der durch die Bindungskräfte im Gleichgewicht zusammengehaltenen, also lebenspendenden Energien. Dieses sich als Drei entfaltende Prinzip der Schöpfung, das wir auch Wahrheit, Weisheit und *Liebe als Bindekraft* nennen können, wurde wissentlich in seinen uns todbringenden Aspekt verkehrt. In den Aspekt, der nur dem *Großen Geheimnis*, der welten- und lebenschaffenden Macht allein zusteht.

Womit wir wieder bei jenen seltsamen Eingeweihten der Antike landen, die wie Platon, Aristoteles, Paulus und andere für die Entfesselung der »Seele« vom Körper, von der Materie eintraten – bis zu den Anthroposophen und Theosophen.

Es ist bemerkenswert, daß Adolf Hitler zwar von ebendieser rassistisch-antisemitischen Theosophie beeinflußt war, aber doch soviel gesunden Menschenverstand (oder was auch immer) besaß, die Atombombe nicht entwickeln zu lassen. Möglicherweise wird dieser Umstand die deutschsprechenden Völker Europas vor dem Schlimmsten bewahren – wir wissen es noch nicht.

Jedenfalls waren die noch in Deutschland unter Hitler verbliebenen

Wissenschaftler, insbesondere Werner Heisenberg und Carl Friedrich von Weizsäcker (der die »Plutonium-Idee« hatte) auch froh, daß sie aus technischen Gründen nicht in der Lage waren, das für Hitler tun zu müssen. Darüber hinaus befand Carl Friedrich von Weizsäcker in einem Interview mit dem *Stern* (Nr. 35/1985):

> »Nein, es gab nicht die leidenschaftliche Überzeugung wie in Amerika, daß es gemacht werden muß. Dort war es die Überzeugung von Leuten, die sagten, wenn Hitler die Bombe vor uns hat, ist die Zivilisation auf der Welt zu Ende. In Deutschland war es anders (...) Aber die Frage war doch: Sollen wir etwas, was es noch nie gegeben hat und was die ganze Weltgeschichte verändern wird – sollen wir das jetzt machen, ist das etwas, was man unbedingt wollen muß?«

»Die Bombe« ist zweifellos aus Angst vor Hitler – aber auch aus Haß von jener Elite entwickelt worden, die zuvor von ihm aus dem Deutschen Reich und aus Europa vertrieben worden war. Insofern hat dies Hitler ausgelöst. Zu spät mußten aber diese Menschen erkennen, daß sie die falschen Mittel gewählt hatten, um der Schreckensherrschaft Hitlers zu begegnen – daß sie zu Gefangenen ihres Vergeltungsstrebens und damit zu Gefangenen einer anderen, ebenfalls nach Weltherrschaft strebenden Macht geworden waren, die längst wußte, daß die Tage Hitlers und Japans auch ohne Atombombe gezählt waren.

Das Ganze ist zu einem traumatischen Gleichnis für die Menschheit geworden und zeigt auf der ein-leuchtendsten Ebene – eine ein-leuchtendere als das atomare Feuer gibt es nicht mehr –, daß Friede nur durch friedfertige Mittel erreicht werden kann. Alles andere entspricht nicht der Wahrheit, ist Selbstbetrug. Die Verantwortlichen der USA und ihre Helfer haben durch das grauenhafte Blutritual an den Menschen von Hiroshima und Nagasaki jene die Schöpfungskraft lästernde Bezeichnung *Trinity* (Dreifaltigkeit) mit ihrer umgekehrten Bedeutung materialisiert: Sie sind damit auf die Stufe jener Menschen zurückgefallen, die seinerzeit in den entarteten Göttin-Heros-Kulten Menschenopfer dargebracht haben. Im irrigen Glauben, damit Fruchtbarkeit und die Fortsetzung des eigenen Lebens erwirken zu können.

Mit den Abwürfen der Bombe fand die Bluthochzeit statt, nach der nur noch Absterben möglich ist. Ihm folgt der mühselige Prozeß der Erneuerung und als Höhepunkt die Wiedergeburt. Die traditionellen Hopi nennen diesen Prozeß, in dem wir uns bereits befinden, *Reinigung*,

Läuterung. Es hängt von uns ab, ob diese Läuterung noch einen dramatischen Höhepunkt dadurch erreicht, daß unsere Erde mit ihren Kindern zu einem glühenden Stern verbrennt – weil wir so uneinsichtig waren, die Kraft der Schöpfungsmacht zu mißbrauchen – oder ob wir dank der absoluten Erkenntnis von Gut und Böse, die wir mit dieser Macht erworben haben, »nicht den Meister spielen«, und unsere enorm gewachsene Erkenntniskraft bescheiden zum Wohl des sich ständig selbst erneuernden Lebens anwenden.

Alles, was geschehen ist, soll uns nicht daran hindern, sondern anspornen, es jetzt als Wissende besser zu machen und unsere Kinder entsprechend zu lehren. Wir haben die großartige Chance, aus diesem – nennen wir es ruhig *Sündenfall* – der sich in vielfältiger Weise bei jedem einzelnen wiederholt, zu lernen.

Wer ist ohne Fehler, hat je das Recht, zu verurteilen? Keiner, wie es der große Nazarener in Joh. 8 unmißverständlich ausdrückt. Er spricht darin auch die einzig wahre Möglichkeit der Wiedergutmachung nach ehrlichem Eingeständnis aus: das Nicht-mehr-wieder-Tun als Reaktion auf das Nicht-verurteilt-Werden. So entsteht keine Schuldenlast und keine Forderung danach.

Nur so können wir das durch uns selbst in Gang gesetzte Rad von Tod, Läuterung und Wiedergeburt in ein Rad der ständigen Höherentwicklung aller lebenspendenden Kräfte verwandeln. Das ist die wahre Bruderschaft, wie sie die traditionellen Hopi wollen – die möglich ist, trotz der scheinbaren Aussichtslosigkeit.

> »Die Hopi wissen jedoch, daß noch Hoffnung für den Frieden der Welt besteht, wenn unsere friedfertige, traditionelle Lebensart aufrechterhalten werden kann. Hopi bedeutet ›die Friedfertigen‹, und der traditionelle Weg, unser Lebensplan, der uns vom *Großen Geist* gegeben wurde, ist ein Modell für alle Menschen (...) Die Kernaussagen dieser Anweisungen sind Erbarmen mit allem Leben und Liebe für die gesamte Schöpfung. Wir müssen begreifen, daß wir nicht in einer Welt toter Materie leben, sondern in einem Universum lebendigen Geistes (*Spirit*). Laßt uns unsere Augen für die Heiligkeit von Mutter Erde öffnen, oder unsere Augen werden für uns geöffnet werden.«

Diese deutlichen Worte stammen aus einem Brief an die 37. Generalversammlung der *UNO* in New York und wurden 1982 von David Monongye im Namen der traditionellen Hopi von Hotevilla verfaßt (vollständig in meinem Buch *Unser Ende ist euer Untergang*). Sie haben nichts von ihrer Aktualität eingebüßt.

Doch zurück zum materialisierten Gegenteil dieser Auffassung, der Bombe.

Feuerengel, Schlangenkraft, Hopi-Prophezeiung und Polsprung

Während der Nachfolger von Präsident Roosevelt, Harry S. Truman, der die ersten Atombomben über Japan zünden ließ, noch vom »größten Ding der Weltgeschichte« schwärmte, zog sich Robert Oppenheimer nach dem Entsetzen über das entfesselte Grauen von Hiroshima und Nagasaki zurück. Los Alamos wurde Edward Tellers erster Forschungsplatz für die neue Wasserstoffbombe; nach deren Zündung erhielt er in Livermore bei San Francisco mit den *Lawrence Livermore Laboratories* endgültig sein eigenes staatliches Forschungslabor neben der bis heute bestehenden nuklearen, biologischen und chemischen Waffenschmiede Los Alamos, bei deren Besuch im Jahre 1962 sich der damalige Präsident John F. Kennedy zu der Behauptung verstieg: »Keine andere Gruppe von Menschen hat mehr für dieses Land getan, als Sie hier in dieser kleinen Gemeinde von Neu Mexiko.« Das ist wohl nur zweideutig zu verstehen, denn gegenwärtig werden dort von einer Elite mit über 7000 Mitarbeitern neben der Weiterentwicklung der Kernwaffen die neuen Strahlenwaffen für Reagans und Tellers Lieblingskind, den »Krieg der Sterne«, entwickelt. Die Gefahr, daß wir uns diesmal wirklich völlig vernichten, rückt daher um so näher – zumal die Sowjets nicht in der Lage sind, einen vergleichbaren Aufwand zu betreiben wie die USA.

Carl Friedrich von Weizsäcker, der 1957 die Erklärung der *Göttinger Achtzehn* angeregt hatte, in der sich »die führenden deutschen Kernphysiker gegen jede Mitarbeit an der atomaren Rüstung aussprachen«, laut *Stern* Nr. 35/1985:

> »Der Mensch hat die Macht über die Welt in die Hand genommen, und er muß so werden, daß er diese Macht verwalten kann. Das erfordert eine Verwandlung des ganzen menschlichen Bewußtseins. Wenn das gelingt, dann kann auch eine Konsequenz sein, gewisse wissenschaftliche Untersuchungen nicht anzustellen.«

Diese Worte sind Balsam. Sie kommen immerhin aus der Bundesrepublik Deutschland, die es dank der USA, des Technokraten Helmut Schmidt und der leicht verführbaren Politiker Kohl und Strauß zur größten Atomwaffendichte der Welt gebracht hat. Diese Worte sind auch indirekt an die Supermächte gerichtet, die den Schlüssel zu diesen Geheimnisträgern des Todes hüten. Der *Weiße Bruder* – ein Hüter des Todes statt des Lebens, wie es noch unter Salomon der Fall war. Er könnte wahrer Hüter des Lebens sein, wenn er begänne, diese unglaubliche Erkenntnisfähigkeit, dieses Wissen in der Wiederherstellung sauberer, natürlicher Kreisläufe anzuwenden. Deshalb sind die traditionellen Hopi seit 1948 darum bemüht, sich an die Weltöffentlichkeit zu wenden. Sie wissen, daß es möglich ist – solange es noch Menschen guten Willens gibt. Und diese wollen sie erreichen, damit die *Edda*, die *Apokalypse* und ihre eigene Prophezeiung *Warnung* bleiben.

Erinnert nicht Loki, der listenreiche und älteste Gott der Unterwelt in der *Edda* an die am meisten verdichtete Sonnenkraft im Uran, an das daraus gewonnene Plutonium und seine Macht, wenn es aus dem Schoß der Erde genommen, entfesselt wird?

Ist nicht Loki auch jene Kraft, die zur Tötung des lichten Baldur, des Lichtes der Erkenntnis, durch schwarze Magie (also Machtstreben) anstiftet?

Schließlich steuert Loki das Schiff der Feuerriesen mit den Urgewalten (»Ungeheuern und Dämonen«), welche Erd- und Seebeben, Vulkanausbrüche und letztendlich die Flut des Meeres und ein alles vernichtendes Feuer verursachen, dem die Lage der Erdachse durch Kippen der Pole (oder mehr?) zum Opfer fällt. Somit ist Loki als Urkraft des Feurigen jene zunächst gefesselte und daher dunkle, zuletzt aber entfesselte, lichte Bindekraft, die unsere Welt im spiralförmigen Fließen zusammenhält.

Traditionell lebende Menschen wie die Aboriginals und die Hopi nennen sie *Schlangenkraft* und stellen sie durch das Hakenkreuz oder die Swastika dar. Sie kommt im Hermesstab und in der »gefiederten Schlange« als ständiges, einander ergänzendes Fließen der Energien zwischen Himmel und Erde, zwischen allem, was ist – und als *Kundalini* im Menschen – zum Ausdruck. Die entfesselte Atomkraft wirbelt diese geordnet fließenden elektrischen Ladungen durcheinander und läßt sie schließlich in einem gigantischen Entladungsfeuer wieder zusammenkommen: Keine Ladung ist mehr, wo und was sie war, keine schwingt wie vorher.

Damit ist auch der Lichtengel Luzifer oder »Satan« hinreichend veranschaulicht: Es ist dieselbe dynamische Kraft wie Loki, die Vereinigung anstrebt, ein Gleichgewicht zwischen entgegengesetzten Polen schafft und so die Materie bildet. Wir können sie Liebe nennen – denn auch sie entflammt wie ein Feuer, kann entfesselt werden, verzehren, ausbrennen und in Haß umschlagend vernichten. Aber ebenso kann sie, wenn kontrolliert, heilend Getrenntes zusammenführen. Sie ist und bleibt die geheimnisvolle Kraft der Schöpfung, die in der Einheit von wärmender, sanft umhüllend anziehender Weisheit und kühler, Abstand schaffender Wahrheit zum Ausdruck kommt und mit diesen Kräften untrennbar verwoben ist.

Daß es die Ideologen der Antike geschafft haben, uns einzureden, eine Trennung dieser dreifaltigen Wesenheit sei möglich, ja sogar erstrebenswert, zeigt die Vernachlässigung unserer ureigensten Instinkte und Erkenntniskräfte zugunsten einer übernommenen, nicht durch eigene Erfahrung abgesicherten Tradition.

In der Hopi-Prophezeiung kommt dies alles zum Ausdruck: Der spirituelle, ganzheitliche Weg, der den ursprünglichen Anweisungen des *Großen Geheimnisses* oder der Natur folgt, steht dem materialistischen, auf eigenen Vorteil bedachten Weg gegenüber, der den von Menschen erdachten Ideen, Vorschriften und Regeln folgt. Am Ende, dem *Tag der Reinigung*, zerstören diese Menschen sich selbst durch die von ihnen ersonnenen Erfindungen – durch Feuer. Sei es das selbstzerstörerische Feuer des ständigen, unruhigen Strebens nach Mehr, nach Besserem als der in jedem Menschen angelegten Kraft, sei es letztlich gegenständlich durch das Entfesseln der Kernkraft, die – auf Erden gefesselt – unser Leben erst ermöglicht.

Jetzt liegt es an den Menschen, wie sie mit den heute gewonnenen Erkenntnissen verfahren – denn auch das Wecken der Kundalini, der Erkenntnis- und Lebenskraft im Menschen ist längst kein bestgehütetes Geheimnis mehr. Auch dies ist ein Feuer, das den Menschen zerstören oder ihn als Licht der Erkenntnis zur höchsten Entfaltung führen kann. Es liegt an den Menschen, ob sie ihr Wissen zum Wohl aller Wesen anwenden und fürsorgend geschwisterlich teilen oder lediglich damit Geschäfte machen – dann ist es wertlos und zerstörerisch.

Wir können also durchaus einiges mit den Hopi und allen anderen ursprünglich lebenden Menschen austauschen – wenn wir nur wollen. All das wissen die traditionellen Hopi, und ihre *Kikmongwis* und Ältesten wurden durch die Atombombenabwürfe und einige weitere, unmittelbar ihre Existenz bedrohenden Vorgänge (vgl. *Unser Ende ist euer Untergang*) veranlaßt, zum erstenmal in ihrer Geschichte die Prophezeiungen und Lehren aller Clans und Bünde zu vergleichen. In allen ihren Überlieferungen war neben dem Abstieg des Menschen bis zu unserer vierten

Welt eines gleich: daß von einer Straße am Himmel ein Kürbis voll Asche auf die Erde herabgeworfen werden könnte, der alles zu Asche verbrennen und das Wasser zum Kochen bringen würde.

Der entsprechende Austausch fand 1948 in Shungopavi auf der zweiten Mesa statt und dauerte vier Tage. Dabei kamen die *Kikmongwis* und die anderen Ältesten überein, daß sie zunächst einen Teil ihres Wissens als Friedens- und Überlebensbotschaft an die Menschheit weitergeben müßten, damit das Verglühen der Erde im atomaren Feuer verhindert werde und die Menschheit statt dessen wieder ihr inneres Feuer entfachen sollte. Deshalb soll einerseits die *UNO*-Generalversammlung (das Haus aus Glas im Osten) angesprochen werden, in dem sich die Führer aller Länder versammeln. Andererseits sollen traditionelle spirituelle Führer im Land der aufgehenden Sonne, also Eurasien, ihre Botschaft hören und die Hopi aufsuchen; letztlich der *Weiße Bruder*, der zurückkehren sollte, um den Hopi zu helfen und die weltweite Bruderschaft wiederherzustellen.

Neben dieser Übermittlung ihrer Botschaft ist für die Hopi auch die Bitte um Hilfe in ihrer eigenen bedrängten Situation und der aller Ureinwohner der Erde von zentraler Bedeutung. Die Hopi wollen verhindern, daß das ihnen 1882 durch die Reservationsgrenzziehung von den USA weggenommene Land, die Four Corners Region, durch eine finanzielle Abgeltung von ihnen »abgekauft« wird und sie so gegen ihren Willen dafür »entschädigt« werden.

Ein Vorhaben, das der von der US-Regierung aufgezwungene, mit ihr relativ eng zusammenarbeitende Stammesrat gegen den erklärten Willen der Traditionellen durchsetzen könnte.

Überdies machen die traditionellen Hopi auf die Zerstörung ihres Heiligen Landes aufmerksam, die durch die zahlreichen Kohle- und Uranabbaustätten, Erdölbohrungen und Kohlekraftwerke in Four Corners vorangetrieben wird. Sie bezeichnen es als »das Herz der Erde« und werden darin von Erkenntnissen der modernen Naturwissenschaften unterstützt. Diese besagen, daß ihre Heimat, das Coloradohochplateau im Vierländereck der USA, tatsächlich eine zentrale Funktion für die Erde hat. Wie Tibet steuert es den Fluß des elektromagnetischen Feldes der Erde (von den Zeremonien der traditionellen Hopi gleichsam kontrolliert und angeregt), wovon Phänomene wie Wetter, Klima, Wohlbefinden, Fruchtbarkeit und Wachstum aller Lebewesen beeinflußt werden, aber auch die Stabilität der magnetischen Pole, der Erdrotation und der Erdachse. Auf diese Weise wird die globale Bedeutung dieser Region, welche die kostbarsten und meisten Bodenschätze der USA birgt, und die Funktion der Hopi als *Hüter des Lebens und der Erde* überdeutlich.

Schildsymbol der Hopi (nach Thomas Banyacya Sr.): Die vier Kreise symbolisieren die vier Menschenrassen rot, gelb, schwarz und weiß, die – dem Gesetz des Schöpfers folgend – gemeinsam die Erde und damit den Kosmos im Gleichgewicht halten. Die vier Bänder stellen die vier Himmelsrichtungen dar (vgl. *Unser Ende ist euer Untergang).* Zugleich steht dieses Symbol als *Radkreuz* auch für das Heilige Zentrum der Hopi (und generell für jedes Heilige Zentrum).

Indem sie genau dort in Einklang mit den Gesetzen der Schöpfung leben und den Kräfteaustausch zwischen Kosmos und Erde steuern, halten sie die Erde im Gleichgewicht. Etwas, das vor langer Zeit, wie die Hopi sagen, alle Völker auf ihre Weise in ihrer Region taten.

Die unmittelbaren Nachbarn der Hopi, mit denen sie zum Teil Mischehen eingegangen sind, die Navajo-Dineh-Indianer auf Black Mesa und die Paiute, helfen ihnen durch ihre Lebensweise, dieses heilige Zentrum, diesen für die Erde bedeutsamen Kraftplatz in seiner Funktion möglichst unversehrt zu erhalten. Sie sind am meisten bedroht: von den Abbauvorhaben und der größten Zwangsumsiedlung dieses Jahrhunderts in den USA, die schon 1986 hätte abgeschlossen sein sollen. Entschlossener Widerstand des Großteils der betroffenen Dineh (»die Menschen«), Unterstützung durch die traditionellen Hopi, amerikanische und internationale Solidaritätsgruppen sowie amerikanische Rechtsanwälte und entsprechende Publizität haben bisher jedoch sowohl die völlige Aussiedelung als auch ein mögliches Blutbad durch einen angedrohten Militäreinsatz verhindert.

Beide Völker (und alle mit der Sachlage Vertrauten) wissen, daß die Aussiedelung der auf Black Mesa und insbesondere in Big Mountain lebenden Navajo-Dineh das Gebiet entvölkern und so freimachen würde für die Erweiterung des im Norden gelegenen, größten Kohletagebaus der USA und die »Erschließung« des Gebietes durch Abbaukonzerne, was auch für die Hopi die Vertreibung bedeuten würde. Grund: Neben Uran und Gold werden dort seit Ende der siebziger Jahre drei seltene Metalle vermutet, die vor allem für die Kernfusion und die Lasertechnik gebraucht werden (und die USA von den Importen aus Südafrika unabhängig machen würden).

Die Firma, die schon bisher mit dem dortigen Kohletagebau und der Planung weiterer Vorhaben befaßt ist, nennt sich *Peabody Coal Company*; sie wird von der Kirche der Mormonen kontrolliert. 1978 wurde sie in eine Holding namens *Peabody Holding Company* umgewandelt, an der auch die Giganten *Bechtel Corporation* und *Boeing* zu je 15 Prozent beteiligt sind. Der internationale Anlagenbaukonzern *Bechtel* ist neben dem Raumfahrt-, Flugzeug- und Rüstungsgiganten *Boeing* der interessanteste Partner in diesem Verbund, weil er etwa 50 Prozent der AKWs und zahlreiche Kohlekraftwerke in den USA errichtete sowie im internationalen Atomgeschäft kräftig mitmischt. Caspar Weinberger, als Verteidigungsminister unter Reagan, Verfechter des »gewinnbaren Atomkrieges« und Förderer der Neutronenbombe, und George Shultz, bis Reagans Amtsende Außenminister, waren vorher bei Bechtel leitende Angestellte.

Ebenso gut im Geschäft in Four Corners, wo insbesondere Uran und Kohle abgebaut sowie Strom für Neu Mexiko, Arizona und Kalifornien erzeugt wird, sind *Westinghouse, General Electric, Standard Oil* (BP), *Exxon* (Esso, Rockefeller), *Mobil, Texaco, Getty, Kerr-McGee, United Nuclear, Energy Fuels Nuclear, Union Carbide, Pacific Gas and Electric* (Rothschild), *Arizona Public Service* und *El Paso* (Mormonen), *Public Service of New Mexico* (Citibank) und die *Chase Manhattan Bank* (Rockefeller), um nur einige zu nennen.

Die Tätigkeit dieser Firmen bedeutet für die dort lebenden Indianer (neben Hopi und Navajo-Dineh im Zentrum die Paiute im Norden, Havasupai und Hualapai im Grand Canyon, Pueblostämme im Osten um Santa Fe und Albuquerque) ein Leben im Vorhof zur Hölle, da die gesamte Biosphäre durch Luftverschmutzung und ständig freigesetzte Radioaktivität schwer belastet ist und das Land von den Weißen zunehmend unfruchtbar gemacht wird.

Sollten die seltenen Metalle auf Black Mesa abgebaut werden, dann ist bei den Hopi und Dineh mit einer totalen Absperrung als militärisches Sicherheitsgebiet zu rechnen – ähnlich wie es bei der Entwicklung der Atombombe war. Für die Hopi und Navajo-Dineh bliebe aber kein Lebensraum mehr. Deshalb sind dieses Gebiet und seine Menschen mehrfach gefährdet, denn es ist aufgrund seiner geologischen Besonderheit zugleich ein bevorzugtes militärisches Angriffsziel.

Die traditionellen Hopi haben für diese Erkenntnisse nicht die sogenannte moderne Wissenschaft gebraucht – sie leben dort seit unzähligen Generationen, schon lange vor der Einwanderung der Navajo aus Norden, und haben in ihren zahlreichen Überlieferungen über die Entstehung von Erde, Menschheit und ihre eigene Geschichte bereits das Wissen über dieses heilige Land und die Notwendigkeit seines Schutzes bewahrt. In ihrer Überlieferung finden sich auch erstaunlich viele Parallelen zu den Erzählungen und Mythen der *Fünf Bücher Mose*, der *Edda* und Berichten über Atlantis bei den alten Griechen und Ägyptern.

Die Hopi wissen, daß ihre Vorfahren auf Mu und die Atlanter vor langer Zeit in derselben Situation waren wie wir heute. Nach diesem Wissen begannen die Atlanter einen fürchterlichen Krieg, in dem sie auch Atom- und Laserwaffen einsetzten. Das führte zum Untergang beider Kontinente, verbunden mit weltweiten Katastrophen, die in den Mythen aller Völker erwähnt werden.

Paul Kaiser, ein Wiener Wissenschaftsjournalist, hat mit seinen Büchern – ohne von den Hopi zu wissen – deren Aussagen indirekt bestätigt. Er formulierte als erster die Theorie von mehreren Polsprüngen oder -verschiebungen und vom Kippen der Erde (der Polwende) in der jüngsten Geschichte und sagt einen Polsprung, wenn nicht sogar eine Polwende für die allernächste Zeit voraus. Darin stimmt er mit den Aussagen der Hopi überein, welche davon sprechen, daß die Erde gleichsam kopfsteht (wie die Menschen auch) und deshalb wieder kippen müsse. Es geht darum, diese offenbar zyklisch ablaufenden Prozesse, auf die schon die ägyptischen Eingeweihten hingewiesen haben (vgl. Ovids »Metamorphosen« und Platons »Timaios« und »Kritias«), rechtzeitig zu erkennen und sich darauf vorzubereiten. Peter Kaisers Theorien erklären auch anschaulich die Bedeutung der Hopi und jeder elektromagnetischen Feldbeeinflussung durch geistige Konzentration beziehungsweise technisch erzeugte elektromagnetische Felder.

Durch die Erdrotation, die Trägheit des Erdkerns gegenüber dem sich schneller drehenden Erdmantel und die daraus sich ergebende Ablenkungskraft bleiben im Erdinnern ständig Gesteinsmassen in Bewegung, die elektrische Ladungen sehr gut leiten. Diese Bewegung, die sich (wie überall in der Natur) wirbel- oder spiralförmig vollzieht, bewirkt den Aufbau von wandernden elektromagnetischen Feldern, die einander verstärken, abschwächen oder sogar auslöschen können. Peter Kaiser in seinem Buch *Vor uns die Sintflut*:

> »Sie verstärken sich bei bestimmten Geschwindigkeiten der auf- und absinkenden halbflüssigen Gesteinsmassen gegenseitig und bilden sich zu einem nord-südgerichteten Hauptfeld aus. Wird eine dieser für den Dynamoeffekt der Erde unbedingt erforderlichen Bewegungen gestört oder unterbrochen, oder verlagern sich die örtlichen Magnetfelder im Erdinneren in einer Weise, daß sie sich gegenseitig nicht mehr verstärken können, sondern auslöschen, dann – nimmt die Geophysik an – kommt es zu einem Zusammenbruch des irdischen Magnetfeldes. Da die Bewegungen aber weitergehen, muß sich schließlich ein neues Magnetfeld wiederaufbauen. Es wird allerdings die entgegengesetzte Richtung aufweisen. So kommt es also zu einer Umpolung.«

Nach Peter Kaisers Theorie kommt es in diesem Fall zu einem Kraftschluß, der – wie bei einem Motor – im Erdmantel ruckartig eine Bewegung auslöst, die sich schließlich in die auf der Erdschale gleitende Erdkruste fortsetzt und dort zu plötzlichen Verschiebungen führt.

Der ganze Prozeß wird durch die elektromagnetischen Kräfte der Gestirne beeinflußt, wobei die Sonne mit ihren Magnetgewittern (Sonnenflecken oder Sonnenwinde) die Geschwindigkeit der Erdrotation durch den Magnetkupplungseffekt zwischen Erdmantel und Erdkern steuert. Bei sehr starken Sonnenmagnetstürmen kann es zu einem Stillstand der Erdrotation und zu einem Zusammenbruch des Erdmagnetfeldes kommen. Dadurch entfällt der Schutz vor kosmischer (insbesondere radioaktiver) Strahlung. Was, mit Hitze verbunden, mit Sicherheit unter den Lebewesen zu Mutationen führt. Zugleich lockert sich die Magnetbremse, ein neues Magnetfeld entsteht mit neuen Bremsungen und Beschleunigungen des Erdmantels. In der Folge kommt es zu plötzlich auftretenden, starken Veränderungen der Erdkruste und einer ruckartigen Verlagerung der Magnetpolachse, eventuell auch der Erdachse, gefolgt von neuen Eiszeiten.

Kaiser hat herausgefunden, daß diese Veränderungen zyklisch nötig sind, um der Tendenz zur Steppen- und Wüstenbildung auf der Erde entgegenzuwirken. So bewirken die Sonnenmagnetstürme vier Tage später auf der Erde besondere erdmagnetische Stürme – also ein stärkeres, schnell schwingendes Magnetfeld – mit nachfolgenden Tiefdruckrinnen, Abkühlung und Regen. Gleichzeitig wird so die *Fruchtbarkeit* aller Lebewesen gesteigert.

Der gleiche Effekt ist vergleichbar beim Sonnenaufgang zu beobachten, wo es kurzfristig zu einer hohen Verstärkung des betroffenen Erdmagnetfeldes mit entsprechend hohem Stromfluß kommt, was auch in der Blutsenkung des Menschen nachweisbar ist. Der Effekt ist auch als »Switch«- oder *Einschalteffekt* aus der Elektrotechnik bekannt, wo nach dem Einschalten von elektromagnetischen Geräten wie Motoren und Transformatoren kurzzeitig ein hoher Einschaltstrom fließt – bis das dadurch aufgebaute Magnetfeld diesen Strom durch seine Gegenwirkung auf seinen Normal- oder Betriebswert verringert und begrenzt (sonst würden die Wicklungen der Geräte durchschmelzen).

Ähnliches gilt für Mutter Erde und ihre Kinder. Unsere traditionellen Vorfahren nutzten daher – wie die traditionellen Indianer heute noch – die Zeit des Sonnenaufgangs, um Dank zu sagen und sich bewußt mit elektromagnetischer Energie aufzuladen.

Zurück zur Erde selbst: Ihr Magnetfeld ist an den Polen aufgrund der elektromagnetischen Flußverhältnisse doppelt so stark wie am Äquator, in kühlen und feuchten Zonen (also auch nachts) generell stärker. Umgekehrt sind Hitze und Trockenheit die Folge eines abgeschwächten Magnetfeldes – weshalb eine elektrische Entladung, zum Beispiel durch ein Gewitter, nötig wird, um einen stärkeren Fluß der Ladung wiederherzustellen.

Nach Kaiser haben Ärzte herausgefunden, daß erhöhte Sonnenaktivität beziehungsweise das durch sie intensivierte, schneller schwingende Erdmagnetfeld nicht nur die Fruchtbarkeit steigert, sondern auch Epidemien und Seuchen auslösen kann (sogar Grippe), ebenso steigt bei Gefährdeten das Risiko eines Herzinfarkts etwa um das Dreifache. Auch Insekten vermehren sich rascher.

Seit 1960 wird generell eine ständig erhöhte Sonnenaktivität beobachtet, die von insgesamt vier Magnetfeldern ausgelöst wird, welche vom Sonnenäquator zu den Polarzonen wandern. Was natürlich die genannten Folgen für die Erde hat und einen plötzlichen Polsprung beziehungsweise eine ruckartige Polwende wahrscheinlicher macht. Lange vorher sind aber starke Wetteranomalien, heftige Störungen von elektronischen Geräten und im Funkverkehr, ja sogar eine Steigerung der Bebentätigkeit beobachtbar.

Darüber hinaus wirkt natürlich jedes vom Menschen erzeugte elektromagnetische Kraftfeld auf diese komplexen Vorgänge ein: Der Mensch steuert so diese Prozesse, ob er will oder nicht. Vom gedachten und ausgesprochenen Wort über Gesang, Tanz und Musik bis zu Steinmonumenten und Höhlen, die als Resonatoren und Verstärker oder als Abschwächer und Auslöser dienen, bis zu Straßen, Häusern, Brücken, Flußbegradigungen, Stauseen, Kraftwerken, Fernleitungen, Sendeanlagen, Eisenbahnen, Fahrzeugen – Computern und AKWs, welche die vorhandenen lokalen Erdmagnetfelder mehr oder weniger stark beeinflussen. Am dramatischsten allerdings sind jene Änderungen, die von Atomexplosionen ausgehen, da durch sie ein elektromagnetischer Impuls freigesetzt wird. Er verändert das Erdmagnetfeld schlagartig in unkontrollierbarer Weise, was meist ein Jahr später als Wetteranomalie wirksam wird. Zum Beispiel hatten wir in Europa, insbesondere in den Alpen, ein Jahr nach Tschernobyl bis zum Juli 1987 extrem niedrige Temperaturen und viel Niederschlag – offenbar aufgrund des verstärkten Magnetfeldes.

Kaiser verweist auch auf die Gefahr der unterirdischen Kernwaffentests insofern, als die heftigen Erschütterungen der Erdkruste – wie nach Erdbeben – (und wohl auch der elektromagnetische Impuls selbst) »magnetische Verrückungen« und Gesteinsverschiebungen auslösen.

Aufgrund dieser Einsichten ist es meiner Meinung nach nicht auszuschließen, daß an bestimmten Orten der Erde gezündete Atombomben die Erde durch den gewaltigen elektromagnetischen Impuls entweder aus der Bahn werfen oder / und einen Stillstand der Erdrotation bewirken können. Extrem sensible Zonen dieser Art sind heilige Plätze oder Kraftplätze, wo – wie im Land der Hopi – ein besonders hoher Ladungsaustausch stattfindet. Der Vorgang der Aufladung wird übrigens *Ionisation* genannt und kommt vor allem durch Uran zustande, das abgeschirmt in der Erde ruht, und durch intensive Sonneneinstrahlung. Die Hopi haben dafür den Begriff »kurzer Regenbogen« geprägt und bezeichnen damit zugleich die ionisierende Kraft des Urans und der Sonne (vgl. Frank Waters, *Das Buch der Hopi*).

Heilige Plätze, Hippies und die erfolgreichste Wiedergeburtsbewegung des Roten Mannes

Heilige Plätze sind gewöhnlich begünstigt durch Uran und andere elektrisch besonders leitfähige Gesteinsformationen, welche für die unter- und oberirdisch fließenden elektromagnetischen Kraftströme gleichsam als Resonatoren und Kanalisatoren wie *Tore*, ja Verstärker und Trichter wirken: Zu bestimmten Zeiten – gesteuert durch Sonnen- und Planetenphasen – scheint dort die elektrische Ladung (gekoppelt mit mächtigen Luftströmungen und elektromagnetischen Feldern) durch spiralförmige Bündelung wie in einem Sog rascher zu fließen und einen Trichter oder Wirbel zu bilden.

Menschen, die die Resonanzgesetze kennen (sie gelten für den elektromagnetischen Bereich genauso wie für den akustischen), können an diesen Plätzen den Ladungsfluß wie in einem Transistor oder einer Radioröhre, die mit einem Schwingkreis gekoppelt ist, steuern und zum Senden oder Empfangen nützen. Was auch für die Pyramide (wenn sie vollständig ist) gilt und als Sachverhalt in der Symbolik des Hakenkreuzes (der Swastika) sowie des Radkreuzes (dem Sonnenrad oder Schildsymbol der Hopi) zum Ausdruck kommt.

Diese Zusammenhänge erhellen die existentielle Bedeutung der Weisheit der Hopi für die Welt. Weniger weise scheinen die Herrschenden in den USA, dem Heimatland der Hopi, zu sein – im Gegensatz zur UdSSR beispielsweise, die sich bereits zurückzuhalten beginnt. Denn sie besetzen systematisch heilige Plätze mit ihren militärischen Anlagen, testen weiterhin ohne Hemmungen in hoher Zahl Atomwaffen und errichten den größten Teilchenbeschleuniger der Welt (ein Zyklotron) mit einer Länge von 84 Kilometern (!) im ohnehin extrem erdbebengefährdeten Kalifornien, wo sich auch zahlreiche Atomreaktoren und die Chemiehölle des Silikon Valley befinden. Ich will damit die Verantwortlichen nicht verurteilen, aber ihr Verhalten ist schlichtweg lebensgefährlich für die ganze Erde. Können sich diese Menschen denn eine Vorstellung davon machen, was in diesem Zusammenhang allein die über 820 bis Mitte 1987 ausgelösten Atomexplosionen bedeuten, die 13000 (!) Hiroshimabomben entsprechen?

Während die UdSSR unter Gorbatschow zu erkennen scheint, daß es höchste Zeit ist, umzukehren (zumindest was die Tests und die Abrüstung betrifft – bezüglich der Atomreaktoren bleibt sie auf Selbstmordkurs), scheinen die Verantwortlichen in den USA entweder schlicht ver-rückt geworden zu sein oder zumindest der Wirklichkeit unserer Lebensgrundlagen ent-rückt. Möglicherweise sind sie sich aber auch einer gewissen Aussichtslosigkeit bewußt, die seit dem Bau der Bombe mehr oder weniger tatsächlich eingetreten ist, und holen noch raus, was rauszuholen ist, ohne Rücksicht auf die Folgen: das Titanic-Syndrom.

Genau gegen diese Haltung kämpfen seit 1948 die traditionellen Hopi, die durch ihre Aktivitäten eine regelrechte Bewegung ausgelöst haben und deren treibende Kraft geblieben sind, denn sie wissen: Leben ist heilig und unteilbar. Wird der Versuch unternommen, es – gleichgültig auf welcher Ebene – zu »spalten«, dann stirbt es. Sei es durch direktes Töten, durch die Atomspaltung oder durch die Einteilung in »höherwertiges« und »minderwertiges« Leben – was bis zum Rassismus und der Ablehnung oder Minderbewertung des Körperlichen reicht, bis zur Mißachtung von Pflanzen, Tieren, Menschen und unserer Erde selbst.

Im Bericht über die Zusammenkunft des *Traditionellen Indianischen Ältestenrats* in Oglala, Süd Dakota (USA) vom 19.–22. Juni 1986 heißt es dazu:

> »1948 trafen einander die Hopi-Ältesten, um über die zwei vorhergehenden Welten zu sprechen, die zerstört wurden, weil es an Achtung darin gemangelt hatte, dieses Land und Leben im Gleichgewicht zu halten. Sie wußten, obwohl sie ihr traditionelles Wissen an die jungen Menschen weitergeben wollten, daß diese nicht zuhören würden und das Interesse an Zeremonien durch ihre Verstrickungen in Schulen verloren hatten. Die Ältesten wußten, daß ihre Kultur im Begriffe war, zu verschwinden und die Weißen ihr Land nehmen würden.«

In dieser Situation wurden vier Männer gebeten, als Dolmetscher zu fungieren. Zwei lehnten wegen mangelnder Englischkenntnisse ab, einer starb 1972 (Dan Katchongva), und Thomas Banyacya Sr. ist der letzte noch lebende von ihnen. Er sollte bei anderen indianischen Ureinwohnern erkunden, ob sie »ihre Sprache, Kultur und Religion aufrecht erhalten«.

Nachdem Thomas Sr. mit Vertretern der *Sechs Nationen* gesprochen hatte, kamen sie überein, die *Unity Caravans* als Vereinigungsreisen zu starten, um kreuz und quer durch das Land andere traditionelle Völker ausfindig zu machen, die ihre Kultur und Religion bewahren.

»Die Treffen wurden benützt, um Wissen, überlieferte Gepflogenheiten, Prophezeiungen und Zeremonien zu vergleichen. Sie fanden heraus, daß viele Stämme ihre Sprache und viele ihre kulturellen und religiösen Anweisungen verloren hatten. Die Reisen wurden etabliert, um zu versuchen, diese traditionellen Werte, Anweisungen und Zeremonien für die jungen Menschen wiederzubeleben.
Diese spirituellen Dinge aufrechtzuerhalten, die Zeremonien durchzuführen, ist der einzige Weg, um in den letzten Tagen zu überleben, und es ist notwendig, zum einfachen Leben zurückzukehren, es nicht auslaufen zu lassen.
Wir haben eine große, besondere Mission, indem wir diese Zeremonien für dieses Land und Leben aufrechterhalten.«

Aus dieser Initiative der traditionellen Hopi, die die Irokesen tatkräftig unterstützten, entstand allmählich der *Traditionelle Ältestenrat*, nachdem die Hopi ähnliche Prophezeiungen wie die ihrigen im ganzen Land vorgefunden hatten. Zugleich entwickelte sich ein gemeinsames indianisches Bewußtsein, und es wurden die Grundlagen für einen bewußten, gewaltfreien Widerstand gegen den Landraub und die Beschneidung des natürlichen Lebensraums durch die Weißen geschaffen.

Binah McCloud, Mitglied im *Kreis indianischer Frauen des Nordwestens*, erinnert sich:

»Ich war noch sehr jung, als Thomas und verschiedene andere Hopi in unser Haus kamen. Ich wußte nicht, wer sie waren und woher sie kamen. Er begann mit uns zu sprechen. Es war die Zeit, in der wir voll mit dem Fischereikrieg beschäftigt und wütend geworden waren; und bereit, zurückzuschlagen. Er kam zu uns und sagte: ›Ihr dürft nicht gewalttätig und wütend werden. Ihr solltet lernen, das auf friedliche Weise zu regeln.‹ Er erzählte uns vieles: Wie die Zukunft sein wird, was auf der Welt geschehen und wie Mutter Erde beginnen wird, zurückzuschlagen. Er erzählte uns vieles, was inzwischen eingetreten ist.
Die traditionellen Hopi leben noch immer in Harmonie mit der Natur und allen lebenden Wesen, *allen unseren Verwandten*, wie wir sie

nennen. Sie unternehmen nichts ohne Respekt und Gebet, und sie nehmen nichts vom Land, ohne etwas dafür zurückzugeben. Das lehrten sie mich. Die Hopi sind für mich und unseren Lebensweg sehr, sehr wichtig, denn sie sind wahrhaft eine Inspiration und Hoffnung.«

Diese Begegnung hatte unter anderem zur Folge, daß schon 1966 Binahs Mutter, Janet McCloud, im Staat Washington begann, gewaltfreien Widerstand gegen die Beschränkung der Fischereirechte der indianischen Stämme des Nordwestens zu organisieren, und sich später in der Betreuung indianischer und farbiger Gefangener in US-Gefängnissen engagierte. Durch ihre von den Hopi inspirierte zielstrebige Arbeit wurde Dennis Banks angeregt, 1968 gemeinsam mit Clyde Bellecourt und anderen die *Amerikanische Indianerbewegung* (*AIM*) zu gründen. Im selben Jahr entstand aus einem spontanen Flugblatt anläßlich einer Brückenblockade in Akwesasne an der kanadischen Grenze die größte panindianische Zeitung: die *Akwesasne Notes.* Sie entwickelte sich zu einem Sprachrohr des neu erwachten indianischen Bewußtseins.

Schon Jahre davor, Mitte der Fünfziger, erhielt Thomas Banyacya Sr. bis in die Siebziger hinein handfeste Unterstützung durch den traditionellen Mohawk Craig Carpenter, der sich vier Jahre lang darauf vorbereitet hatte. So trug er dazu bei, daß schon 1973 »fast zwei Drittel des nordamerikanischen Kontinents« von den *Unity Caravans* »erfaßt« waren, und nennt das Volk der Hopi »Herzzentrum und Ausgangspunkt der vierten und erfolgreichsten Wiedergeburtsbewegung des Roten Mannes«, wie Gisbert Bölling im *Grünen Zweig* 22/1973 berichtete. In jenem Jahr war Craig noch im Auftrag des *Kikmongwi* Dan Katchongva mit Janet McCloud und einer Gruppe nordamerikanischer Indianer über Frankreich, die Schweiz und Holland in die Bundesrepublik Deutschland gekommen, um anschließend noch Japan und den Fernen Osten zu bereisen.

Craig war es auch, der von den traditionellen Ältesten gebeten wurde, mit der sich inzwischen in New York und San Francisco formierenden *Hippie-Bewegung* Kontakt aufzunehmen. Denn in den Prophezeiungen der Hopi war die Rede von einer »neuen Nation mit eigener Sprache, Kleidung, Ernährung und Lebensstil«, welche die Werte der weißen Gesellschaft völlig in Frage stellen würde. Tatsächlich war mit diesen Mittel- und Oberklassenaussteigern, die sich auch *Morgenlandfahrer, Neue Indianer* und *Blumenkinder* nannten, ein frischer Wind in Amerikas reichlich satter, korrupter Gesellschaft aufgekommen. Der Vietnamkrieg, der Bob Dylans Lied »Blowin' in the Wind« entstehen ließ und vor ihm schon

Joan Baez in die Hitlisten der wachsend kritischen, aber friedfertigen Jugendbewegung brachte, sorgte für Aufbruchstimmung in Richtung auf eine sinnvolle Alternative.

Waren die Hippies einerseits noch von der *Bhagavadgita* und dem *Tibetanischen Totenbuch* fasziniert, so kam andererseits durch den intellektuellen Poeten Gary Snyder (*Schildkröteninsel*) allmählich handfestes indianisches Gedankengut unters Volk der ernsthaft suchenden Blumenkinder.

1967, als sich Snyder neben anderen mit Allen Ginsberg und Alan Watts beim großen »Human Be In« in San Francisco einfand, war auch Craig geladener Gast, um über die Hopi im besonderen und Indianisches im allgemeinen zu sprechen. Es ist kein Zufall, daß dieses Zusammentreffen »Versammlung der Stämme« genannt wurde – denn die Stammeskulturen der Indianer waren diesen jungen Menschen bereits zum konkret erlebbaren Vorbild einer herrschaftsfreien, mit der Natur verwobenen Gesellschaft geworden. Ein Teil der »Neuen Indianer« verfolgte diesen Weg auch ernsthaft weiter und fand zu einer Lebensweise, die ursprünglich ist:

> »Die einfache, demütige, harte Art zu leben, die einzige Art zu leben, von Generation zu Generation, (...) von Jahrtausend zu Jahrtausend, die der Erde sich ihr Ziel erfüllen läßt: Leben hervorbringen, soviel Leben wie möglich, nicht nur menschliches Leben, sondern Leben aller Arten.«

Damit, so Craig, entdeckte der weiße Mann auch endlich, wie wichtig körperliche Arbeit für seine Gesundheit ist, und folgte der von Craig so formulierten Einsicht:

> »Alles in der Natur steht in einem bestimmten, gewollten Verhältnis zueinander, und auch der Mensch hat seinen vorbestimmten Platz. Wer von uns Menschen diesen Platz einnimmt, der wird am Ende siegen – ohne jede Gewalt, auf ganz natürliche Weise.«

Die Hippies, die (bereits unter Präsident Nixon) konsequent blieben und wenig von den bereits bestehenden, meist calvinistisch geprägten amerikanischen Landgemeinschaften hielten, bauten eine neue *Landkommunenbewegung* auf, trotz oder gerade wegen der Ermordung Martin Luther Kings und eines 1968 von der Polizei in Chicago verursachten Blutbads unter den politisch wachen Blumenkindern.

Die bekanntesten heute noch bestehenden kooperativen Landkommunen – von über dreitausend – sind die *Farm* in Tennessee mit Schwestergemeinden in den USA und Europa sowie die 1969 gegründete *Sunburst Community*, die in den Achtzigern von Kalifornien nach Utah übersiedelte und vom bekannten Hopi Oswald White Bear Fredericks spirituell beraten wird.

Roman Schweidlenka, Mitautor des Buches *Mutter Erde, Magie und Politik. Zwischen Faschismus und neuer Gesellschaft*, schreibt über sie in seiner 1983 verfaßten Doktorarbeit »Hermann Hesse – Rezeption und die Gegenkultur«:

»›Sunburst‹ vertritt eine aktive, weltbejahende Spiritualität und unterhält gute Kontakte zur etablierten Gesellschaft. Die Kommune spendet 95 Prozent des freien Essens für das Obdachlosenhaus in Santa Barbara und stellt seit 1973 finanzielle Unterstützung und Nahrungsmittel für ›Red Wind‹, eine San Louis-Obispo-Landkommune von Indianern aus 26 Stämmen, welche ihre traditionelle Kultur revitalisieren wollen, bereit. Darüber hinaus beteiligt sich die ›Sunburst‹ an sozialen Aktionen verschiedener Art. Missionierung, Ausbeutung und Personenkult werden abgelehnt, sanfte Technologie wird bejaht, da sie in Harmonie mit allem Leben steht.
Die *Bruderschaft der Sonne*, wie sie sich auch nennt, sieht ihren Lebensstil als Botschaft an. ›Unsere Zukunftsvision ist die Geburt vieler ähnlicher Gemeinschaften, welche für alle die Plätze vorbereitet, welche danach streben, in Übereinstimmung mit Gottes natürlichen Gesetzen zu leben, Nahrung für die, die in Not sind, anbauen und Beispiele eines Lebensweges praktizieren, welcher wieder Friede und Harmonie auf die Erde bringt.‹«

Auch der 1970 gegründeten, größten Landkommune der USA, der *Farm* in Tennessee, geht es um die Verbindung von innerer und äußerer Veränderung mit befruchtendem Wirken nach außen.

Zitat ihres Initiators und langjährigen Leiters Stephen Gaskin:

»Eine Religion muß allumfassend sein. Wir sind der Hüter unseres Bruders und unserer Brüder – das sind alle Menschen auf dieser Erde.«

Vier Dinge haben die Farm besonders bekannt gemacht: ihre vielfältigen Sojaprodukte und -rezepte als Alternative zum Fleischkonsum; ihre Praxis und Propagierung der natürlichen Geburtenkontrolle und der natürlichen Geburt, verbunden mit einem kostenlosen Hebammenservice; und die 1974 gegründete, internationale soziale Hilfsorganisation *Plenty* (»Fülle, Überfluß«), welche von allen Farmgemeinden und von Spenden getragen wird. Ein Text aus dem *Farm-Report 1978:* »Für uns, für die Kinder des kosmischen Zeitalters, stellt sich die Aufgabe, den Naturvölkern der Erde bei ihrem Versuch zur Seite zu stehen, Integrität und Identität wiederzugewinnen.«

In den Siebzigern kam es zu Einsätzen für Indianer in Guatemala (auch in Zusammenarbeit mit Mutter Theresa), in Mexiko, in Ecuador, für andere Ureinwohner in Bangladesh sowie weitere Hilfsbedürftige (meist Farbige) in Miami und in der Bronx von New York.

1978 unterstützten die Farmgemeinden auch die inzwischen erstarkte nordamerikanische Indianerbewegung: Lebensmittel und medizinische Hilfe wurden für den »Longest Walk« (Längster Marsch) zur Verfügung gestellt. Damals marschierten Indianer aller Stämme fünf Monate lang von der Westküste in die Bundeshauptstadt Washington, um gegen indianerfeindliche Gesetzesvorschläge zu protestieren. Schon ein Jahr zuvor reiste Gaskin mit der ersten amerikanischen Indianerdelegation zur *UNO* nach Genf, Ziel: die erste »Konferenz der nichtstaatlichen Organisationen zur Situation der eingeborenen Völker beider Amerikas«. Die für diesen Anlaß verfaßte *Botschaft der Irokesen an die westliche Welt* (vgl. »Ein Ruf zur Einsicht« und Kapitel 4) wurde von der Farm gemeinsam mit den *Akwesasne Notes* in Buchform veröffentlicht.

Die politisch wachen Farmhippies sind auch aktiv in der Anti-AKW-Bewegung und unterstützen *Greenpeace.* Sie haben die Zusammenarbeit mit dem »American way of life« aufgekündigt, da er mit einem spirituellen Leben unvereinbar ist. Gaskin vergleicht die US-Regierung mit den Nationalsozialisten, da sie »einen falschen Weg gehe und den tödlichen Konkurrenzkampf zur Stützung der Mächtigen fördere« (zitiert nach Schweidlenka). Für die Farmleute hat daher »die praktisch gelebte Haltung allumfassender Nächstenliebe« Vorrang vor der Theorie; Religion wird »als ungeschrieben, Millionen Jahre alt und allumfassend, barmherzig, kostenlos und als wirksame Hilfe im Hier und Jetzt verstanden, welche das Verständnis der natürlichen Zusammenhänge der Menschen mit dem Kosmos fördert«. Demzufolge ist Religion mit einem einfachen Lebensstil verbunden, der eine gerechte Güterverteilung ermöglicht und die Klassengesellschaft auflöst. Religion muß daher »wieder in den Herzen der Menschen lebendig werden« und darf nicht Sache einer Institution oder gar des Staates sein.

Gurus und Sekten gelten deshalb als Blutsauger, die »genauso verderblich sind wie das industrielle und staatliche System«. Diese politisch-spirituell bewußt lebenden Menschen haben als lebendige Boten eines Neuen Zeitalters nur wenig mit denjenigen New-Agern der achtziger Jahre zu tun, die lieber konsumieren, statt sich selbst zugunsten des großen Ganzen wirklich zu verändern und dafür Gewohntes aufzugeben. Diese Menschen haben als erste Weiße begonnen, die Indianerbewegung zu unterstützen, und ihnen schließen sich immer mehr wache Menschen und entsprechende Organisationen an. Um nur einige Namen zu nennen: Marlon Brando, Jane Fonda, Joan Baez, Bob Dylan, Rita Coolidge, Stevie Wonder, Richard Erdoes (Übersetzer und Herausgeber von »*Tahca Ushte*«), Randy Hayes (Filmregisseur und Mitglied in Fritjof Capras *Elmwood Institute),* David Brower (*Friends of the Earth*), Robert Jungk, Petra Kelly... Die Saat der Hopi ist unter jenen, die hören wollen, aufgegangen und begann über die Landkommunenbewegung und die Universitäten der USA, Europas und Japans – sowie die Indianer selbst – in die Alternativ-, Öko- und Friedensbewegung Amerikas, Europas und Japans vorzudringen.

Die *Neue Linke* konnte zunächst nicht viel mit den nordamerikanischen Indianern anfangen – sie war erst einmal mit den thematisch ihr näherliegenden Befreiungskämpfen der Völker der Dritten Welt beschäftigt. Den ganzheitlich-spirituellen Aspekt der US-Indianer und insbesondere der Hopi mißverstand sie als Mythos, Animismus und Aberglaube. Das sollte sich jedoch in den Siebzigern und Achtzigern ändern, als Teile der Linken allmählich friedensbewegt und ökologisch wurden und dynamisch gebliebene christliche Organisationen auf dieselbe Weise zum Lebensnerv vorzudringen begannen: Damit wurde die traditionelle Vereinigungsbewegung der Hopi zu einer weltweiten.

Während die neuen US-Landkommunen Spiritualität bereits als etwas Alltägliches, nicht Abgehobenes öffentlich zugunsten von Mutter Erde und ihrer Kinder lebten – was man *politische Spiritualität* oder *spirituelle Politik* nennen könnte –, machten sich in den Siebzigern und noch weit in die Achtziger hinein viele auf den »Weg nach innen«, jenseits aller Verantwortung für andere: nach Indien zu einem Guru, in die individualistische Beschäftigung mit allen möglichen Formen der Innenschau bis zur totalen Flucht in andauernde Drogentrips. Doch genau diese Art von Weg meinen die traditionellen Indianer und spirituell bewußte Menschen nicht, denn die ausschließliche Beschäftigung mit sich selbst hilft niemandem und entpolitisiert. Trends dieser Bewegung waren und sind der fernöstliche, die Vereinnahmung schamanistischer Praktiken, die aus dem Zusammenhang gerissen zur oberflächlichen Modewelle wurden, sowie der kostspielige Erwerb von »esoterischen Einweihungen«. Diese Haltung setzt in gewisser Weise die Ausbeutung der Indianer und sonstiger interessant erscheinender Kulturen mit anderen Mitteln fort und läßt sie in ihrer Bedrängnis gewöhnlich allein. Das gilt auch für Teile der *Human-Potential-Bewegung* und die *Theosophie*, die ihre stärksten Impulse insbesondere von der lebendigen indianischen Tradition erhalten haben (vgl. dazu auch das Buch *Cuchama, Heilige Berge der Welt* von W. Y. Evans-Wentz). Ähnlich wie die spirituell-theosophisch fundierte Gemeinschaft *Findhorn* verbinden sie Elemente verschiedenster Glaubens- und Wissensrichtungen und kommen über eine Lehr- und Heiltätigkeit, die auf einen zahlungskräftigen Kreis ausgerichtet ist, vielfach nicht wesentlich hinaus.

Das anzumerken ist insofern wichtig, als diese Wege häufig als »ganzheitlich« angepriesen beziehungsweise betrachtet werden – was aber der Wirklichkeit nicht ganz entspricht.

Ein indianisches Beispiel veranschaulicht, was der so oft strapazierte Mutter-Erde-Bezug wirklich bedeutet und wie klar sich politische Spiritualität als Bewußtsein und Haltung in der sich daraus ergebenden Handlung oder Aktion als spirituelle Politik ausdrücken kann. Dieses Beispiel steht in völliger Übereinstimmung mit den geschilderten Aktivitäten beispielsweise der Farmleute, es geht jedoch in seiner Tiefe, Intensität und Mächtigkeit noch darüber hinaus. Es zeigt, wie konkret unsere Verwandtschaft mit Mutter Erde und ihren Kindern lebbar ist – inmitten unserer ver-rückten Welt, die gewissermaßen Kopf steht und einen Einsatz verlangt, der sich dem Zeitgeist oder »Mainstream« nicht unter- oder in ihn einordnet.

Ort der Handlung: Yelm, ein kleiner Ort südlich von Tacoma, rund hundert Kilometer südlich von Seattle im US-Bundesstaat Washington. Viel Industrie – von *Boeing* über *Reynolds Aluminium* bis zum Hanford-Sperrgebiet bei der nahegelegenen Yakima-Indianerreservation.

Janet McCloud, im August 1986 gerade 52 Jahre jung und Urenkelin des legendären Häuptlings Seattle, betreibt dort mit ihren Kindern Garten- und Ackerbau. 1973 half sie mit, *Incomindios Schweiz* (*Internationales Komitee für die Indianer Amerikas*) ins Leben zu rufen, 1979 gründete sie den *Kreis indianischer Frauen des Nordwestens* (*NWIWC*), den sie seither auch koordiniert; für dessen Aktivitäten stellt sie Haus und Grundstück zur Verfügung. Hauptaufgabe sind die Organisation von Selbsthilfe- und Selbstversorgungsprojekten, um die drückende Not der dort lebenden indianischen Frauen mit ihren Familien zu lindern. Daneben Bildungsprogramme, wo indianisches Wissen und entsprechende Praxis vermittelt werden. Ziel: Indianische Frauen und deren Familien sollen an Körper, Geist und Seele gesunden, wieder selbständig und selbstbewußt werden.

Diesem Zweck dienen auch zahlreiche Zeremonien, Feste und Treffen, welche die Frauen des *NWIWC* organisieren und unterstützen. Ihre Aktivitäten reichen zum Teil weit über die Grenzen Washingtons und der USA hinaus: zum Beispiel im August 1981 ein »Medizingespräch für Mutter Erde und alle Erdleute« über Führerschaft, Politik und Spiritualität; im März 1982 der »Internationale Frauentag«; im August 1983 ein Treffen des *Traditionellen Indianischen Ältestenrats*, der seit 1978 regelmäßig, meist jährlich, Zusammenkünfte abhält; im August 1984 das erste »Treffen der Jugend und Ältesten«, wobei die zeremoniellen Plätze der McClouds als heiliger Ort zum spirituellen Zentrum des Nordwestens erklärt werden; im August 1985 ein Treffen des *Netzwerks eingeborener Frauen* (*Indigenous Women's Network*); im Juni 1986 die elfte Konferenz des *Internationalen Indianischen Vertragsrates* (*IITC*); im März 1987 das »South meets North«-Kunstforum mit »Gedanken über den Geist von Mutter Erde«, gemeinsam mit dem *Indigenous Women's Network* und den *Artistas Indigenas* (Austin, Texas) in Seattle; im Juli 1987 schließlich der »Sonnentanz« zu Ehren ihres 1985 verstorbenen Ehemannes Don McCloud. Zitat von Janet:

> »Der Sonnentanz ist eine von sieben Zeremonien, die den Menschen der Plains (Lakota, Anm. des Autors) gegeben wurde. Er ist ein Weg zur heiligen roten Straße (›the sacred red road‹), ein Weg, um sich selbst, die Tänzer und die Menschen zu erleuchten, zu reinigen und zu heilen.«

In einem 1987 neu veröffentlichten Flugblatt des *NWIWC* heißt es über Zeremonien grundsätzlich:

> »Wir versuchen, unsere traditionellen Lehren von unseren Ältesten neu zu lernen und Zeremonien durchzuführen; was uns hilft, Frieden des Herzens und Kraft zu finden, um die täglichen Aufgaben zu bewältigen. Genauso wie wir natürliche Nahrung für unsere Körper benötigen, brauchen wir wohltuende Kenntnis, um unseren Geist zu befruchten (to enrich our minds). Der Zweck unserer Zeremonien ist es, die emotionalen und spirituellen Zentren in uns selbst zu heilen.«

Einladung zum Sonnentanz bei Janet McCloud
vom 9.–12. Juli 1987,
geleitet von Dennis Banks; Oberhaupt (chief): Stompede

Was nicht in diesem Flugblatt steht: daß sie mit ihren Zeremonien auch ihrer Mitwelt, Mutter Erde, selbst helfen, ins Lot zu kommen und im Gleichgewicht zu bleiben.

31. Juli 1986: Sechzehn Robinien sollen einer Straßenverbreiterung zum Opfer fallen. Die Entscheidung fiel – warum auch immer – nahezu über Nacht, weiß *The Olympian* vom 1. August 1986 zu berichten. Die Mannschaft, die anrückt, um ihr als Überraschungscoup geplantes Zerstörungswerk zu verrichten, kommt jedoch nicht dazu: Vor der geladenen Presse bilden Janet McCloud, vier ihrer Töchter und ein Dutzend ihrer Enkelkinder einen Schutzring um die Bäume.

»Das hat nichts mit deinem Rechtssystem zu tun«, erklärt Janet dem sichtlich überraschten Einsatzleiter des Straßenbauunternehmens, »es hat mit meiner Religion zu tun, und sie steht über dem weltlichen Recht. Es ist unsere Schuldigkeit dem Schöpfer gegenüber, die Bäume zu beschützen, denn sie sind lebende Dinge. Wir können streng bestraft werden, wenn wir nicht tun, was wir können, um die Bäume zu schützen.« Und weiter: »Das ist heiliges Land. Es wurde vom Puyallup-Stamm als heiliges Land bezeichnet, und traditionelle Älteste quer durch die Vereinigten Staaten, Kanada und Zentralamerika haben sich hier zum Ältestenrat versammelt.« Darauf erklärt Janet, daß sie drei Tage für die Zeremonien benötigen würde, um durch persönliche Rechtfertigung eine angemessene Erlaubnis für das Fällen der Bäume zu bekommen. Als der Einsatzleiter sein Einverständnis dazu gibt, warnt Janet: »In meiner Zeremonie werde ich den Bäumen mitteilen, daß ich getan habe, was ich konnte, um sie zu beschützen, und wenn ihr sie tötet, geschieht es ohne meine Zustimmung und Mitwirkung. Ich werde ihnen sagen, daß ich euch warne, daß ihr, falls ihr sie tötet, dafür büßen werdet. Bäume sind lebendige Dinge, und sie können zum Schöpfer beten.«

Nachdem die Männer ihre Baupläne zweimal überprüft hatten, versicherten sie Janet, daß sie die Zeremonien abwarten und überdies neue Bäume pflanzen würden, sobald das Straßenprojekt abgeschlossen sei.

Dem *Olympian* erläuterte Janet McCloud anschließend: »Wir verrichten jeden Morgen Zeremonien für die Bäume, das Gras, für Felsen, Tiere, Fisch, Regen, Wolken, Donner, die vier Jahreszeiten, Großmutter Mond und Großvater Sonne, die Sterne, für den Schöpfer aller Dinge.« Und zu ihrer Aktion:

> »Das mag wie Custers letzte Stellung aussehen: eine ältere Frau mit ihren Enkelkindern; und manche Menschen würden mich gerne ins Irrenhaus bringen. Aber ich bin nicht einfach so eine verrückte Per-

son. Ich habe Verantwortung, eine Pflicht dem Schöpfer gegenüber. Mein Mann hatte Krebs, und er hatte bis zum Ende seines Lebens zu kämpfen. Diese Bäume müssen für ihr Leben ebenfalls kämpfen.«

Traditionelle Indianer kennen da keinen Unterschied: Ob sie sich wie die Western Shoshone in Nevada mit allen gewaltfreien Mitteln gegen die in ihrem Land stattfindenden Atombombentests wehren oder wie die Lakota gegen die Zerstörung der Black Hills oder wie die Hopi und Navajo-Dineh gegen die Zerstörung von Black Mesa und Four Corners durch Abbaukonzerne. Für sie ist Leben heilig und unteilbar, das Leben des Menschen untrennbar mit dem der »Natur«, der Erde und ihrer Kinder, verwoben.

Janet McCloud, selbst Mitglied des *Indianischen Ältestenrats*, der seit 1986 auch die Jugend miteinbezieht (daher seit damals *Jugend- und Ältestenrat*), verfaßte im Mai 1986, kurz nach Tschernobyl, ein Rundschreiben an ihre Förderer und an ihrer Tätigkeit Interessierte. Darin geht sie deutlich auf die Situation ein, in der wir uns befinden, und läßt das uralte Wissen der Hopi über die »vier Welten« (oder Zeitalter) anklingen und stellt damit meiner Auffassung nach auch eine bemerkenswerte Parallele zu den ersten vier Arkanen des Tarot, aber auch zur Kabbala her. Bei der Übersetzung dieses Textes kam mir mehrmals in den Sinn, den Begriff »leader«, sofern er für traditionelle Indianer angewandt wird, mit »Erste« zu übersetzen – vergleichbar dem lateinischen »Primus inter pares«, also dem »Ersten unter Gleichen«, oder demjenigen, der vorangeht, was zweifellos zutreffender ist als der bei uns noch immer zweideutig besetzte Begriff »Führer«. Ein Begriff, der traditionellen Indianern in unserem Sinn völlig fremd ist, denn »der Erste« geht in dem, wonach gestrebt wird, es selbst verkörpernd voran, und gewinnt so natürliche Autorität.

Jesus von Nazareth verwendete wohl sehr bewußt diesen Begriffszusammenhang, der offenbar unter den traditionellen Indianern im Gebrauch geblieben ist, im Englischen und Deutschen jedoch mit der wachsenden Entfernung von den Ursprüngen verlorengegangen ist. Nach Markus 9,35 (in der Zwettler-Übersetzung) sagte er: »Wer der erste sein will, muß der letzte von allen und der Diener aller sein.« Was der indianischen Auffassung, insbesondere bei den Hopi, sehr nahe kommt.

In dem Schreiben von Janet heißt es unter anderem:

»Es ist Zeit, unsere Lebensweisen vollständig zu ändern und den Schöpfer aller guten und wunderbaren Dinge wissen zu lassen, daß Ihr Euer Leben und dieses heilige Land hoch einschätzt!

Es ist Zeit, die politischen Führer der Welt wissen zu lassen, daß sie nicht Eure besten Interessen vertreten, daß sie der Ausbeutung der Umwelt und der menschlichen Wesen ein Ende bereiten müssen.

Die wahren traditionellen Ältesten der beiden Amerika erfüllen ihre spirituellen Aufgaben, sie folgen den ursprünglichen Anweisungen, die ihnen am Beginn dieses Lebenszyklus gegeben wurden, welcher sich jetzt im vierten Zeitalter oder dem Winter befindet.

Es sind nicht die Gerichte oder die von Menschen gemachte Gesetzgebung – unsere Ersten kämpfen, um dieses Land und Leben zu behüten durch Zeremonien, heilige Lieder, Gesänge (›chants‹, also Intonationen, Mantras), Rituale und Gebete!

Ihr werdet sie nicht in der Öffentlichkeit sehen oder in den Medien über sie lesen, denn sie verrichten ihre Arbeit still in Zurückgezogenheit, in besonders geweihten (heiligen) Gebieten – sie beten für uns alle.

Ihr könnt Euch ihnen anschließen, indem Ihr in Eurer eigenen Weise betet für alles auf dem Land, im Wasser und in den vier Winden – sagt Dank der Großen Mutter!

Laßt Euer Herz erfüllt sein mit Freude und Dankbarkeit. Habt keine Angst, denn Angst ölt die Kriegsmaschinerie!

Meine Familie und ich versuchen unser Bestes, um weiterhin Sorge zu tragen für unser heiliges Land und unsere zeremoniellen Aufgaben (...) Wir schätzen Eure Sorge und Unterstützung und sind dankbar dafür. Möget Ihr wandeln in Frieden und Schönheit.«

Yet – Si – Blue
(Janet McCloud)

Kapitel 7

Weißer Bruder, wo bleibst du?

Wir müssen unser Bestmögliches tun

Seit 1948 wenden sich die traditionellen Hopi nicht nur an ihre indianischen Brüder und Schwestern (und andere Ureinwohner), sondern insbesondere an den legendären älteren *Weißen Bruder*, dessen Vorfahren zu Beginn dieses vierten Zeitalters die Hopi verlassen haben, um, wie es heißt, nach Osten in »das älteste Land« zu wandern. Es heißt weiter, daß er eine bestimmte Mission hatte und das Pferd ihm dabei behilflich war; zugleich werden diese Menschen »Kinder der Sonne« genannt. Sie sollen erfindungsreich, der Schrift kundig und in der Lage sein, die Energie der Sonne und damit die Lebenskraft nicht nur ohne Schaden für die Mitwelt, sondern zum Wohl aller Wesen zu nutzen. Dementsprechend sollen ihre sonnenbezogenen Aufgaben und Zeremonien eine Ergänzung zu jenen der Hopi darstellen.

Wie auch immer: Dieser »Weiße Bruder« muß mit den traditionellen Hopi viel gemeinsam haben und sich insbesondere auszeichnen durch Friedfertigkeit, Sanftmut, Standfestigkeit, Selbstbeherrschung; ohne Hang zur Missionierung, zu Gewaltanwendung und zur Herrschaft über andere, dabei eine hohe, aktive Verantwortung ausübend als Hüter hoher Erkenntniskraft und uralten Wissens. Es handelt sich – der Symbolik nach zu schließen – um ein Volk, das nicht an eine Staatsgrenze gebunden ist, sondern verstreut in Eurasien lebt und eng mit den dort herrschenden Völkern verbunden ist. Insbesondere mit jenen, die das Wissen um die Kräfte der Sonne (des Atoms) materialistisch anwenden. Das ergibt sich aus der Tatsache, daß keine Kraft allein wirken kann und gegensätzliche Kräfte einander anziehen. Besonders dort muß die größte lebenspendende Kraft sein, wo ihr Gegenteil zumindest potentiell todbringend in Erscheinung tritt. So wie in unmittelbarer Nachbarschaft der Hopi in Four Corners die geistigen Grundlagen für die Atombombe gelegt wurden, sie zusammengebaut und erstmals getestet wurde, so ist es auch mit dem wahren »Weißen Bruder«: Er muß unter jenen Völkern zu Hause sein, die diese Entwicklung ermöglicht und in Gang gebracht haben, deren Angehörige schließlich die Bombe als Ausdruck der unkontrollierten, zerstörerischen Sonnenenergie und Lebenskraft auf der materiellen Ebene verwirklicht haben.

Es sind diejenigen Völker, die über diese Kräfte in einer Weise verfügen, daß sie unsere Geschichte zu einem Ende – oder Neuanfang – bringen können: so oder so.

Die Hopi wissen um diese Möglichkeiten und Gefahren – deshalb versuchen sie, die Auslöschung der Menschheit und die mögliche totale Zerstörung der Erde zu verhindern.

Sie wissen auch, daß wir nicht mit irgendeiner helfenden Macht rechnen können, wenn wir nicht selbst unser Bestmögliches getan haben. Das ist der Schlüssel zu unserem Überleben, die einzige Chance, die wir wirklich haben. Von daher ist es auch begreiflich, warum sie sich so dafür einsetzen, daß möglichst viele Menschen ihre Botschaft hören – nicht nur die politisch Mächtigen dieser Erde und jene, die in unserem Kulturkreis dieses heilige Wissen noch im stillen hüten und praktizieren. Es sollen möglichst viele Menschen ohne Druck und Drohung die Chance bekommen, aus eigenem Antrieb das Nötige zu tun, damit unsere Erdmutter und ihre Kinder wieder genesen. Entsprechend heißt es am Beginn der »Friedenserklärung der Hopi« (vgl. *Unser Ende ...*): »Es liegt in der Macht der wahren Hopi, die Gedanken und Spirits aller Völker der Erde, die nach wahrem Frieden suchen, zu vereinen ...«

Schon aus Respekt vor ihrem Wissen und ihrer lebendigen Erfahrung steht es niemandem, der darüber nicht verfügt, zu, die Richtigkeit ihrer Vorgehensweise anzuzweifeln oder in Frage zu stellen. Meiner Meinung nach liegt der Zugang zum Verständnis der traditionellen Hopi nicht nur in der grundsätzlichen Achtung der Andersartigkeit einer uns scheinbar fremden Kultur verborgen, sondern vor allem im vorbehaltlosen Respekt vor ihrer überwiegend gewaltfreien und friedfertigen Tradition.

Nur die Verwirklichung dieser Gewaltlosigkeit und tatsächlich ausgeübten Friedfertigkeit versetzt uns in die Lage, sie wirklich zu verstehen und uns damit gegenseitig tatsächlich helfen zu können.

Seit 1948 bemühen sich ihre traditionellen Ältesten, in der *UNO*-Generalversammlung ihre spirituelle Friedens- und Überlebensbotschaft vorzutragen, »einen realistischen Plan für den Weltfrieden«, wie sie ihn nennen, und vor dem drohenden »Tag der Reinigung« zu warnen. Bisher allerdings vergeblich. Eine Zeitlang war Thomas Banyacya Sr. beauftragt, diese Botschaft vorzutragen beziehungsweise zu übersetzen, die erstmals 1983 in meinem Buch *Unser Ende ist euer Untergang* vollständig veröffentlicht wurde. Seit 1984 jedoch soll Thomas Sr. lediglich die *UN*-Generalversammlung für einen der höchsten Eingeweihten der

Hopi zugänglich machen, der sie dort persönlich vortragen würde. Die Hopi-Ältesten würden in diesem Fall kurz vorher darüber entscheiden, ob diese Botschaft übersetzt werden soll und von wem, denn da es sich um eine spirituelle Botschaft handelt, kann sie von spirituellen Menschen – auch ohne Übersetzung – direkt über das Sonnengeflecht empfangen werden. Danach senden vielleicht bis zu vier nichtindianische Nationen Abgesandte zu den *Kikmongwis* der Hopi, wo ihnen in den geweihten Kivas »die Geheimnisse des Überlebens« enthüllt würden. Zugleich suchen die Ältesten nach dem wahren »Weißen Bruder«, der mit den fehlenden zwei Steintafeln kommen soll, um die drohende Vernichtung der Menschheit zu verhindern, die Reinigung durchzuführen und mit ihnen zusammen ein neues, glückliches Zeitalter einzuleiten. Soweit Thomas Banyacya Sr. im März 1984 in einem Gespräch mit dem damals noch so benannten *Arbeitskreis Hopi-Österreich*.

Schon bei ihrem ersten Versuch, vor der *UNO*-Generalversammlung zu sprechen, stießen die traditionellen Hopi jedoch auf völlige Ablehnung. Das sollte bis 1983 unverändert so bleiben. Im selben Jahr richten sie ein besonders eindringliches Schreiben an den Präsidenten der tagenden Generalversammlung, worauf erstmals eine Einladung erfolgt: allerdings lediglich zu einer Konferenz im Rahmen der »US-Abrüstungswoche für das Überleben« im Oktober desselben Jahres.

Während Thomas Banyacya Sr. im Auftrag der Ältesten daran teilnimmt, erscheinen drei weitere Hopi aus Hotevilla, begleitet vom Hopikenner und -Freund Tom Tarbet Jr. aus Santa Fe: James Kootshongsie, der Herausgeber der Zeitschrift *Techqua Ikachi*, Carolyn Tawangyawma und Titus Lamson. Alle drei sind von niemandem dazu autorisiert, erscheinen aus eigener Initiative und richten so begreifliche Verwirrung unter den weißen Teilnehmern der Tagung an.

Diese Geschichte hat ihren Anfang – zumindest, soweit es nach außen hin deutlich sichtbar ist – offensichtlich in der Teilnahme dieser drei am viertel Russell-Tribunal 1980 in Rotterdam. Denn seither spricht James im Impressum seiner Zeitschrift (ab Nr. 17/1980) nur noch davon, daß sie »im traditionellen Dorf Hotevilla« herausgegeben wird. Kein Wort mehr darüber, daß sie, wie bis dahin, »die Ansichten spiritueller Führer aus Hotevilla wie David Monongye ...« repräsentiere.

Ich will mich nicht in die Angelegenheiten dieser Menschen einmischen, muß aber festhalten, daß allein Thomas Banyacya Sr. seit 1948 autorisiert ist, als Dolmetscher und Sprecher die spirituellen Ältesten *aller* traditionellen Dörfer und deren Anliegen in der Öffentlichkeit zu vertreten (er handelt auch stets nur in deren Auftrag, nie im eigenen), was durch entsprechende Schriftstücke belegbar ist. Diese Anmerkung ist deshalb so wichtig, weil es immer wieder Menschen gibt, die darauf verweisen, daß »die Hopi« selbst uneinig seien – was auf die konsequent Traditionellen und die Wissenden unter ihnen nicht zutrifft. Mit diesem »Argument« wird aber von der Möglichkeit zu helfen abgelenkt. Tatsache ist, daß die genannten drei in dieser Angelegenheit nicht im Auftrag ihrer Ältesten handeln, sondern lediglich in ihrem eigenen Namen. Und hier kommen wir zu einem ganz entscheidenden Punkt für die Sache der Hopi: Es ist kein Alleingang erlaubt – aus welchen Gründen auch immer.

Doch eben diesen Alleingang verteidigt James K. in *Techqua Ikachi* Nr. 31/1986 nach einem erneuten Versuch bei der *UNO* im September 1985. Er stellt darin den Anspruch der Ältesten in Frage, daß die spirituellen Ersten und *Kikmongwis* entscheiden, wer in welcher Weise die Hopi vor der *UNO* vertreten soll. Damit stellt er sich aber außerhalb des gemeinsamen Vorgehens und des urindianischen Grundsatzes, daß Beschlüsse *einstimmig*, also im Konsens von allen Beteiligten zu fassen sind.

Im März 1984 gelang es dem 1982 gegründeten *Arbeitskreis Hopi-Österreich*, Thomas Banyacya Sr. und Janet McCloud erstmals zu einer Vortragsreise nach Österreich einzuladen. Beide konnten mit einem hohen Beamten des österreichischen Außenamtes sprechen – mußten aber erfahren, daß Österreich nichts unternehmen werde, um den Hopi behilflich zu sein, da es zu sehr von den USA abhängig sei und die USA dies als Einmischung betrachten könnten. Thomas Sr. besuchte anschließend erstmals auch die Bundesrepublik Deutschland. In Bonn, wo er (wie in Österreich) mit Janet McCloud öffentlich referierte, trafen beide mit Petra Kelly von den deutschen *Grünen* zusammen.

Unbeirrt vom nicht gerade ermunternden Wiener Gesprächsergebnis verfaßten wir noch vor Thomas' Abreise in die Bundesrepublik Deutschland mit ihm am 27. März 1984 eine Resolution, die als erstes Dokument der Zusammenarbeit zwischen Weißen und den traditionellen Hopi-Ältesten noch im Mai von ihnen gebilligt wurde. Danach wurde sie über die Wiener Botschaften an die Regierungen von fünfzig Staaten verschickt und mit einer hauptsächlich europaweiten Kampagne verbunden. Ziel: die Möglichkeit für einen hohen Hopi-Eingeweihten zu schaffen, vor der *UNO*-Generalversammlung zu sprechen. Geschätzte zehntausend Unterschriften zur Unterstützung dieser Resolution (wenn nicht mehr) hatten Richard Kelly vom *Informationsdienst Indianer heute* (Berlin), der *Aktionskreis Frieden* (beide Bundesrepublik Deutschland), das *Yoga Centret Göteborg* (Schweden), *Il Comitato di solidarietà con gli Indiani Hopi d'America* (Triest), das *Survival Network Inter-*

national (USA), zahlreiche Helferinnen und Helfer und der *Arbeitskreis Hopi-Österreich* gesammelt und zusammen mit der Resolution an den österreichischen beziehungsweise deutschen Außenminister weitergeleitet.

Handfest engagiert haben sich überdies *Die Grünen* in der Bundesrepublik Deutschland unter Petra Kelly, die im November 1984 eine Kleine Anfrage an die deutsche Bundesregierung in Sachen Hopi vor die *UNO* richteten. Neben zahlreichen persönlichen Briefen, die von bundesdeutschen und österreichischen Hopi-Freunden an den jeweiligen Außenminister und an andere Regierungsmitglieder gesandt wurden, hat auch der *AK Hopi-Österreich* diesen Weg beschritten: Insgesamt (gerechnet ab März 1984) haben wir viermal unsere Außenminister angeschrieben (damals gab es einen Ministerwechsel in Österreich), die jedesmal sehr wohlwollend, aber dennoch ablehnend antworteten beziehungsweise durch einen Vertreter antworten ließen. Zitat aus dem Schreiben des damals neu bestellten Außenministers Leopold Gratz vom 19. September 1984:

> »Eine Antragstellung an die Generalversammlung, die darauf gerichtet ist, einem Sprecher der Hopi die Möglichkeit zu bieten, das Wort zu ergreifen, ist zwar theoretisch möglich, doch würde ein solcher Antrag mit sehr großer Wahrscheinlichkeit abgelehnt werden, schon um Präzedenzwirkungen zu vermeiden.«

Im letzten Schreiben des österreichischen Außenamtes, datiert vom 18. Februar 1985, heißt es: »Vom Grundsatz nämlich, daß nur österreichische Staatsbürger der österreichischen *UN*-Delegation angehören dürfen, kann nicht abgegangen werden.« Vorher verwies man uns regelmäßig an die *nichtstaatlichen Organisationen*, die den Hopi helfen sollen, in die *UNO* zu kommen.

Auch andere Regierungen lehnten es ab, sich zu engagieren, wie das Schreiben des damaligen *UN*-Botschafters in New York, Dr. Karl Fischer, an Petra Kelly vom 14. Januar 1985 feststellt. Am 17. Januar 1985 kam schließlich von der deutschen Bundesregierung das hochoffizielle »Nein« in Sachen Hopi als Antwort auf die Kleine Anfrage der Fraktion *Die Grünen* im Deutschen Bundestag, wobei vermerkt wurde, daß neben Österreich »auch die Vertretungen anderer befreundeter Länder«, nämlich Dänemark, Niederlande, Schweden, Kanada und Neuseeland, kontaktiert wurden. »Als Ergebnis ist festzuhalten, daß auch diese Länder nicht die Möglichkeit sehen, dem Begehren der Hopi zu entsprechen«

(Zitat von Seite 2). Auf Seite 3 heißt es unter anderem: »Angesichts der Zuständigkeit der Menschenrechtskommission erkennt die Bundesregierung keine Notwendigkeit, für eine Befassung der *UN*-Generalversammlung aktiv zu werden.« Basta.

Eine nichtstaatliche Organisation wie die »World Conference on Religion and Peace«, die immerhin Janet McCloud und Thomas Banyacya Sr. für 1985 zur Weltkonferenz nach Nairobi eingeladen hatte, mußte genauso passen wie andere Gruppierungen auch, denn es dürfen in der *UN*-Generalversammlung nur Vertreter von Mitgliedsstaaten sprechen; außer, es findet sich dort nach einem entsprechenden Antrag eine Mehrheit für ein Nichtmitglied, wie es bereits beim Palästinenservertreter Arafat und bei einem Vertreter der südafrikanischen *SWAPO* geschah.

Über fünfzig Staaten hatten wir um Hilfe gebeten, die Reaktion war gleich Null. Lediglich ein Vertreter der Kirche, der Vorsitzende des deutschen Zweiges vom *Internationalen Versöhnungsbund*, Pastor Konrad Lübbert, sicherte seine Mithilfe zu (und ließ es dabei bis heute bleiben). Das Sekretariat der deutschen Bischofskonferenz hingegen, vertreten durch Bernd Marz als Pressesekretär, ließ wissen, »daß Herr Kardinal Höffner aus dem umfassenden Verständnis des Bischofsamtes heraus Ihre konkrete Forderung nicht erfüllen kann« (beide Schreiben waren an den mitarbeitenden *Aktionskreis Frieden* in der Bundesrepublik Deutschland gerichtet). Welches Verständnis meinte da wohl der Kölner Kardinal?

Der vierte Versuch des *Arbeitskreises Hopi-Österreich*, den Wiener Kardinal Franz König mit einem Schreiben vom 7. März 1984 um ein Gespräch und um Hilfe zu bitten, stieß ebenfalls auf taube Ohren. Selbst der Umstand, daß der 16. tibetische Karmapa schon im Frühjahr 1981 die traditionellen Hopi mit einer kleinen Delegation besuchte und Thomas Banyacya Sr. im selben Jahr den 14. Dalai Lama in Boston traf, hatte für die Öffentlichkeit keine Wirkung, obwohl der Dalai Lama die Hopi als »das wahre Volk« bezeichnete, »das imstande ist, mit den Lebenskräften umzugehen und sie im Gleichgewicht zu halten«.

Unsere Freunde und wir haben alles versucht, was menschenmöglich ist, wir haben auch bekannte Persönlichkeiten angeschrieben wie Fritjof Capra, Bruno Kreisky, Kurt Waldheim, Dr. Alois Mock von der *Österreichischen Volkspartei* und andere mehr. Fazit: Außer Spesen nichts gewesen. So scheint es zumindest. Auf diese Weise konnte jedoch erstmals das *UNO*-Anliegen der traditionellen Hopi nahezu weltweit bekannt gemacht werden – auch in Alternativ-, New-Age- und anderen Medien.

Zwar nicht über den erhofften, aber immerhin über einen Erfolg konnte uns Thomas Banyacya Sr. im Januar 1985 telefonisch berichten:

daß die Ältesten der traditionellen Hopi und er die Arbeit vom *AK Hopi-Österreich* und unserer Freunde wertschätzen, insbesondere da sich gerade in letzter Zeit sehr viele Gruppen und Einzelpersonen aufgrund dessen bei ihm gemeldet hätten, um den traditionellen Hopi zu helfen. Zitat: »Eure Arbeit ist sehr wichtig.« Zugleich versicherte er uns, daß der Zeitraum, in dem die Hopi weiterhin den Versuch machen wollten, in die *UN*-Generalversammlung zu gelangen, auf September 1985 ausgedehnt würde – bis zum Beginn der 40. Generalversammlung.

Anfang März 1985 schließlich sollte Thomas Sr. auf unseren Vorschlag hin gemeinsam mit Binah McCloud nach Amsterdam zur internationalen New-Age-Konferenz »Der Geist des Friedens« kommen. Gedacht war an eine historische Begegnung mit New-Age-Vertretern wie Marilyn Ferguson, Fritjof Capra, Rabbi Zalman Schachter, Bruder David Steind-Rast und anderen vor internationalem Publikum. Höhepunkt sollte ein Gespräch mit Robert Muller sein, dem stellvertretenden *UN*-Generalsekretär vom Sozial- und Wirtschaftsrat. Es kam aber ganz anders. Der Abflug von Thomas Sr. wurde schon in den USA durch mangelhafte Organisation vereitelt. Und Robert Muller sagte gegenüber unserem Vertreter bei der Konferenz, Dr. Roman Schweidlenka und unserem Freund, Dr. Eduard Gugenberger, der dort wie Roman zwecks zeitgeschichtlicher Recherchen weilte, klipp und klar, daß der »Fall Hopi gestorben« sei, »weil es die USA niemals zulassen würden, daß die Hopi vor der *UNO*-Generalversammlung sprechen können«. Für ein weiteres Gespräch hatte der zweithöchste Funktionär der *UN*-Weltorganisation keine Zeit.

Im September desselben Jahres versuchten die traditionellen Hopi erneut, ihr Ziel zu erreichen, wobei der *AK Hopi-Österreich* je ein Brieftelegramm mit der Bitte um Hilfe an Robert Muller, den *UN*-Generalsekretär Perez de Cuellar und die russische *UN*-Delegation sandten.

Erstmals kam es zu einer offiziellen Reaktion. Während noch die Ältesten in ihrer seit 1948 bedeutendsten Kiva in Shungopavi im Rahmen einer viertägigen Zeremonie berieten, wen sie nach New York schicken sollten, erhielt Thomas Banyacya Sr. ein Telegramm von Robert Muller, in dem er das Anliegen der traditionellen Hopi ablehnte. Damit hat die *UNO* zum ersten Mal schriftlich und offiziell gegen das Hauptanliegen der traditionellen Hopi Stellung genommen. Robert Muller teilte mir dazu in einem Interview auf der Frankfurter Buchmesse im Oktober 1985 unter anderem mit: »Die Welt wird eher eine Katastrophe erleben, als die Hopi anhören!«

Und Thomas Sr. kommentierte das Geschehen für mich Ende Oktober telefonisch: »Ich habe dieses Telegramm von Robert Muller, aber die Hopi werden die Sache trotzdem irgendwie weiterverfolgen; sie haben Wege, das zu erreichen, wenn sie dazu bereit sind.« Eine darauf bezogene viertägige Zeremonie fand unmittelbar anschließend in Shungopavi statt.

1988 erst erfuhr ich, was Thomas damals damit gemeint hatte: Die Hopi-Ältesten würden so lange warten, bis die Welt nicht mehr ein und aus weiß. Dann würden die Menschen bereit sein, auf jeden zu hören, der Vorschläge zur Lösung der ausweglosen Situation vorzutragen hätte. Und das sei der Zeitpunkt, wo auch die Hopi im Rahmen der *UNO* vor die Weltöffentlichkeit treten könnten. Die Zeichen für das Herannahen dieses Augenblicks mehren sich.

Im darauffolgenden Januar setzt die Explosion der Raumfähre »Challenger« (»Herausforderer«) dem amerikanischen Traum von der Eroberung des Alls für die nächsten zwei Jahre ein jähes Ende. Es scheint, als würde die in dem von der Hopi-Prophezeiung inspirierten Kinofilm *KOYAANISQUATSI* am Schluß angedeutete Katastrophe Gestalt annehmen: die Selbstzerstörung durch Feuer. Die Sowjets hingegen schikken eine zweite, noch größere Raumstation in eine ständige Erdumlaufbahn. Sie heißt »Mir« (»Frieden«).

Der 26. April 1986 läßt schließlich auch die Kreml-Herren erzittern und vielleicht an die Warnungen der Hopi denken. Denn dieses Feuer wird so rasch nicht enden. Die Welt ist nicht mehr dieselbe, obwohl sie noch steht – aber wie lange noch?

Was muß noch geschehen, wie lange wollen die scheinbar Mächtigen dieser Erde noch warten, bis sie endlich Gerechtigkeit walten lassen? Ist, was bisher geschah, nicht schon schrecklich genug? – Ozonloch, klimaverändernder Treibhauseffekt, tausendfaches Robbensterben in der Nordsee und sich dramatisch häufende Dürre-, Beben-, Flut-, Lawinen- und Sturmkatastrophen, *AIDS* und Waldsterben, Gewässervergiftung und Luftverschmutzung... Ich jedenfalls hoffe, daß die Welt diese Zeichen – oder was auch immer es sein mag – zu ihrer Heilung übersteht...

Ich fürchte, daß alle Völker, die mit der Hopi-Prophezeiung und mit dem Anliegen der traditionellen Hopi eng verknüpft sind, in schmerzlicher Weise an ihre heilige Pflicht, ihre heilige Aufgabe erinnert werden müssen, Stück für Stück: Der »Weiße Bruder« wird gemahnt, umzukehren, die wahre Bruderschaft wiederherzustellen.

Welche Rolle spielen dabei die seltsamen Geschehnisse um Dr. Kurt Waldheim, der es versäumt hat, den Hopi in die *UNO* zu helfen? Welche Rolle spielen Österreich, die Bundesrepublik Deutschland, die UdSSR,

China und Japan? Wir haben am 8. November 1985 an den Präsidenten der USA, an Michail Gorbatschow, Deng Xiao Ping und Premier Nakasone geschrieben – mit Kopien an Fritjof Capra, Hazel Henderson (*Das Ende der Ökonomie*), an William Thompson (*Die pazifische Herausforderung*), an die *Findhorn*-Gemeinde in Schottland und andere. Keine entsprechende Reaktion. Schweigen. Eine Kopie des Schreibens an Michail Gorbatschow kam im August 1986 über das US-Innenministerium (!) an uns zurück, beigelegt ein nichtssagendes Standard-Antwortschreiben des *Büros für Indianische Angelegenheiten (BIA)*. Die genannten Präsidenten antworteten überhaupt nicht, und der bereits zitierte Robert Muller verwies am 6. Dezember 1985, auf unserem Brief handschriftlich am Rand notiert und im Original zurückgesandt, darauf, daß »alle solche Schreiben« direkt an den *UN*-Generalsekretär zu richten seien – und er persönlich ab 1986 nicht mehr in der *UNO* sein würde. Sonst nichts.

Auch Dr. Kurt Waldheim ging schon im März 1984 auf unsere diesbezüglichen Bitten überhaupt nicht ein – und verwies uns lediglich an die *UN*-Menschenrechtskommission. 1986 – mitten im Wahlkampf um das Amt des österreichischen Bundespräsidenten – ließ er unsere Bitte um eine öffentliche Stellungnahme zu dieser Problematik unbeantwortet.

Nach dem ersten Wahlgang teilte er allerdings einem niederösterreichischen Wahlkampfhelfer in einem Schreiben vom 30. Mai 1986 unter anderem mit:

> »Ihre Besorgnis bezüglich der von Ihnen erwähnten Verletzungen teile ich. Ich werde auch künftig gerne meinen Einfluß zur Sicherstellung der Rechte der Indianer geltend machen.«

Als neugewählter Bundespräsident ließ Waldheim dann gleichlautende, kopierte Briefe versenden, datiert mit dem 31. Juli 1986. Uns und den *AK Hopi-Graz* erreichte eine dieser Kopien allerdings erst Ende Oktober 1986. Darin heißt es:

> »Ich schätze sehr Ihr humanistisches Engagement, sehe aber keine Möglichkeit, mich als Staatsoberhaupt in die inneren Angelegenheiten eines anderen Staates einzumischen.«

Der Gesinnungswandel und die offensichtliche Gedächtnislücke sind bemerkenswert, wenn auch nicht neu.

Immerhin ließ Dr. Waldheim im letztgenannten Schreiben noch den Rat geben, »daß ein Vertreter der Indianer in eine Delegation einer zugunsten von eingeborenen Bevölkerungsgruppen tätigen internationalen nichtstaatlichen Organisation (*NGO*) aufgenommen wird und in dieser Eigenschaft vor der Generalversammlung das Wort ergreift«. Und: er habe das österreichische Außenamt darüber informiert. Immerhin... Das war trotz der kalten Dusche zumindest konkret, wenn auch nicht, wie vor den Wahlen noch versichert, seinen »Einfluß geltend« machend.

All das zeigt, daß »die Welt«, oder genauer Reagan, Gorbatschow, Helmut Kohl, Premier Nakasone, Deng Xiao Ping, Dr. Alois Mock (Österreichs Vizekanzler und Außenminister seit 1986), Dr. Waldheim, Kardinal König, der inzwischen verstorbene Bischof Höffner, und wie sie alle heißen, Probleme haben, die traditionellen Hopi wirklich ernst zu nehmen.

Mutter Erde und ihre Kräfte allerdings sind nicht an politische Spielregeln gebunden. Sie wird – wie die Hopi sagen – ihre Kinder, die nicht aufwachen wollen, regelrecht wachrütteln, bis sie aufwachen: zuerst jene, die am meisten in Bewegung versetzen könnten und sollten – zum Guten hin, denn sie ist und bleibt unsere sorgende, uns liebende Mutter, gleichgültig wieviel Schaden wir Menschen ihr zufügen. Die traditionellen Hopi wissen das. Sie befürchten aber – wie man sieht, nicht ganz zu Unrecht, daß wir sowohl in unserem Willen, zu erkennen und entsprechend zu handeln, zu schwach sind, als auch in unserer Fähigkeit, die Weckmethoden unserer Großen Mutter einigermaßen heil zu überstehen, denn im Geben sind wir ganz schön stark – aber im Nehmen...? Deshalb tun die traditionellen Hopi alles, was sie können, um uns mit der tatsächlichen Lage vertraut zu machen – und uns einen gangbaren Weg zu zeigen: den Hopi-Weg der Hoffnung.

Heiliges Land und unheilige Geschäfte

Ein bedeutender Schritt, die wahren Verhältnisse ungeschminkt aufzuzeigen, war ein Schreiben vom 4. März 1985, verfaßt vom inzwischen verstorbenen David Monongye als Sprecher »der eingeweihten traditionellen und religiösen Hopi-Ersten von Hotevilla im Namen unserer erblichen Kikmongwis und der Mehrheit der traditionellen Hopi« (es fehlen die Unterschriften von James K. und Carolyn T.), gerichtet an die Gouverneure der Staaten Arizona, Neu Mexiko, Colorado und Utah. Inhalt des Papiers: »Unsere dringlichste Bitte, daß Sie als die Gouverneure Ihrer Staaten unverzüglich Schritte unternehmen, um eine totale

Aufhebung des Bundesgesetzes PL 93–531 zustande zu bringen« (das eine Teilung des gemeinsamen Nutzungsgebietes von Hopi und Navajo und die Zwangsumsiedlung der dort Lebenden bis zum 7. Juli 1986 vorsieht, sofern sie sich auf der »falschen Seite« befinden).

In ungewohnter Schärfe und Deutlichkeit wird dieses Gesetz als »völkermordend« bezeichnet und auf seine Hintergründe hingewiesen:

»... ein politischer Konflikt zwischen den Vorsitzenden des Hopi- und Navajostammesrats, der vom *BIA* angestiftet und gefördert wurde, nachdem es rasch den sogenannten Hopi-Stammesrat eingesetzt und diesen in die Hände des Innenministers gegeben hatte, der ihn wiederum als Werkzeug benützt, um mit Hilfe multinationaler Kooperation Bodenschätze zu erschließen (...) Das Herumpfuschen in den Naturelementen in dem heiligen Zentrum, das jetzt als Four-Corners-Gebiet im südwestlichen Teil unseres Heimatlandes bekannt ist, wird eine ernste Wirkung zur Folge haben... Wenn die Menschheit unbeirrt fortfährt, kann sie alle Formen des Lebens auf der Erde zerstören. Aus diesem und aus anderen Gründen widersetzen wir uns nachdrücklich dem Uranabbau sowohl im heiligen Grand-Canyon-Gebiet als auch im Four-Corners-Gebiet. Unser Land und Leben stehen auf dem Spiel!«
Schließlich wird noch eindeutig auf das genannte Teilungsgesetz PL 93–531 Bezug genommen, das »die Ursache von Verwirrung, Mißverständnissen, Krankheit und Tod unter vielen unserer ursprünglichen Ureinwohner geworden ist. Das muß jetzt aufhören!«

In diesem dramatischen Appell stellten die traditionellen Hopi unmißverständlich klar, daß die Zerstörung ihres heiligen Landes und die drohende Umsiedlung der dort lebenden Menschen vom *UN*-Auftrag der Hopi nicht zu trennen ist. Schon 1979 hatten sich die traditionellen Ältesten aus Hotevilla (ausgenommen die genannten James K. und Carolyn T.) mit jenen Navajo-Dineh öffentlich solidarisiert, die ihr Land weder freiwillig verlassen noch verkaufen wollen. Dem war bereits 1977 ein Siebentagetreffen mit traditionellen Hopi und *AIM*-Vertretern in Big Mountain vorausgegangen. 1979 wurde die erste US-Unterstützungsgruppe für Big Mountain in Berkeley gegründet, 1982 folgte ein Komitee von Rechtsanwälten zur juristischen Unterstützung (heute *BMLO*) in Flagstaff, im Frühling 1985 wurde ein *BMLO*-Büro in Washington, D. C., eröffnet, das als Bindeglied zwischen dem US-Kongreß als gesetzgebende Körperschaft und den Betroffenen fungiert. 1986 wurde die

Basis auf einem Gründungskongreß in San Franzisko erweitert und das *Netzwerk für Hopi/Navajo-Landrechte* gegründet, im selben Jahr nahm unter den Fittichen von Louise Benally (Dineh) die Gruppe *Support For Our Future Generations* (Unterstützung für unsere künftigen Generationen) ihre Arbeit auf, die vor allem bei der Organisation und Durchführung von Versammlungen und Zeremonien im gemeinsamen Nutzungsgebiet hilft und gemeinsam mit dem *Big Mountain Legal Office (BMLO)* für die Durchsetzung der verfassungsmäßig garantierten Ausübung der Religionsfreiheit der dort Lebenden arbeitet. Motto der Aktion: »In Defense of Sacred Land«.

1987 gründete im Auftrag einiger traditioneller Ältester des Dorfes Mishongnovi die Hopi Marilyn Harris, die vorher eine Zeitlang beim *BIA* gearbeitet hatte, in Flagstaff das *Hopi-Epicentre*, um deren Anliegen durch eine Zeitschrift und Vortragsreisen (im April 1988 beispielsweise in die Bundesrepublik Deutschland) international bekannt zu machen. Wegen verschiedener Alleingänge und Unterstellungen gegenüber Thomas Banyacya Sr., die sich schließlich als haltlos erwiesen, kam es schon im Frühjahr 1988 zum Entzug der dafür notwendigen breiteren Vertrauensbasis.

Für den *Arbeitskreis-Hopi-Österreich* war der dramatische Appell von David Monongye noch im April 1985 der Anlaß, parallel zu den aufkeimenden US-Aktivitäten eine europaweite Kampagne zum Schutz von Four Corners und für die Aufhebung des Gesetzes PL 93–531 und seiner Folgegesetze zu starten, der sich im Frühjahr 1986 auch *Incomindios Schweiz*, die *Gesellschaft für bedrohte Völker* (Bundesrepublik Deutschland) sowie die deutschen *Grünen* anschlossen.

Im Mai und Juni 1985 kam es – noch vor der historischen schriftlichen *UN*-Absage im September – zu einem anderen historischen Ereignis. Präsident Reagan beauftragte seinen ehemaligen Innenminister, William Clark, in der Sache Hopi-Navajo im Bereich des gemeinsamen Nutzungsgebiets eine Verhandlungslösung durch Landtausch herbeizuführen. In der Folge machte ein hoher Regierungsbeauftragter zum ersten Mal einen Besuch in den seit 1948 bekanntesten Kivas der traditionellen Hopi: Richard Morris, Clarks geschäftsführender Assistent, beriet sich am 29. Mai in Shungopavis bedeutendster Kiva mit den traditionellen Hopi-Ältesten, am 30. Juni zusammen mit Dineh-Ältesten in der Kiva von David Monongye in Hotevilla.

Die Unnachgiebigkeit der Traditionellen veranlaßte Morris zu der Äußerung, daß Umsiedlungswillige »als Rechtsbrecher zu deklarieren sind« und daß »die Räumung des Gebiets durch US-Bundesgerichtspoli-

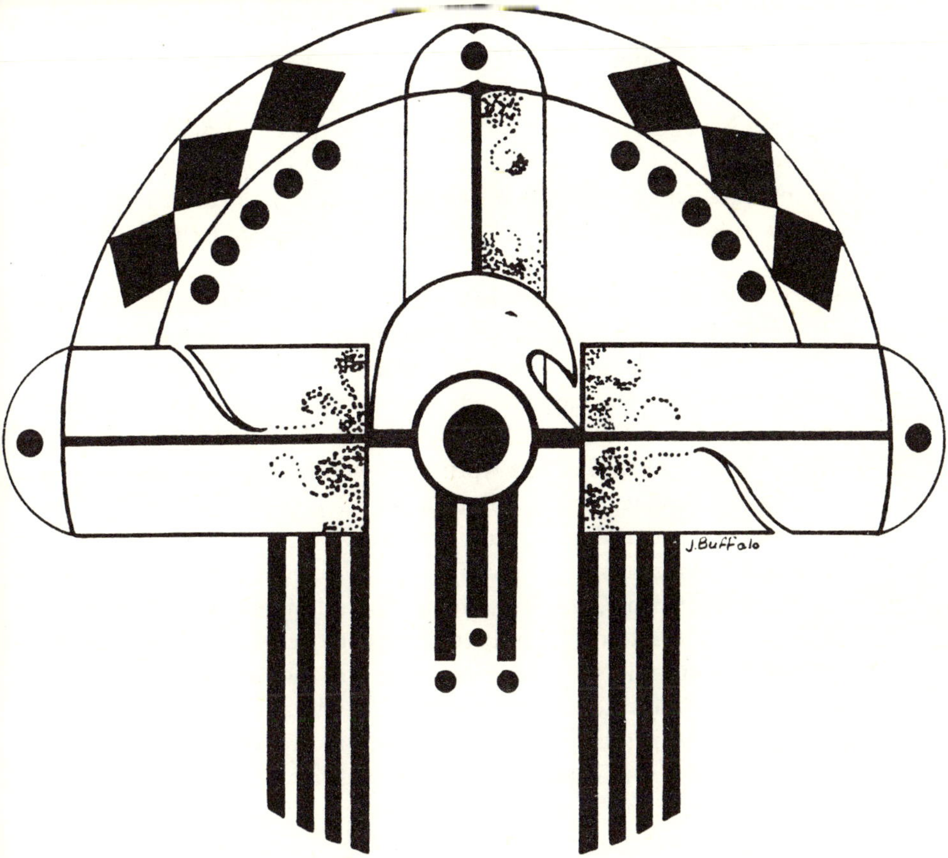

Stilisierter Adler (nach J. Buffalo), wie ihn als Deckblattgrafik die Unterstützungsgruppe *Support For Our Future Generations* verwendet.

zei und US-Militär erzwungen werden kann«. Geplanter Zeitpunkt: 7. Juli 1986.

Tiefflugübungen der US-Luftwaffe, Hubschrauberscheinangriffe und unzählige Kontrollfahrten des *BIA* sollten dem Nachdruck verleihen.

Dank zahlreicher Gebets- und Mahnwachen, verbunden mit einer weltweiten Kampagne, der sich auch verschiedene Medien und in den USA auch kirchliche Organisationen angeschlossen hatten, kam es erfreulicherweise nicht dazu. Seit damals allerdings wächst der Druck tagtäglich. Den Umsiedlungswilligen, die meist keine Ahnung von den Gefahren haben, wird ein größtenteils radioaktiv verseuchtes Gebiet im Süden der Navajoreservation angeboten. Und der Hopi-Stammesrat beginnt bereits energisch, das neue Gebiet, das ihm seit 7. Juli 1986 verwaltungsmäßig allein zusteht, auch zu erschließen. Den dort noch lebenden Dineh wird das Wasser für ihre Schaf-, Ziegen- und Rinderherden regelrecht abgegraben, indem es zugunsten neu zuziehender, assimilierter Hopi und ihrer Rinder umgeleitet wird. Zäune sperren das den Dineh noch verbliebene Vieh ein und beschränken so seine Weidemöglichkeit.

Darüber hinaus begrenzte der Stammesrat der Navajo unter dem im November 1986 nach vierjähriger Amtspause wiedergewählten Peter MacDonald den erlaubten Schafbestand der dort lebenden Dineh auf sechzig Tiere pro Familie. Seit April 1987 werden vom *BIA* in dem den Hopi zugesprochenen Landesteil überdies Straßensperren errichtet, um Außenstehenden den Zugang zu erschweren.

Laut der Lokalzeitung *The Gallup Independent* vom 12. Mai 1987 plant Ivan Sidney, der Vorsitzende des Hopi-Stammesrats und 1988 einziger indianischer Delegierte beim Parteikonvent der Republikaner, einen Park für Wohnmobile in Yucca Flats (nahe Big Mountain) einzurichten, um auf diese Weise den Zugang zur Black Mesa-Kohlenmine für die Hopi zu erleichtern: damit sollen mehr von ihnen dort eine Arbeit finden. Aus demselben Grund habe er auch vor, die sogenannte »Türkisstraße« als befestigte, asphaltierte Straßenverbindung zur Kohlenmine (und zu Big Mountain) zu vollenden. Was natürlich auch andere Möglichkeiten eröffnet... Sidney denkt an einen Flughafen und an ein neues Einkaufszentrum in Polacca an der ersten Mesa sowie an mehrere Museen und andere Touristenattraktionen – insbesondere neue Straßen, die zu Ruinen ehemaliger Hopi-Dörfer führen sollen. In Anspielung auf eine mögliche Aufhebung oder Aussetzung des Gesetzes PL 93–531 durch den US-Kongreß erklärte er: »Der Kongreß mag versuchen, uns einiges aufzuerlegen, aber ob wir es akzeptieren werden, ist eine andere Frage. Solange ich hier bin, werde ich nichts akzeptieren außer all unser Land.«

Größte Unterstützung für die zitierte Auffassung erhält der Stammesratsvorsitzende von einer mächtigen Mormonenlobby, die sich von 1951–1966 über den Anwalt John S. Boyden und die Brüder Morris Udall (Rechtsanwalt und Angestellter von *Peabody Coal* sowie demokratisches Mitglied des Repräsentantenhauses) und Stewart Udall (seit 1955 demokratisches Mitglied des Kongresses und von 1961–1969 Innenminister der USA) die Wasserrechte des Colorado sicherte und – im gemeinsamen Nutzungsgebiet der Hopi und Navajo – die alleinigen Schürfrechte für *Peabody Coal* – nicht nur für Kohle, sondern auch für andere dort liegende Bodenschätze, zum Teil sogar innerhalb der Navajoreservation.

Black Mesa-Kohle liefert aufgrund dieses Coups seit einiger Zeit die Energie für fünf gigantische Kohlekraftwerke in Four Corners, die Strom nicht nur für diese Region erzeugen, sondern insbesondere für Las Vegas und Los Angeles; und – durch das größte Kohlekraftwerk der Welt in Page – für die Wasserpumpen der Wasserwerke, die im Rahmen des »Central Arizona Projects« aufgestautes Wasser des Colorado in den Süden des Landes pumpen.

Stewart Udall brachte 1956 einen Gesetzentwurf in den US-Kongreß ein, der die seit den vierziger Jahren zur Entwicklung der Abbauvorhaben offene Frage klären sollte, wer im Gebiet der ursprünglichen Hopi-Reservation von 1882 für Vertragsabschlüsse zur Lizenzvergabe zuständig sei. Schon 1949 wurde deshalb den dort lebenden Hopi und Navajo die Umsiedlung angeboten. 1958, kurz bevor jene Vorlage vom Kongreß angenommen wurde, erklärte Stewart Udall in einem Hearing, daß er hoffe, sie bis zur Teilung der Reservation von 1882 vorantreiben zu können. Am 3. Juli 1958 wurde die Vorlage akzeptiert, wonach die Rechtsanwälte ein gerichtliches Verfahren zwischen den Stammesräten der Navajo und Hopi einleiten konnten, um diese Frage zu klären. Was sie auch taten.

Die Rechtsanwaltsfirma des Mormonenbischofs John S. Boyden, der den Hopi-Stammesrat vertrat, repräsentierte zugleich auch den Abbaukonzern *Kennecott Copper*, der von 1968 bis 1978 *Peabody Coal* erworben hatte. Stewart Udall arbeitete noch 1969 bei dem fusionierten Konzern, nachdem er als Innenminister unter Präsident Johnson am 7. Juli 1966 die exklusiven Lizenzverträge für *Peybody Coal* gebilligt hatte. Am selben Tag gab *Kennecott Copper* das Vorhaben der Fusionierung mit *Peabody Coal* bekannt, tags darauf veranlaßte Robert L. Bennett als Bevollmächtigter des *BIA* eine Verfügung, die jede Entwicklung (Straßen, Neubauten) in einem weiteren, westlich der Reservation von 1882 gelegenen

Gebiet verbot – die sogenannte »Bennett-Freeze-Area«, in der heutigen Navajo-Reservation gelegen.

Schon 1962 und 1963 hatten die Gerichte entschieden, daß die Lizenzrechte im gemeinsamen Nutzungsgebiet zu gleichen Teilen bei beiden Stammesräten liegen. Da der Stammesrat der Hopi aber von seiner Verfassung her zur Lizenzvergabe nicht ermächtigt war, änderte der neue Innenminister – Stewart Udall – schon im Mai 1961 unter Präsident Kennedy die Verfassung dahingehend, daß er »oder jeder andere ordnungsgemäß autorisierte Beamte« dies gestatten könne – zwei Wochen, nachdem *Peabody Coal* in dem zu der Navajoreservation gehörigen Teil von Black Mesa die ersten Abbaurechte erhalten hatte. Damit hatte der geschäftstüchtige Mormone geschickt einer Fülle von Abbauvorhaben im gemeinsamen Nutzungsgebiet Tür und Tor geöffnet: von Steinkohle über Uran, Öl und Wasser bis zu seltenen Erzen. Schließlich brachte 1971 der Mormone Wayne Owen aus Salt Lake City die Gesetzesvorlage PL 93–531 in den US-Kongreß ein, um einen sogenannten »Landstreit« zwischen Navajo und Hopi zu schlichten, der allerdings von der mormonischen Werbeagentur *Evans & Associates* (vergleiche *Unser Ende...*) inszeniert worden war. Hauptbefürworter im Senat: der republikanische Senator Barry Goldwater aus Arizona. Verfasser des Textes der Gesetzesvorlage: der Mormonenanwalt John S. Boyden. 1974 bekommen die Mormonen und die hinter ihnen stehenden Firmen, was sie wollen: Nach dem Rücktritt Nixons beschließt der Kongreß unter dem neuen Präsidenten Gerald Ford tatsächlich die Teilung des gemeinsamen Nutzungsgebiets, die am 7. Juli 1986 samt der damit verbundenen Zwangsumsiedlung von etwa 100 Hopi und rund 18 500 Navajo-Dineh abgeschlossen sein soll – worauf jene Hopi und viele Dineh dem Druck weichen.

Eben die unter dem Republikaner Reagan regierten USA, die sich selbst weltweit zum Hüter der Freiheit und der Menschenrechte hochstilisiert haben, liefern rund 30000 Menschen in der zweiten Hälfte des zwanzigsten Jahrhunderts kühl dem sicheren Völkermord aus, denn die dort lebenden rund 10000 Hopi werden sich kaum halten können, wenn die benachbarten Navajo-Dineh vollständig umgesiedelt sind.

Daß dieser Vorwurf nicht unberechtigt und die düsteren Aussichten für die Hopi durchaus real sind, zeigt der eigentliche Hintergrund der Zwangsumsiedlung auf Black Mesa. Den Hintergrund nämlich bildet die vollständige Erschließung dieses Gebiets zur Durchführung des »Großen Plans«, der von 23 Firmen repräsentiert wird, welche sich 1964 zum *WEST-Konsortium* zusammengeschlossen haben. Stewart Udall leitete dieses Vorhaben konkret in die Wege, unterstützt von den Staaten

Arizona, Utah, Nevada, Neu Mexiko, Colorado, Texas und der Stadt Los Angeles. Die Idee stammte vom *Los Angeles Departement of Water and Power*, um die stinkenden Kraftwerke von dort wegzubekommen. Hauptsächlich beteiligt sind die Firmen: *Bechtel Corporation, Utah Construction and Mining* (fusioniert mit *General Electric*), *Kaiser Industries, Morrison-Knudsen, Pacific Gas & Electric* (Rothschild), *Southern California Edison* und verschiedene große US-Banken.

1968 unterzeichnete Präsident Johnson die Gesetzesvorlage für Morris Udalls Lieblingsvorhaben, das »Central Arizona Project«, getragen von einer Gruppe des *WEST-Konsortiums*, welche die Wüste Arizonas durch Bewässerung zum Blühen bringen will. Der Haken: Neben einer bescheidenen Menge Wassers für verschiedene indianische Stämme im Süden Arizonas fließt der Löwenanteil des kostbaren Nasses zur künstlichen Bewässerung nicht nur in die Städte Phoenix und Tucson, sondern vor allem auf die Felder privater Farmen, darunter die riesigen Ländereien der Udall-Familie. Überdies werden damit auch die Kühlanlagen der gigantischen Kohlekraftwerke versorgt, und zwar auf Kosten nicht nur der amerikanischen Steuerzahler, sondern insbesondere der Hopi und Navajo-Dineh und Paiute, denn aus ihrem Gebiet wird die elektrische Energie über Black Mesa und Page (mit 2400 Megawatt) geholt, ihr Land wird durch den Kohleabbau, den Schadstoff- und Staubausstoß der fünf riesigen Kohlekraftwerke in Four Corners regelrecht verwüstet. Die Wasserrechte des Colorado, ursprünglich allein in der Verfügungsgewalt der Navajo, wurden durch geschickte Manipulationen der Udalls mittels Kongreßbeschluß im Januar 1969 vom Navajostammesrat völlig auf das »Central Arizona Project« *(CAP)* übertragen. Der Navajo-Stammesrat verzichtete bereits 1968 auf seine Rechte – um das Kohlekraftwerk in Page, Lizenzgelder für Kohle von Black Mesa und Arbeitsplätze zu bekommen. Kaum verblüffend ist es in diesem Zusammenhang, daß seit dem Tod Boydens im Jahre 1980 Morris und Stewart Udall den Stammesrat der Hopi als Rechtsanwälte vertreten und Stewart Udall schon längst im Direktionsvorstand der Dachorganisation arbeitet, die Tätigkeitsbereiche des *CAP* beaufsichtigt.

Der »Große Plan«, dem sich die Stammesratsvorsitzenden der Hopi, meist Mormonen, bisher nicht verschließen können, sieht darüber hinaus riesige Dammprojekte und eine Verteilung des Coloradowassers auch auf andere Staaten der Region vor. Seine vollständige Ausführung, die ursprünglich auch die Errichtung von Atomkraftwerken vorsah, ist ungewiß, aber keinesfalls vom Tisch. Um den nach wie vor speziell für militärische Projekte nötigen Uranabbau kümmern sich *Exxon* (Rockefeller), *Arco (Cal.), Kerr-McGee, Gulf Oil, Mobil, United Nuclear* und *Phillips Petroleum*. Und es gibt überdies wieder Neues abzubauen: seltene Metalle von der Black Mesa.

Der Uranabbau ist jedoch im Hinblick auf die Verzögerungen des Planes keinesfalls völlig zum Erliegen gekommen, sondern wurde zum Großteil in die ertragreichere Chinle-Formation verlegt. Seit Beginn der achtziger Jahre bauen nämlich *Energy Fuels Nuclear, Exxon* und die französische Firma *Pathfinder* hochwertiges Uran im Gebiet des Grand Canyon ab, und *Energy Fuels Nuclear* hofft auf eine Genehmigung dafür auf Black Mesa.

Ist es Zynismus oder Berechnung, daß der seit Dezember 1985 von Ronald Reagan neu bestellte Leiter des Bundes-*BIA*, der ehemalige Cherokee-Häuptling Ross Swimmer, im August 1986 in Big Mountain mit einem Hubschrauber des *CAP* landete? Obwohl er dort mit den von diesem Projekt am meisten betroffenen Navajo-Dineh zusammentraf?

Es paßt gut ins Bild, daß dieser Ross Swimmer, der unter dem neuen Präsidenten Bush nicht mehr *BIA*-Chef ist, einer von Ronald Reagan 1983 geschaffenen Kommission zur wirtschaftlichen Entwicklung indianischer Reservationen angehört. Sie hat unter anderem die Aufgabe, »indianische Unternehmenszonen« festzulegen, in denen – wie in Dritte-Welt-Ländern – von den Firmen ökonomisch uneingeschränkt vorgegangen werden kann: ohne sonst geltende Schutzgesetze für Indianer, Arbeiter und Umwelt. Darüber hinaus dürfen die Firmen von den betroffenen Stämmen in keiner Weise behindert werden: weder durch Gesetze und Regulierungen, noch durch Stammesgerichte, Steuern und politische Entscheidungen. Das *BIA* wird in dieser Angelegenheit ausgeschaltet und alles unter die Oberaufsicht des Finanzministeriums gestellt. Die bedeutendsten Gesetzesvorlagen zur Verwirklichung dieses Vorhabens sind bereits im Kongreß eingereicht und haben beste Aussichten, 1989, bereits unter der Regierung Bush, Bundesgesetz zu werden: darunter der »Indian Development Finance Act«, eingereicht vom demokratischen Senator Daniel Inouye aus Hawaii, und der »Indian Economic Development Act«, den der republikanische Senator John McCain – und der demokratische Abgeordnete des Repräsentantenhauses Morris Udall –, beide aus Arizona, eingebracht haben.

Währenddessen leistet der Vorsitzende des Stammesrates der Navajo, der sich bekennende Demokrat Peter MacDonald, entsprechende Vorarbeit: Im September 1988 beginnt die Rüstungsfirma *General Dynamics* in der Navajo-Reservation zwei Raketenfabriken zu errichten, um dort Rolling-Air- und Stinger-Raketen sowie Lenksysteme dafür herzustellen. Rechtzeitig genug haben ebenfalls John McCain und Daniel Inouye schon 1988 durch ein Gesetz erreicht, daß unter der Regierung Bush anstelle der Umsiedlungskommission für Hopi und Navajo ein einziger Bevollmächtigter im Innenministerium tritt, der auch die entsprechenden Aufgaben des *BIA* übernimmt. Ferner wurden noch zusätzlich 30 Millionen Dollar für den Abschluß der Zwangsumsiedlung jener Navajo bereitgestellt, die noch auf Hopi-Land leben...

Vor diesem Hintergrund wird die Not der in den betroffenen Gebieten Lebenden, ihr Ausverkauf an mormonische und andere Kapital- und Militärinteressen zur schwerwiegenden Anklage der sogenannten westlichen Demokratie schlechthin. Die Antwort, die Präsident Reagan als mächtigster Mann der angeblich freiesten Nation der Welt diesen Menschen auf ihren dringlichen Brief am 22. Dezember 1986 mitteilen ließ, wirkt wie blanker Hohn:

> »Liebe Freunde,
> im Auftrag des Präsidenten danke ich Euch für Eure Einladung an ihn, das Land der Hopi zu besuchen, um zu helfen, die es betreffenden Probleme zu beheben, insbesondere das Navajo-Landschlichtungsgesetz von 1974, PL 93–531.
> Wir schätzen es, daß Ihr dem Präsidenten diese Möglichkeit anbietet. Ich bedaure aber, schreiben zu müssen, daß er wegen der starken Beanspruchung durch seinen Terminplan außerstande sein wird, Eure freundliche Einladung anzunehmen. Dennoch bat er mich, Euch seine aufrichtige Anerkennung für Eure Aufmerksamkeit zu übermitteln und Euch seine allerbesten Wünsche auszusprechen.
> Hochachtungsvoll
> *Frederick J. Ryan, Jr.*
> Direktor für Vereinbarungen und Terminplanung des Präsidenten.«

Der von Präsident Reagan so beantwortete Brief wurde am 23. November 1986 von der »Souveränen Hotevilla-Nation« verfaßt. In diesem Schreiben wandten sich die traditionellen Ältesten von Hotevilla insbesondere deshalb an Ronald Reagan, weil er bekannt sei für seinen Einsatz gegen Eingriffe der Verwaltung in private Belange.

> »Jetzt aber ist diese Art der Verwaltung und bürokratischen Einmischung und Inkompetenz im allgemeinen und im besonderen in der Verfügung des Gesetzes PL 93–531 durch die Regierung himmelschreiender und zerstörerischer als die historische Behandlung der

Ureinwohner Amerikas. Deshalb schreiben wir an Sie und richten einen Appell um Hilfe an Sie, nachdem unsere vielen Petitionen von den vorhergehenden Regierungen unbeachtet geblieben sind.«

Der Brief betont unter anderem, daß der Uran- und Kohleabbau in diesem Gebiet eingestellt werden müsse, um eine weltweite Katastrophe zu verhindern: »Wir sagen nicht, daß diese Bodenschätze niemals abgebaut werden dürfen, sondern sie dürfen nur in Übereinstimmung mit unserem heiligen Wissen genutzt werden.« Und weiter: »Wir wissen aus unseren Lehren, daß die friedliche Lösung dieser Gewalttätigkeiten gegen die ursprünglichen Einwohner dieses Landes einfach dadurch möglich ist, daß alle Gesetze und die Politik rückgängig gemacht werden, die unser Land wegnehmen und unsere Kultur und Religion zerstören.«

Das Schreiben schließt mit folgenden Worten: »Unsere Hopi-Prophezeiung sagt voraus, daß der höchste Erste (*the highest leader*) der weißen Völker in unserem Dorf mit unseren höchsten religiösen Ersten der Hopi zusammenkommen muß. Wir möchten, daß Sie selbst hören, was allen weißen Völkern in der nächsten Zukunft bevorsteht, wenn diese Situation nicht bald und mit Gerechtigkeit in Ordnung gebracht wird. (...) Sie beanspruchen, der Erste der freien Welt zu sein. Bitte handeln Sie schnell, um uns zu helfen, unsere andauernde Freiheit in diesem Land sicherzustellen. (...) Unsere Religion erlaubt es uns nicht, getrennt von der Erde oder irgendeinem Volk der Erde zu sein. Wir appellieren an Sie als unseren Bruder und Mitmenschen. Wir alle sind verwandt. Dringend Ihre Antwort erwartend, David Monongye, Paul Sewemaenewa, Nelson Kursgawva, Dan Euhenma, Amos Howesa (religiöse Erste) und Thomas Banyacya Sr., Dolmetscher und Sprecher. (Der vollständige Wortlaut dieses Briefes, der eindrucksvoll die indianische Kunst demonstriert, eine wichtige Botschaft in ausgewogener, sich spiralförmig steigernder Intensität mitzuteilen, findet sich am Ende dieses Buches auf Seite 240).

Die Antwort kennen wir bereits. Präsident Reagan hat bis zum Ende seiner Amtszeit die Hopi nicht besucht. Wo ist der *wahre Erste* innerhalb der »Weißen Völker«? Eine oder einer, welche(r) vorangeht im besten Sinn des Wortes? Es ist die heilige Pflicht der Hopi, sich an sie oder ihn und an die *UNO* zu wenden. Auch wenn es in der Tat aussichtslos zu sein scheint und wir die Bedeutung der angesprochenen Menschen nicht zu hoch einschätzen dürfen.

Mich erinnern diese Vorgänge an Jesu Gleichnis vom Hochzeitsmahl (Mt 22,1–14) beziehungsweise an das vom Gastmahl (Lk 14, 15–24):

Die Geladenen haben zahlreiche Gründe, um abzusagen, ja die Boten des Einladenden werden sogar umgebracht (vielleicht ist damit auch »mundtot« machen gemeint...). Schließlich läßt der Einladende »die Armen und Krüppel, und Lahmen und Blinden« herbeiholen. Dazu noch jene von den Landstraßen und Zäunen – also gering geschätzte und nicht ständig geschäftige Menschen, die noch Zeit haben. Die Geladenen aber gehen für immer leer aus. Könnten mit dem Bibelwort vom Kommen des Menschensohnes am Ende der Zeiten die traditionellen Hopi und der *Weiße Bruder* gemeint sein? Denn schon immer ging es um ein Volk des lebenden Wortes *JHWH* und niemals nur um eine Person!

Was können wir angesichts der Blindheit der Verantwortlichen tun? Vor allem geht es darum, wachsam zu sein, nicht zu verurteilen, nicht zu hassen, nicht zu verfolgen oder sonstwie Macht über andere(s) auszuüben – sondern immer wieder, unermüdlich, bei sich selbst neu zu beginnen und bei jenen vorstellig zu werden, die als sogenannte Mächtige oder anderweitig Verantwortliche die Gesetze des Lebens mißachten und so den sicheren Tod allen Lebens vorbereiten.

Wir dürfen nichts verharmlosen, verschweigen oder gar verdrängen – nicht schweigend zusehen und so mitschuldig werden. Das gilt für Vergangenes und Gegenwärtiges. Nicht einander »Schuld« zuweisen oder aufrechnen. Unterlassungen und Überschreitungen ehrlich eingestehen, sie offen aussprechen, ohne zu verletzen – und es besser machen. Das ist unsere einzige Chance. Schweigen wir nicht aus Angst vor irgendeiner (Groß-)Macht, aus Angst vor nachteiligen Folgen. Hätte Jesus so gehandelt und würden die traditionellen Hopi heute so handeln, dann wüßte niemand etwas von ihnen und ihrer Botschaft, die der Schlüssel zum wahren Frieden *hier und jetzt* ist.

Mahnen, erinnern wir jene, die richten, urteilen, zerstören – haben wir den Mut, zum lebenden Wort *JHWH* zu stehen und zu jenen, die es leben. Die Macht des lebenden Wortes und die mit ihm verbundenen Kräfte behüten uns dabei.

Rockefeller, Bilderberger, *CIA*, Reagan, Bush und die Bohemians

Die Zeit ist kurz, und das Naturgesetz kennt keine Barmherzigkeit, wie schon 1982 der *Traditionelle Indianische Ältestenrat* in einer Botschaft an die *UNO* unmißverständlich erklärt hat (vergleiche *Unser Ende...*). Es kennt weder Arm noch Reich, Mächtig oder Schwach. Das allumfassende Naturgesetz ist mächtiger als alle Menschen dieser Welt, die ihre Macht um ihres eigenen Vorteils willen – bewußt oder unbewußt – mißbrauchen.

Das allumhegende, kosmische Naturgesetz kennt nur eines: das unbeirrbare Streben nach Ausgleich, um die natürlichen Kreisläufe aufrechtzuerhalten. Daran kann kein Sterblicher etwas ändern. Wir sind nur Teil der allumhegenden, kosmischen Kraft, die unser DA-SEIN ermöglicht und trägt. Sie ist die natürliche Grenze unserer Macht und reagiert auf unsere Gedanken, Handlungen und Unterlassungen. Deshalb »richten« wir uns alle letztlich selbst. Nicht als moralische Instanz, sondern aufgrund der Naturkräfte, die das Gleichgewicht wiederherstellen.

Das gilt auch für die Mitglieder und Gäste des vielleicht mächtigsten Männerbundes der USA, zu dem Frauen keinen Zutritt haben: dem *Bohemian Club* (Club der Bohemien), gegründet 1872 in San Franzisko von Literaten, Musikern, Malern und Journalisten, die zunächst einfach unter sich sein wollten. Allmählich soll ihnen das Geld für ihre Trinkgelage und anderen Festivitäten ausgegangen sein, und so öffneten sie den Club für betuchte Vertreter der Medienlandschaft, insbesondere für Zeitungsherausgeber und Verleger, was sich allmächlich auf die politisch und wirtschaftlich einflußreichsten Leute der USA ausdehnte.

Dem US-Magazin *Fortune* vom 5. August 1985 ist zu entnehmen, daß diesem Club etwa 1200 stimmberechtigte Mitglieder angehören, denen etwa 3000 auf Aufnahme Wartende gegenüberstehen. Der Aufnahmebeitrag betrug damals siebentausendfünfhundert Dollar. Der Club, nicht nur für Frauen, sondern auch für farbige und jüdische Mitmenschen gesperrt (Henry Kissinger ist die einzige Ausnahme), ist seit Mitte der siebziger Jahre beliebtes Studienobjekt für Soziologen und Journalisten, denn er vereint in sich nach den Aussagen des kalifornischen Soziologen G. William Domhoff (*The Bohemian Grove*), der ein Jahr darin verbrachte, beinahe die gesamte Machtelite der USA – insbesondere aus dem republikanischen Lager. Domhoff ermittelte darunter zumindest je einen Präsidenten oder anderen leitenden Angestellten von 20 der 25 bedeutendsten kommerziellen US-Banken, von 12 der 25 größten Lebensversicherungsgesellschaften und von 40 der 50 größten Industrieunternehmen, die sich auf der Liste von *Fortune 500* befinden. In der illustren Gesellschaft finden sich: der damalige Präsident der *Weltbank,* A. W. Clausen, Walter Haas vom Hosenimperium *Levi Strauss*; Vertreter der Firmen *Mac Donald's, Pepsico* und *Del Monte*; Daniel K. *Ludwig* (damals der reichste Amerikaner), William Randolph *Hearst,* B. F. *Goodrich,*

L. K. *Firestone,* Stephen *Bechtel* vom weltgrößten Anlagenbau- und Atomkraftwerkskonzern, Edgar *Kaiser* (Schiffswerften), David Packard von *Hewlett-Packard;* Konzernvertreter von *General Motors, Westinghouse, UNC* (*United Nuclear*), *I. T. T.* (*Alcatel*), *Du Pont Chemicals* (Napalm, Pestizide, Waffen- und Bombenplutonium), *Dow Chemical, Fluor Corporation, Reynolds* (Aluminium), *Texaco, Exxon/Esso* und *Standard Oil* (Rockefeller), *Conoco Oil* (*Du Pont*), *Armco Shell, Pacific Gas & Electric* (verbunden mit Öl- und Atomfirmen und Banken, insbesondere Rothschild), *Lockheed, Boeing, Panamerican Airways, Eastern Airlines, United Airlines, Rockwell International* (größter Waffenproduzent der USA und Betreiber der Atomwaffenfabrik Rocky Flats in Colorado); der Banken *J. P. Morgan Guaranty Trust* mit *Bank of America* und *Coca Cola* (Investitionen in Südafrika, Unterstützung der Apartheid), *Citicorp* (der größte US-Investor in AKWs), *Crocker Bank* (AKWs, Südafrika), *Wells Fargo Bank* (größter Aktionär von Nuklearaktien), *Chase Manhattan Bank* (Rockefeller).

Folgende Politiker und Meinungsmacher tummelten und tummeln sich im *Bohemian Club:* Ronald Reagan, der 1987 verstorbene *CIA*-Chef William Casey (der wie George Bush in die Affäre um die Iran-Contras-Waffengeschäfte verwickelt war und die Verminung der Häfen von Nicaragua durchführen ließ), sein Nachfolger als neuer *CIA*-Chef, der vorherige *FBI*-Chef William Webster, der bekannte Schriftsteller Herman Wouk (*Die Caine war ihr Schicksal, Feuersturm*); der US-Publizist und Herausgeber der rechtskonservativen *National-Review*, William F. Buckley als einer der zahlreichen Meinungsmacher innerhalb der USA (und zum Teil weltweit); aber auch erfolgreiche, meist rechtskonservative Künstler und Rechtsanwälte; der Generalstaatsanwalt der USA, William French Smith sowie die Atomwissenschaftler Glenn Seaborg und John McCone, beide ehemalige Vorsitzende der Atomenergiekommission...

Mächtige und Erfolgreiche des Landes geben dort einander die Hand und kommen gewöhnlich einmal im Jahr, 16 Tage lang ab Mitte Juli im »Bohemian Grove« (»Hain der Bohème«) zusammen. 1880 wurde er rund 110 Kilometer nördlich von San Franzisko gegründet und befindet sich heute noch im Redwood Forest am Nordrand von Monte Rio. Am Russian River gelegen, umfaßt er als geschlossenes Gebiet seit 1944 etwa 1350 Hektar Wald und einen See.

In diesem idyllischen Gebiet gibt es zwei Freilichtbühnen, ein Krankenhaus und rund 130 Camps, gegliedert in ein Zentralgebäude für gesellige Zusammenkünfte, Essen und Ausstellungen sowie umliegende Schlafquartiere: von Zelten, Tipis, einfachen Blockhütten bis zu mit

Plüsch ausgekleideten, exklusiven Baumhäusern und Bungalows. Etwa 250 männliche Bedienstete, mit denen zum Teil homosexuelle Kontakte bestehen sollen (Callgirls warten in Monte Rio und Guerneville), sorgen rund um die Uhr für das leibliche Wohl der etwa zweitausend Versammelten. Diese besuchen einander und können sich völlig ungezwungen – auch unbekleidet – bewegen, konsumieren verschiedene künstlerische Darbietungen und richtungweisende Vorträge internationaler Prominenz neben Unmengen von Alkohol und Essen.

Aus einem ursprünglich zwanglosen, ausgelassenen Beisammensein hat sich allmählich ein perfekt ablaufendes Programm mit einem abschließenden musikalischen Höhepunkt entwickelt, das letztlich nur noch den exklusiven Rahmen zum Kennenlernen und Knüpfen von Kontakten bietet. Zwanglos miteinander ins Gespräch kommen Politiker, Wissenschaftler, Großindustrielle, Bankiers, Rechtsanwälte, Raumfahrer, Künstler, Publizisten – und Aufsteiger, die vorgestellt, begutachtet werden, wie Senatoren und mögliche Präsidentschaftskandidaten. Zum Beispiel Herbert Hoover (später auch *CIA*-Chef), General Dwight D. Eisenhower, Richard Nixon, Gerald Ford, Ronald Reagan. Daneben Kandidaten wie Barry Goldwater (der das Teilungsgesetz PL 93–531 im Kongreß forcierte und in Big Mountain auf Militäreinsatz drängte), Nelson Rockefeller, Robert F. Kennedy, Henry Jackson und der *NATO*-General Alexander Haig. Unter den Politikern sind besonders erwähnenswert Reagans Verteidigungsminister bis 1987, Caspar Weinberger (ehemaliger Vizepräsident der *Bechtel*-Gruppe), der neue Präsident George Bush (wie der verstorbene William Casey ein Ritter des *Malteserordens* mit Sitz in Rom und ehemaliger *CIA*-Chef), Reagans Finanzminister James Baker und sein Außenminister George Shultz (vorher Präsident der *Bechtel*-Gruppe und Vorstand im Bankhaus *J. P. Morgan*); er stand auch dem *Council on Foreign Relations* vor, dem »Rat für auswärtige Beziehungen«, in dem laut Domhoff in der Zeitschrift *The Progressive* vom Januar 1981 35 Mitglieder – etwa ein Viertel – Bohemians sind.

Seit Herbert Hoovers Präsidentschaft im Jahr 1928 hat sich der Club und insbesondere das Treffen im Hain zu einem Refugium für Vorabsprachen der Republikaner entwickelt, die dort erste Weichen für ihre Politik stellen, welche sich völlig den Kapitalinteressen unterordnet. Seit Reagans Regierungsantritt (1981) sind auch die atomaren Kriegstreiber und *SDI*-Förderer in Amt und Würden, welche völlig mit der davon profitierenden Industrie – insbesondere der *Bechtel Corporation* – verflochten sind.

Die Sache begann bereits in den dreißiger Jahren, als die Rektoren der Universität von Kalifornien in Berkeley Zutritt zu den Bohemians erhielten und 1937 der Bohemian Ernest Lawrence vom Bohemian William Crocker (*Crocker Bank*) den entscheidenden Geldbetrag für ein größeres Zyklotron bekam – vermittelt durch den US-Präsidenten Roosevelt. Lawrence' Partner war der Atomphysiker Louis Alvarez, der mit ihm und Edward Teller im Juli 1942 im Clubhaus am Russian River das »Manhattan Project« zum Bau der ersten Atombomben der jüngeren Menschheitsgeschichte ins Rollen brachte. Louis Alvarez arbeitete dann am Zündmechanismus der Bomben in Los Alamos, ab 1949 an der Entwicklung der Wasserstoffbombe (Kernfusionsbombe), und zwar gemeinsam mit Ernest Lawrence und Edward Teller in den neugegründeten *Lawrence Livermore Laboratories* bei Berkeley – dem zweiten großen Waffenlabor der USA.

Seit 1980 schließlich machen sich die Bohemians Teller, Weinberger, George Bush und Henry Kissinger für einen »begrenzten« Atomkrieg stark – und haben in Ronald Reagan einen willigen Präsidenten zu Amt und Würden gebracht, der inzwischen von Bush abgelöst wurde. Am 17. Juli 1981 erhielt Weinberger viel Beifall für seine Rede über die Wiederaufrüstung Amerikas und insbesondere darüber, daß die USA »Nummer eins« in der Welt sein müssen – auf Kosten der Sozialausgaben allerdings. Malteserritter George Bush erklärte einen Atomkrieg für »denkbar« – und alle sind sich darin einig, daß sie – so Weinberger – »eine klare Überlegenheit gegenüber den Russen« erlangen müßten.

Phyllis Metal, inzwischen Sozialarbeiterin, war zehn Jahre lang Geliebte des Klubmitglieds Alfred E. Bell. Sie erinnert sich in mehreren Briefen an das *Bohemian Grove Action Network (BGAN)* an seine Haltung, welche generell jene der Bohemians ausdrücken würde. Zitat:

> »Bell und seine Bohemian-Kameraden teilen Frauen in zwei verschiedene Kategorien ein: ihre Gattinnen (meist ›Damen der Oberschicht aus gutem Haus‹) und ›die anderen‹.« Diese »anderen Frauen« hatten keinen Wert, denn »es war eine ausgesprochene Männerwelt. Männer kontrollierten das Geld (...) hatten alle Macht (...) und Frauen waren nur von Bedeutung in bezug auf ihre Ehegatten. Frauen wurden grundsätzlich als hübscher Zeitvertreib betrachtet, und es spielte keine Rolle, was man ihnen antat, denn wenn sie irgendeinen Wert hatten, dann nur, weil sie mit einem Mann verheiratet waren, der etwas wert war – ein Bohemian und ein Harvard-Absolvent.« Metal berichtete weiter, daß sie Bell nur um eine Sache besorgt kannte, immer »in Ge-

danken mit seinem Vermögen beschäftigt«. Und: »Männer liegen richtig – egal, was sie tun –, solange sie das Geld haben, um es zu bezahlen.«

Geld haben diese Leute mehr als genug. So können sie es sich leisten, zu ihren »Gesprächen am See« (»lakeside talks«), die immer einen Höhepunkt bilden, Gäste aus aller Welt einzuladen, beispielsweise 1982 den damals noch amtierenden deutschen Bundeskanzler und früheren Finanzminister Helmut Schmidt, der den wohl überraschten Bohemians die militärische US-Präsenz in der Bundesrepublik Deutschland nach dem Bericht des *World Magazine* vom 4. September 1982 als »bedrückend und sich einmischend« charakterisierte, die Sowjetunion als Nachbar gesehen wissen wollte und appellierte, die Kanäle der Kommunikation zwischen den USA und der UdSSR offenzuhalten. Womit er sich möglicherweise den noch im September 1982 erfolgenden Bruch mit der *FDP*, offensichtlich auf Betreiben des rechtsliberalen Otto Graf Lambsdorff, einhandelte, der damals Wirtschaftsminister war und 1988 zum Vorsitzenden der *FDP* gewählt wurde: Am 1. Oktober erfolgte auch schon der Sturz des Minderheitenkabinetts des *SPD*-Kanzlers. Henry Kissinger hatte damals im Gegensatz zu Schmidt vor den versammelten Bohemians eine harte antisowjetische Linie vertreten.

Inwieweit der damalige österreichische Finanzminister und Vizekanzler Hannes Androsch dort gern gesehener Gast war oder ist, ließ sich nicht erforschen. Androsch, dessen fragwürdige Karriere weiter oben bereits im Detail beschrieben wurde, ist bekanntlich in den erlauchten Kreisen des *Council on Foreign Relations* genauso gesichtet worden wie im betuchten Zirkel der exklusiven, ultrakonservativen *Bilderberger*, nach G. William Domhoff »eine versammelte Runde des Großunternehmertums, welche westeuropäische Führer genauso vereint wie Direktoren amerikanischer Aktiengesellschaften und Stiftungen«, die natürlich an einer Aufrechterhaltung der für sie vorteilhaften Verhältnisse interessiert sind.

Schon 1968 faßten Eugen Pasymowski und Carl Gilbert den Hintergrund dieser Konferenzen in dem Buch *Bilderberg, Rockefeller and the CIA* zusammen. Henry Kissinger, Hecht im Karpfenteich der genannten Ratsversammlungen und Reagans Mittelamerikabeauftragter, führte laut einem Flugblatt des *Bohemian Grove Action Network* schon 1982 im Grove aus, »daß die USA nicht moralische Standpunkte berücksichtigen können, wenn sie Politik betreiben, sondern sie sollten einzig berücksichtigen, ob die fragliche Regierung sich zu den USA freundlich verhielte oder nicht«.

Diese Kissinger-Doktrin, die an längst vergangen geglaubte Zeiten erinnert, bekommt Nicaragua besonders deutlich zu spüren – und Österreich ebenso seit der Waldheim-Affäre. Andere Beispiele wird der Leser sicher leicht selbst finden, zumal unter »freundlich« offensichtlich am ehesten die Öffnung für amerikanische Unternehmen und deren Schutz zu verstehen sind, wofür schon Hitler und seine Getreuen gut waren. Ausführliche Darstellungen der US-Unterstützung des Dritten Reiches auf wirtschaftlicher und finanzieller Ebene finden sich in dem bemerkenswerten Buch *Wall Street and The Rise of Hitler* von Anthony C. Sutton. Danach unterstützte der berühmte Henry Ford Hitler schon 1922 finanziell und wurde von ihm öffentlich als »großer Antisemit« gepriesen.

Großes Geschäft, Magie, Mystik, der heilige Nepomuk aus Prag und Four Corners in den USA

Demgegenüber scheint es andere Gruppierungen zu geben, die durchaus nicht konform mit den Bohemians gehen, sie vielleicht sogar bekämpfen – aus welchen Gründen auch immer. Wobei anzumerken ist, daß Kalifornien seit dem vorigen Jahrhundert ein guter Boden für Großes Geschäft, Magie und Mystik ist. Hier ist in San Diego an der mexikanischen Grenze die *Theosophische Gesellschaft* zu Hause, im nördlich gelegenen Los Angeles der *Orden vom Tempel der Astarte (O. T. A.)* und der *Orientalische Templerorden (O. T. O.)*, wo – nach den Aussagen des halbindianischen Mormonenpriesters, Magiers und New-Age-Schamanen Harley Reagan Swift Deer (ebenfalls in Kalifornien zu Hause) – intensiv mit Sexualmagie gearbeitet werden soll. In San Franzisko befindet sich schließlich die *Erste Kirche Satans*, und im südlichen Stadtteil San Jose der dem *O. T. O.* nahestehende *Alte Mystische Orden vom Rosenkreuz (AMORC)*, der 1915 von dem Amerikaner H. Spencer Lewis nach einer ausgedehnten Europareise gegründet wurde und Swift Deers Aussagen zufolge »die größte magische Kraft« haben soll. Dieser Orden ist männerbetont, antijüdisch und »arisch« orientiert – nach Lewis' Überzeugung sollen Jesus und die Essener nämlich »Arier« gewesen sein. Was rein vom Begriff des Wortes her Unfug ist, da der Begriff »arisch« lediglich die Zugehörigkeit zu einer Sprachfamilie kennzeichnet, im Sanskrit einfach nur »edel« bedeutet und erst später mit der herrschenden Kaste und dem daraus abgeleiteten Herrenmenschentum verknüpft wurde. Mit einer Rasse hat das Ganze nur in den Köpfen weniger etwas zu tun.

H. P. Blavatsky hat, wie schon erwähnt, in ihrer *Geheimlehre* (auf der der *AMORC* fußt – seine deutsche Niederlassung befindet sich übrigens in Baden-Baden) dasselbe behauptet und damit die Grundlagen für die absurdesten Theorien bis zur Theosophie der 1949 verstorbenen Alice Bailey mit ihrer »Arkanschule« in Genf, dem *Lucis-Trust* in Seattle sowie der »Schule für esoterische Studien« in New York gelegt. Auf Blavatskys »Geheimlehre« fußt auch der *O. T. O.*, dessen Zentrum sich in Zürich befindet. Organisatorisch umfaßt er nach Horst E. Miers *Lexikon des Geheimwissens* auch den *Illuminaten-Orden*, die *Alte Bruderschaft vom Rosenkreuz* und die *Gnostische Katholische Kirche*. Rudolf Steiner, der Gründer der Anthroposophie und selbst überzeugter Theosoph, war im *O. T. O.* Großmeister und stand in enger Verbindung mit den Rosenkreuzern, deren gnostisch-altägyptisch-hinduistische Lehren entsprechend der Blavatskyschen Theosophie mehr oder weniger die Grundlage aller bedeutenden Geheimbünde der Gegenwart bilden. Aleister Crowley aus England (»Tu was du willst, soll sein das ganze Gesetz«), der vielleicht bekannteste Magier des zwanzigsten Jahrhunderts, der 1947 starb, war ebenfalls Großmeister des *O. T. O.* und betrachtete sich als der von der Theosophin Annie Besant angekündigte »Weltheiland«. Seine Rituale werden im *O. T. O.* und in vielen anderen Geheimbünden verwendet, gehen aber im wesentlichen auf ägyptische Rituale zurück, die angeblich schon Moses als Beschwörungsformeln gedient haben sollen. Diese Bünde behaupten auch – wie Madame Blavatsky – die Existenz einer geheimnisvollen »Weißen Bruderschaft«, die in Ägypten ihren Ausgang genommen haben soll.

Der *AMORC* verschickt – wie der Zürcher *O. T. O.* und die Baileysche Arkanschule in Genf – Fernlehrbriefe (gegen bares Geld) und ermöglicht so die »Selbsteinweihung« bis zur »Erleuchtung«. Im Gegensatz zu den gewöhnlich sozial und am Wohl der Menschen orientierten *Freimaurern* (die auch keine kassenfüllenden Fernlehrgänge kennen) scheint der *AMORC* eher am individuellen Heil, der Selbsterlösung gleichsam, interessiert zu sein. Durch die amerikanischen Besatzungstruppen verbreitete er sich nach dem Zweiten Weltkrieg weltweit – insbesondere auch nach Europa. Wie beim *Bohemian Grove* (auch: »Böhmischer Hain«) sind es vor allem Begüterte der Oberschicht, die sich die Mitgliedschaft in diesem exklusiven Zirkel leisten können.

In dieses von Geschäft, Geld, Magie und Spiritismus geprägte Umfeld Kaliforniens passen folgende Praktiken des *Bohemian Grove*: Schon 1880 eröffnete er seine sechzehntägigen dionysisch-bacchanalischen Festlichkeiten mit einem druidisch anmutenden Ritual, das sich bis heute erhalten hat. Es findet auf dem über Stufen erreichbaren Altar statt, der in eine etwa zwölf Meter hohe, moosbewachsene Eulenplastik übergeht. Sie ist aus Beton gegossen und das Totemtier der Bohemians.

Ein Zug von über hundert Männern, in rote Kutten gehüllt und den Kopf mit ebenso roten, spitzen Kapuzen bedeckt, begleitet einen hölzernen, von den »Ältesten« getragenen Sarg mit einer verblüffend menschenähnlichen Figur darin: einem mit schwarzem Musselingewebe überzogenen Holzskelett. Diese Figur symbolisiert die Sorgfaltspflicht, die Verantwortung, die diese Männer täglich im Geschäftsleben zu tragen haben: »Dull Care«. Der Zug, von Priestern, Altardienern, achtzehn Fackelträgern und Trauermusikanten begleitet, nähert sich dem Eulenschrein, die wartenden Männer schließen sich ihm an und nehmen links in größerer Entfernung vom Schrein auf einer Wiese Aufstellung, während die Priesterschaft – so Domhoff in *The Bohemian Grove* – rechts von der Eule am See die Bahre mit »Dull Care« auf die Fähre der Sorge verlädt. Sobald dies getan ist, verlöschen die Fackeln und die Musik verstummt. Das einzige, was leuchtet, ist die sanfte Flamme der Kameradschaft am Fuß des hohlen Eulenschreins. Es ertönen »Waldstimmen«, schließlich tritt ein Baumgeist im Scheinwerferlicht hervor, der von der Schönheit des Waldes hier singt, der zum Vergnügen der Anwesenden geschaffen wurde – und davon, daß sie »die Sorgen von gestern« verbrennen sollen: »Werft euren Kummer ins Feuer und seid stark mit den heiligen Bäumen und dem Spirit des Hains!«

Nach kurzer Stille und völliger Finsternis treten der Hohepriester und seine Assistenten vor die Eule. Er ruft die Versammelten auf, der Eule Verehrung zu erweisen, die sich hier in ihrem Laubtempel befindet. Schließlich fordert er auf, im Grove keine geschäftlichen und weltlichen Belange zu diskutieren, die Sorgen zu vergessen, und lobt in blumigen Worten die Schönheit der Natur. Andere Priester erinnern an verstorbene Klubmitglieder. Nach einem kurzen Gesang ruft der Hohepriester: »Unser Einäscherungsfeuer beseitige den Körper der Sorge!« Ein Horn kündigt die Abfahrt der Fähre der Sorge zum Eulenschrein an. Die Altardiener holen den Sarg von der Fähre, heben ihn hoch über ihre Köpfe und legen ihn triumphierend vor die Fackelträger, die mit neu entzündeten Fackeln vor der Eule Aufstellung genommen haben.

In diesem Moment erschüttert ein Donner und ein Windstoß die Stille. Die Sorge selbst spricht mit mächtiger Stimme aus einem toten Baum und lacht über die Menschen und ihre Vorhaben. Es folgt ein Dialog zwischen dem Hohenpriester und der Sorge, die zuletzt ausruft: »Ich spucke auf euer Feuer!« Mit einer mächtigen Explosion verlöschen die Fackeln. Nur die kleine Flamme der Kameradschaft leuchtet im Dunkel. Daraufhin wird die große Eule als Symbol des Wissens, der Verschwiegenheit und des nächtlichen Umherstreifens um Rat angefleht. Nun stimmt die Musik das »Feuerfinale« an, und der Eulenkopf erglüht im aurischen Licht. »Kein Feuer der irdischen Welt kann die Sorge verbrennen«, sagt sie, »wo es vom Haß der Menschen genährt wird.« Nur die Flamme der Kameradschaft, die am Altar von Bohemia brennt, könne den großen Widersacher Sorge überwältigen. »Heil Kameradschaft!« schließt sie, »und du, Sorgfaltspflicht, weiche!«

Das auf den toten Baum der Sorge gerichtete Licht verlischt, »der Hohepriester (...) packt eine erloschene Fackel von den Fackelträgern und entzündet sie aus der Flamme vom Licht der Kameradschaft. Blitzschnell entzündet er das Bestattungsfeuer und schleudert triumphierend die Fakkel in die lodernden Flammen.« Die Orchestermusik schwillt mit dem Feuer an, ebenso ein Chorgesang, der die Winde ruft, sich mit dem Rauch des Feuers von »Dull Care« zu vereinen: »Heil Kameradschaft! Weiche, Sorgfaltspflicht – Hochsommer, laß uns frei!«

Ein Feuerwerk erhellt die versammelte Runde am See, und die Band intoniert »Happy Days Are Here Again!«, wie Jack Anderson im US-weiten Sonntagsmagazin *Parade* am 22. Februar 1981 berichtete. »Die Sorge wurde gebannt« – mit einem gewaltigen materiellen Aufwand, wie William G. Domhoff anmerkt. Die bisher still zusehenden Männer beginnen, in die Luft zu schießen, zu singen, einander zu umarmen, zu tanzen und kehren in ihre Camps zurück, um Geschichten zu erzählen, einander um die Camp-Feuer zuzutrinken, Freundschaften zu erneuern und neue zu knüpfen...

Der Soziologe Domhoff bezeichnet dieses »fantastische Werk« als »eine Ersatz-Stammeseinweihung, und die ›Funktion‹ der Zeremonie (...) ist die, den versammelten Gläubigen das Gefühl des Zusammenhalts und der Solidarität untereinander zu verschaffen«. Was ihnen zweifellos nützt, wenn sie wieder im öffentlichen beziehungsweise geschäftlichen Leben stehen.

Dabei kommt ihnen der heilige Nepomuk aus Prag als Schutzpatron und als Vorbild der Verschwiegenheit zu Hilfe. Seine Statue steht, aus Holz geschnitzt, während der Zusammenkunft im Camp, sonst im Klubzentrum in San Franzisko. Sie soll um 1882 vom böhmischen Grafen Joseph Oswald von Thun, der auch zum Klub gehörte, mitgebracht worden sein.

»Die größte Männerparty der Welt«, wie sie vom inzwischen verstorbenen Herbert Hoover verharmlosend genannt wurde, ist also keinesfalls ein schlicht harmloses Männervergnügen, sondern ein solide vorbereitetes Unternehmen, dessen aktuelle Dimensionen dank Anfang der achtziger Jahre eingeschleuster Journalisten etwas deutlicher zutage treten. *The Times, The Washington Post, The Parade Magazine, The Progressive, Mother Jones Magazine, Fortune, The Christian Science Monitor, The San Francisco Examiner (Chronicle)* – um nur einige zu nennen – nahmen und nehmen sich des Themas gerne an. Denn zumindest dem denkenden Zeitungsleser wird es unheimlich, wenn er weiß, daß sich die Entscheidungsträger der größten Unternehmen der westlichen Welt auf kameradschaftlicher Ebene mit Meinungsmachern, Politikern und Künstlern treffen, um von hier aus ihr feines Netz weit über die USA hinaus um die ganze Welt zu spinnen.

Ein Teil dieses Netzes betrifft die Erschließung von Four Corners, wie bereits angedeutet, und es sei hier für jeden, der genau Bescheid wissen will, noch einmal wiederholt, wer seit 1978 die Anteile beispielsweise an der *Peabody Holding Company* innehat, die ihrerseits auf dem heiligen Berg der Hopi und Navajo, auf Black Mesa, und in der gesamten Hopi-Reservation von 1882 die alleinigen Schürfrechte für alle Bodenschätze besitzt: *Bechtel Corporation*, bei der Caspar Weinberger und George Shultz leitende Angestellte waren (*Bechtel* errichtete unter anderem die Riesen-Kohlenkraftwerke in Page und bei Bullhead City, samt der wasserfressenden Kohlepipeline dorthin); *Boeing Corporation* mit Stanley Hiller von der *Crocker Bank* (welche die Apartheid in Südafrika unterstützt), David Packard von *Hewlett-Packard* und D. E. Skinner im Vorstand, der auch im Vorstand von *Pacific Gas & Electric* arbeitet, dem einflußreichsten kalifornischen Energieunternehmen; *The Fluor Corporation*, vom ehemaligen *CIA*-Direktor John McCone gegründet (sie baute mit Edgar *Kaiser* Kriegsschiffe für den Zweiten Weltkrieg sowie den Hoover-Damm, der den Colorado staut). Daneben ist insbesondere im Uranabbau *Kerr-McGee* tätig, die 1987 mit einer Spende radioaktiven Heus aus Gore in Oklahoma die beschenkten Navajo-Dineh in Alarmstimmung versetzte. *Kerr-McGee* betreibt in Gore eine chemische Uranaufbereitungsanlage, bei der Uran-Hexafluorid für AKWs und Waffen hergestellt wird. Das radioaktive Abwasser, das dabei entsteht, wurde als »Dünger« auf umliegendes Weideland versprüht – danach wurde das gemähte Gras verbrannt. 1987 wurde erstmals, als Steuerabschreibungsposten, dieses radioaktive Heu »gespendet«, wie die Zeitschrift des *Hopi Epicentre* im Frühjahr 1987 berichtete. *Kerr-McGee*, denen die Navajo

neben Erdölfördertürmen auch die erste Uranmine in Cove bei Red Rock verdanken, die ohne Sicherungsmaßnahmen einfach aufgelassen wurde, ist auch durch den Fall *Karen Silkwood* bekannt geworden: jene Laborantin dieser Firma, die einen tödlichen Autounfall erlitt, als sie zu einem Journalisten der *New York Times* fahren wollte, um über schwere radioaktive Verseuchung in der Fabrik in Gore auszupacken.
Weitere uranabbauende Firmen in Four Corners: *Mobil, Conoco, United Nuclear, Exxon, Energy Fuels Nuclear, Pathfinder...*

Eingedenk der unerfreulichen Zusammenhänge mit dem *Bohemian Grove* fand daher am 12. Juli 1986 – am Tag der Einäscherungszeremonie von »Dull Care« – eine Demonstration beim *Bohemian Grove* statt: »Der Zug der Schande«, mit dem zugleich der Widerstand in Big Mountain unterstützt wurde. Veranstaltet vom *Bohemian Grove Action Network* (*BGAN*) in Zusammenarbeit mit über 70 lokalen und nationalen Friedens-, Menschenrechts-, Umweltschutz-, Anti-Atom- und Big Mountain-Unterstützungsgruppen. In Monte Rio wurde um 16 Uhr der Dokumentarfilm über Big Mountain, »Broken Rainbow« (»Der zerbrochene Regenbogen«, 1988 im *ZDF* gesendet), gezeigt, in Guerneville fand um 18 Uhr 30 ein »Netzwerkessen« statt. Vorher, zwischen 14 und 19 Uhr, fanden sich rund 200 Demonstranten beim Eingangstor des *Bohemian Grove* zusammen, einer davon verkleidet als »Engel des Todes« (das Symbol des Kohletagebaus auf Black Mesa), und als Freiheitsstatue, eine Blutspur auf die Straße malend: »Willkommen den Kriegstreibern«.

Einige trugen Spruchtafeln wie »Keine Apartheid in Arizona!« oder »Keine Umsiedlung der Navajo!«, andere trommelten nach eigenen Aussagen zwischen langsam heranfahrenden Mercedes, Volvos und BMWs den Herzschlag-Rhythmus, zeigten mit dem Finger auf die Ankömmlinge und skandierten: »Schande!« Wieder andere beteten, dazwischen in den Limousinen der damalige *FBI*-Chef William Webster als geladener Sprecher, Henry Kissinger, Alexander Haig, William Buckley und *Roots*-Autor Alex Haley, geladen, um zum Thema »Warum bin ich hier?« zu sprechen.

Nachts kehrten fünfzig Aktivisten zu einem »Drum in« mit Kuhglocken, Kochtöpfen, Verkehrszeichen und Trommeln zurück, um die Einäscherungszeremonie akustisch zu begleiten und in den Hain hineinzugehen. Danach kam es zu Gesprächen einiger mit einigen in die nahegelegenen Bars ausfahrenden Bohemians. Am Samstag, dem 19. Juli, dem siebenten Jahrestag des Sieges der Sandinisten über Diktator Somoza in Nicaragua, fand mit etwa achtzig Demonstranten eine

»Join the Line of Shame« – *Nimm am Zug der Schande teil.* Einladung zu einer Demonstration gegen die *Bohemians* am 12. Juli 1986, veranstaltet vom *Bohemian Grove Action Network.*

zweite Aktion statt. Etwa dreihundert Holzkreuze mit Namen und Alter in El Salvador von den dortigen Todesschwadronen Ermordeten säumten den Straßenrand zum *Grove;* die meisten der Getöteten waren zwischen zehn und dreißig Jahre alt. Der Protest richtete sich gegen die Einmischung der USA in El Salvador und Nicaragua.

Die Aktivistin Mary Moore, die 1980 das *BGAN* in Occidental mitbegründete, über die Bohemians:

> »Der Hain wurde zum Symbol für die Abschlüsse, die ohne öffentliche Prüfung hinter geschlossenen Türen stattfinden.« Und: Eine Menge Zeit sei damit verbracht worden, gegen die Symptome der Weltprobleme zu protestieren, aber es war kaum Aufmerksamkeit für die Machtelite da, welche die Wurzeln des Problems darstelle. »Eine Handvoll Männer hält ständig so viele Probleme der Welt am Leben wie Rassismus, Sexismus, Altersfeindlichkeit, Hunger, Krieg, Atomkraft und Waffen und profitiert davon.«

Darauf will das *BGAN* die Öffentlichkeit aufmerksam machen. Was ihm bisher in den USA auch gelungen ist. Das Netzwerk will aber die Bohemians weder bekehren noch deren Urlaub unterbrechen, erläutert Moore. »Wenn Leute geführt werden wollen, dann kommen ›Führer‹«, weshalb sie hofft, daß die Bohemians durch den Druck der Öffentlichkeit allmählich mehr Verantwortung an den Tag legen. Und Lorienne West, selber Teil-Cherokee, die sich seit 1982 insbesondere innerhalb der *Sonoma Native Peoples Support Group* für die Indianer einsetzt und seit 1983 oft in Big Mountain hilft, sagt:

> »Ich bin da, damit die Menschen die Verbindung zwischen Großunternehmen und Landraub begreifen – und auch, wie sehr bereits das natürliche Gleichgewicht durcheinandergeraten ist. Nicht nur, daß all das Verschmutzung und Giftmüll verursacht, es verursacht auch gerade jetzt menschliches Leid, und amerikanische Ureinwohner sind in den Augen von neunzig Prozent der Amerikaner vergessen. Es werden etwa 6000 Menschen in Bewegung versetzt, weil wir mehr Kohle, Öl und Uran für Las Vegas und Los Angeles möchten. Aber wir brauchen das nicht. Wenn jeder ein bißchen sparsamer mit Energie umgehen, sie achten und schätzen würde, müßten wir nicht das Leben anderer Menschen zerstören, um unseren Lebensstil aufrechtzuerhalten.« Und zum *Bohemian Grove:* »In der Zeremonie verbrennen sie die Sorge um den Planeten und die Menschen – sie tragen nur noch Sorge

für sich selbst und ihre Party. In dieser Zeremonie geben sie die Verantwortung für die Welt auf!«

In der Tat. So handeln diese Menschen auch. Ronald Reagan, seit 1975 Mitglied des *Bohemian Club* und *Grove,* und als Republikaner wie Margaret Thatcher, einst Franz Josef Strauß und nach wie vor Helmut Kohl Angehöriger der *Internationalen Demokratischen Union*, der der österreichische Vizekanzler und Außenminister Alois Mock bis 1987 vorstand, würde es seinem Gesinnungsfreund Mock gewiß nicht leicht machen, den Kurs dieser ichzentrierten Kameraderie zu ändern – falls er es wollte.

Calvin ist längst tot, und auch er kann mit seiner gewagten Auslegung der Bibel diesen Männern die persönliche Verantwortung nicht abnehmen. Genausowenig wie es der Papst den sich bekennenden Katholiken Mock, Waldheim und dem inzwischen verstorbenen Strauß gegenüber vermochte oder vermag, denn – wie uns Janet McCloud in einem Brief vom 26. Februar 1985 schreibt:

> »Die Menschen müssen sich selbst entscheiden (...) Wenn sie jetzt nicht aufwachen zu ihren wahren Pflichten, um Land und Leben zu retten, werden sie völlig vernichtet werden. Es ist ihre letzte Chance. Es liegt an ihnen.«

Kapitel 8

Wir haben eine Chance – wenn wir sie ergreifen!

Die Abgründe in uns und in anderen erkennen und nicht verurteilen

Wir befinden uns heute in gewisser Weise in einer Situation, die mit der zur Zeit Jesu durchaus vergleichbar ist. Die gleichen Macht- und Militärspiele, die gleichen egozentrischen Interessenkämpfe, das gleiche Streben nach Weltherrschaft und das gleiche Chaos von Sekten und sogenannten Hochreligionen mit ihren elitären Priesterkasten, verbunden mit dem Warten auf einen starken Mann, den Erlöser, Befreier oder Messias.

Aber drei wesentliche Unterschiede gibt es dennoch: Das römische Reich war noch weit entfernt von einer tatsächlichen Weltherrschaft, die Natur wurde trotz aller Dekadenz noch als etwas Göttliches verehrt (wenn auch bereits eine Dämonenangst vorzuherrschen begann); folglich war auch die Technik der Kernspaltung, der Kernfusion und der digitalen Elektronik grundsätzlich nicht nur jenseits der Vorstellungskraft, sondern auch jenseits aller gewollten Machbarkeit.

Heute sind wir soweit und verdanken diesen höchst fragwürdigen Fortschritt unter anderem Männern wie Platon, Aristoteles, Paulus, Augustinus, Luther und Calvin. Jenen Männern – nicht Frauen! –, die den Verstand, den Glauben an ihn und den ihn verkörpernden Gott an die Stelle der lebendigen Erfahrung der Göttlichkeit all dessen, was ist, gesetzt haben. Wobei Augustinus auch die Rolle zukommt, die platonisch-paulinische Lehre von der Gefangenschaft der »lichten« Seele im »dunklen«, »sündigen« Fleisch mit der johanneischen Lehre vom Urlicht zu einer Erleuchtungsmystik zu verbinden, die ihr individuelles Heil jenseits der täglich erfahrbaren Welt sucht. Ideen, die sich bei den Rosenkreuzern und in der Theosophie wiederfinden, und vor dem Christentum bereits im Mithraskult, den Lehren Zarathustras und insbesondere im Hinduismus vorhanden waren. Immer wieder von Interessenvertretern verschiedener Ideologien zusammengewürfelt und zurechtgebogen auf das, was den jeweiligen Religionsstiftern beziehungsweise Wissenden gerade wichtig schien – bis zum heutigen Tag.

Im Hinduismus stellt sich der Erleuchtungs- und Erlösergedanke folgendermaßen dar. Krishna, die Verkörperung des Schöpfergottes Vishnu, wird – wie Jesus – anfangs von einem König verfolgt und wächst unter Hirten auf. Lediglich der gebildete Lukas bringt das Hirtenmotiv bei Jesus, die anderen Evangelisten wissen nichts davon – genausowenig von der Erlöserlehre des Paulus. Sie findet sich in der *Bhagavadgita* des Hinduismus, wo Krishna als Streitwagenlenker (!) auftritt und den Bogenschützen Arjuna dazu überredet, in den Bruderkampf zu ziehen – obwohl dieser nicht kämpfen will, da er unter den Gegnern viele Verwandte und Freunde erkennt. Krishna begründet sein Ansinnen mit der »Kriegerpflicht« und damit, daß nur der Körper stirbt, nicht aber der Geist des Menschen. Ferner verbindet er diese Forderung mit der Notwendigkeit des Glaubens an ihn und der liebenden Hingabe an ihn allein – erst dadurch würde der Mensch Erlösung erlangen, denn dann neige sich die Gottheit liebevoll zu ihm herab.

Es ist verblüffend, dasselbe Motiv der Pflichterfüllung und der Rechtfertigung durch den Glauben an einen einzigen Gott und die Hingabe an ihn nahezu wortwörtlich im ganzen christlichen Abendland wiederzufinden: von der gewaltsamen Bekehrung und blutigen Bekämpfung Andersgläubiger, die Augustinus als erster theologisch zu begründen suchte (und damit nicht nur Missionaren und Kreuzrittern, sondern der gesamten Inquisition, einem Calvin, Luther und Hitler die Grundlage für ihre Rechtfertigung schuf), bis zur »Pflichterfüllung« der Deutschen, Österreicher und Japaner und eines Kurt Waldheim im Zweiten Weltkrieg.

Mahatma Gandhi war auch mit der *Bhagavadgita* vertraut – aber er erkannte ihren wesentlichen Kern und gab jedes auf persönlichen Vorteil gerichtete Heils- und Kastendenken auf. Statt dessen widmete er sich der herrschaftsfreien, liebenden Hingabe an seine Geschwister – hier und jetzt, nicht im stillen Kämmerlein, nicht in weltabgewandter Innenschau und Meditation, nicht vom hohen Roß Almosen oder leere Worte spendend. Auf der gleichen Basis heilte Jesus von Nazareth im Einklang mit der Natur und lehrte, das Feuer des Lebens unter Kontrolle zu halten: sowohl das eigene als auch das von Erde und Kosmos.

Namhafte Vertreter der christlichen Kirchen haben das Gegenteil begünstigt und abgesegnet: den kalkulierten Tod des vermeintlichen Gegners bis zu den Abwürfen der Atombomben in Japan und der Weiterentwicklung von Waffen »im Dienste des Friedens«.

Fünfzig Jahre nach der Besetzung Österreichs durch die deutsche Wehrmacht (was für den Zweiten Weltkrieg eine wesentliche Voraussetzung war) und fünfzig Jahre nach der »Reichskristallnacht« im gewaltsam vereinten »Deutschen Reich« scheint sich wieder eine unheilige Allianz der Mächte anzubahnen, die uns schon zweimal den Weltkrieg und die totale Abhängigkeit gebracht haben: eine offene oder verdeckte Zusammenarbeit zwischen den Mächtigen christlicher Glaubensgemeinschaften, denen des Kapitals, deren Dienern und dem Antisemitismus. Aber »die Mächtigen« haben konkrete Namen. Schon Moses warnte in seiner Josephslegende im *Alten Testament* vor den Wölfen im Schafspelz. Joseph, ein Wissender, berät seinen Pharao und läßt zur Zeit der guten Ernte den fünften Teil des Getreides in den Speichern des Pharao sammeln. Zur Zeit der Mißernte verkauft (!) er dieses Getreide an die darbenden Bauern; schließlich, als sie nicht mehr bezahlen können, nimmt er ihnen dafür, durch militärische Macht geschützt, ihr Land und das Vieh weg – und macht sie so zu völlig Abhängigen, zu Leibeigenen des Pharao. Dieselben Menschen, denen er zuvor in einem überlegten Schachzug das Saatgut und das männliche Vieh abgenommen hatte.

Paul Hengge zieht aus dieser Warnung den richtigen Schluß:

> »Nur wenn Wissen und Gerechtigkeit Besitz aller Menschen sind, wird es den Mächtigen nicht wieder gelingen können, mit der Hilfe willfähriger oder opportunistischer *ELOHIM* (also Wissender) das Volk zu entrechten.«

Wo stehen wir heute? Wer verfügt über das Saatgut unserer Landwirte, wer wacht über die Besamungsvorgänge bei unseren Tieren? Wer wacht über das vom Volk geschaffene Vermögen, wer verfügt über Grund und Boden? Wer verfügt über die verstaatlichte Industrie, die mit Volksvermögen errichtet worden ist? Wer wacht über unsere Wissenschaftler und wem sind die Wächter in welcher Weise verantwortlich? Wer sind die Diener der Macht – und welchen Mächten dienen sie?

Vor dem Hintergrund dieser Fragestellungen mögen folgende Informationen gesehen werden – nicht als Gehässigkeit, erhobener Zeigefinger oder als böswillige Verunglimpfungen. Sie sind zusammengetragen in Sorge um das Wohl der Menschen und insbesondere unserer Völker – des deutschen und des österreichischen, denn beide sind davon betroffen, wie wir schon festgestellt haben.

Zitat aus der sozialistischen *Arbeiterzeitung* vom 25. Juni 1987: »Die ultrakonservative Gegenreformation in Österreichs katholischer Kirche geht munter weiter: Nach der Installierung des Wiener Weihbischofs Kurt Krenn soll nun der hiesige Chef der reaktionären *Opus-Dei*-Vereinigung, Claus Küng, Nachfolger des St. Pöltner Bischofs Zak werden.

Dafür bleibt Küng den Vorarlbergern als Bischof erspart, die sich offenbar erfolgreich gegen ihn als Nachfolger von Bischof Wechner gewehrt haben.«

Soweit der Vorspann eines Berichts von Peter Pelinka, und am Ende schreibt er: »Übrigens: Mittwoch abend hielt Krenn in Wien eine Messe zu Ehren des ›Großpriorats Böhmen‹ des Malteser-Ordens (ihn besucht Waldheim im Vatikan). Und Donnerstag abend gedenkt Wiens Erzbischof Groer in der Wiener Peterskirche des zwölften Todestages des *Opus-Dei*-Gründers.« Zur Erinnerung: Der 1987 verstorbene *CIA*-Chef William Casey war Malteserritter und Reagans Vize, der seit 1989 amtierende Präsident der USA, George Bush, ist es immer noch. Bush war ebenfalls *CIA*-Chef – und ist Bohemian. Peter Pelinka kommentiert dann noch unter dem Titel »Zufälle« auf derselben Seite:

»Es mögen alles Zufälle sein, Gerüchte, Unbewiesenes: Da berichtete vor drei Jahren die amerikanische Zeitung *Mother Jones* über die Rolle, die der *Malteser-Ritterorden* bei der Flucht etlicher Nazis (unter ihnen Klaus Barbie) nach 1945 gespielt haben soll. Da warnt der Papst-kritische Theologe Küng eben in Liechtenstein vor dem ›gefährlichen Einfluß‹ des spanischen Geheimbundes *Opus Dei* in Rom (›Es geht auch um große Vermögen, um Banken in Spanien‹) und damit indirekt auch vor seinem Namensvetter. Da wird bekannt, daß eben dieser österreichische *Opus-Dei*-Chef neuer St. Pöltner Bischof werden soll.« 1989 *ist* er Bischof – von Vorarlberg. Doch weiter: »Da feiern in diesen Tagen Groer und Krenn *Opus Dei* und Malteser-Orden mit Messen. Da besucht Kurt Waldheim in Rom höchst offiziell eben diesen Orden. Zufälle gibt's...«

Was währenddessen in der katholischen Kirche vorgeht, sagt der schon genannte Schweizer Theologe Hans Küng ganz offen, indem er laut *Kurier* vom 26. Juni 1987 »aktiven Widerstand vor weiteren Bischofsernennungen« fordert, wenn »irgendwelche obskuren Leute mit Hilfe des Nuntius und seiner Freunde in Rom diese Bischöfe machen.«

Auch in der *SPÖ* macht man sich Sorgen, wie der *Kurier* schrieb: »Der Neokonservativismus verstärke sich merklich. So werde teilweise sogar die Überparteilichkeit der Kirche offen in Frage gestellt.«

Unterdessen rühmt der Papst Waldheim bei seinem ersten Staatsbesuch im Vatikan als »Mann des Friedens« und beide schweigen zum Thema Antisemitismus; obwohl noch am Wochenende vor dem Waldheim-Besuch in Wien-Leopoldstadt orthodoxe Juden bespuckt und mit dem Hitlergruß konfrontiert wurden, und eine Mahnwache für die Opfer des Faschismus vor dem Wiener Stephansdom ähnliche Reaktionen hervorrief. In einem Brief an den Präsidenten des jüdischen Weltkongresses verglich der Linzer *ÖVP*-Vizebürgermeister Carl Hödl gar »die Kampagne der Juden gegen Waldheim« mit der Kreuzigung Christi (!), und das österreichweite *ÖVP-Volksblatt* schlug mit der Schlagzeile »Juden fallen über den Papst her« den Tonfall längst vergangen geglaubter Zeiten an. Dennoch kein Kommentar des »aktiv« sein wollenden Bundespräsidenten, keiner vom sonst nicht gerade schweigsamen Papst.

Es folgen weltweite Proteste gegen Waldheims über Nacht angekündigten Vatikan-Staatsbesuch – auch in Rom selbst und in Italien (von Waldheim leichtfertig als »Protesttouristen« bezeichnet); der Erzbischof von Lyon, Albert Decourtray, ist »bestürzt« darüber. Im Namen der französischen Bischöfe formuliert er, daß der Papst damit ein »Unverständnis für die jüdische Sensibilität« zeige.

Johannes Paul II. scheint wie sein Gast »Gedächtnislücken« zu haben, zum Beispiel in bezug darauf, wieviele seiner polnischen Landsleute unter der Nazi-Diktatur gefoltert und in Konzentrationslagern vernichtet wurden – weil sie Juden waren –, aber auch bezüglich dessen, daß schon im frühesten Mittelalter die jüdischen Mitbürger Roms von den Päpsten gezwungen wurden, ein »Schandabzeichen« zu tragen, wie bei Anton Mayer in *Der zensierte Jesus* nachzulesen ist. »Noch tief in die Neuzeit hinein ließen sie sie Woche für Woche zu Bekehrungspredigten in die Kirchen peitschen und an Karnevalstagen unter ihren Augen wettrennen, wobei sie am Balkon standen und herzlich lachten.«

Während beim offiziellen diplomatischen Empfang von 60 Vatikan-Botschaftern nur 42 vertreten sind – unter den Fehlenden jene Großbritanniens, der Bundesrepublik Deutschland, Kanadas, Hollands und Italiens (die alle auf Urlaub seien, wird versichert), bleibt der US-Botschafter auf Weisung aus Washington demonstrativ fern. Abends schließlich sitzt Waldheim im Garten der österreichischen Botschaft in Rom mit den »Granden der römisch-katholischen Kirche« beisammen, wie Heinz Nussbaumer im *Kurier* berichtet. Unter ihnen Casaroli, Silvestrini »und der Hüter des reinen Glaubens, Kardinal Ratzinger...«

Bleibt noch hinzuzufügen, daß zur selben Zeit auch der österreichische Vizekanzler und Außenminister, *ÖVP*-Parteichef Alois Mock, zu Besuch im Vatikan weilte. Und daß in Zusammenarbeit mit ihm der Sozialist Vranitzky die vielzitierte »Wende« in Österreich herbeigeführt hat.

Um Mißverständnisse zu vermeiden: Jeder Mensch und alle hier namentlich Genannten haben selbstverständlich ein Recht auf ihre persönliche Meinung und ihren freien Willen als Privatpersonen – für deren Konsequenzen sie dann auch als Privatpersonen persönlich die Verantwortung tragen. Aber als Diener des Volkes, als Hirten ihrer Herde müssen sich diese Männer der Frage stellen und Rechenschaft darüber ablegen, inwieweit ihr Verhalten dem Anspruch ihres Amtes gerecht wird und folglich dem ganzen Volk, ja der gesamten Völkergemeinschaft dient – nicht nur einigen wenigen. Solange der Papst vor der Welt als »Stellvertreter Christi« auftritt, muß er es sich gefallen lassen, an jenem Jesus von Nazareth gemessen zu werden, den er zu vertreten vorgibt. Dasselbe gilt für alle Christen, die behaupten, in der Nachfolge dieses Jesus zu leben. Was dabei die Christen miteinander tun, ist ihre Glaubenssache. Sobald aber Andersgläubige, Nichtgläubige und die Erde selbst von ihren Handlungen und Unterlassungen betroffen sind, wird die Sache zu einer öffentlichen und fordert öffentliche Rechenschaft von allen Beteiligten. Das gleiche gilt für öffentliche Ämter wie das eines Bundespräsidenten, der das ganze Volk vertreten muß – nicht nur die, die ihn gewählt haben. Das jedenfalls ist die Auffassung, die sich aus der indianischen Sicht der Dinge ergibt.

Keine der genannten Personen hat die Zustimmung von allen Mitgliedern des Stammes, sprich Volkes, wie es in traditionellen indianischen Gesellschaften beispielsweise üblich ist. Dennoch handeln alle so, als hätten sie diese Zustimmung. Es handelt sich dabei nahezu um einen Trick der Demokratie, die auf diese Weise leicht zur Demokratur entarten kann. Uns trennt daher nur wenig von Diktaturen oder Monarchien klassischen Stils, was weder wir noch die so Gewählten vergessen sollten.

Meiner Meinung nach können wir vor dem Hintergrund dieser Erkenntnis lernen, *miteinander* die Geschicke unserer Völker zu gestalten und nicht in die alten Fehler zu verfallen, die uns diesmal das Genick brechen werden: Alle, die heute noch glauben, Gewalt anwenden, andere überlisten und sich persönliche Vorteile verschaffen zu können, sind mit ihrem Latein endgültig am Ende. Schneller als sie es sich vorstellen können, denn die Geduld unserer Erdmutter geht zur Neige. Da helfen weder überkommene Vorurteile noch die Berufung auf fragwürdige Amtsvollmachten, weder Haß noch offene oder verdeckte Gewaltanwendung oder Zwang irgendwelcher Art.

Was uns jetzt helfen kann, sind klare Erkenntnisse und ehrliche Bekenntnisse, die auf der Wahrheit beruhen. Und diese Erkenntnisse müssen im Herzen erwogen werden – nicht bloß im Kopf.

Wirklich herrschaftsfreies, friedfertiges Handeln und Unterlassen kann nur aus einer ehrlichen, klaren Erkenntnis der Situation heraus erfolgen, in der wir uns selbst befinden, in der sich bestimmte Menschen in unserer Gesellschaft und unsere Gesellschaft als Ganzes befinden. Dazu gehört auch das Erkennen und Anerkennen der Abgründe, die sich in uns selbst auftun, unserer eigenen Fehler und Schwächen. Dabei werden uns gleichermaßen die Sprache des Herzens und die Analyse mit den Mitteln des Verstandes helfen.

Alle anderen Formen des Denkens und Handelns mögen zwar gut gemeint sein, entspringen möglicherweise jedoch einer unüberlegten Reaktion, einer Unkenntnis der wahren Verhältnisse, einer persönlichen Schwäche; vielleicht einer Sicht durch die rosarote Brille, die alles als durchaus in Ordnung erscheinen läßt (ist ja auch bequemer so).

Es ist in der Konfrontation mit der Welt wie mit der Begegnung mit uns selbst:

Solange wir nicht mit unseren eigenen Abgründen konfrontiert worden sind, ist es kein Kunststück, ausgeglichen, »friedfertig« und sanft zu sein. Wenn wir aber einmal unsere andere Seite, unsere Fähigkeit kennengelernt haben, zuschlagen und zurückschlagen zu wollen und zu können, es aber angesichts einer Herausforderung bewußt nicht tun, sondern mit herrschaftsfreien Mitteln, also ohne Druck auszuüben, reagieren oder uns dem ersehnten Ziel nähern – dann sind wir wirklich stark. Dann haben wir eine wichtige Voraussetzung spiritueller Politik begriffen – und leben sie. Eine gewalttätige, auf Zwang beruhende, unüberlegte Handlung oder Unterlassung wird so eine seltene Ausnahme bleiben. Etwas, das die traditionellen Hopi von klein auf einüben und zu einer beeindruckenden Vollendung bringen (ohne deshalb Heilige zu werden, denn auch sie haben ihre Schwächen). Alles, was diese Vorgehensweise nicht mit einschließt, wäre der untaugliche, illusionäre Versuch, eine herrschaftsfreie, folglich friedfertige Gemeinschaft mit idealistischen Vorstellungen und schließlich durch Zwang, also mit ihr entgegengesetzten Mitteln, erreichen zu wollen. Ein solches Vorhaben muß scheitern, denn die Mittel müssen dem Ziel entsprechen, sind eigentlich das Ziel – und dafür bedarf es einer klaren Vision.

Erst wenn wir unsere eigenen Abgründe, die unserer Mitmenschen und die unserer gemeinsamen Situation erkannt und als Teil der alles umfassenden Wirklichkeit, ohne zu verurteilen, geortet und angenommen haben, können wir beginnen, bewußt mit ihnen zu leben, sie in Einklang mit den irdischen und kosmischen Gesetzen zu bringen. Alles andere ist Selbsttäuschung und läuft Gefahr, in einem von der Wirklichkeit abgekoppelten »positiven Denken« zum Spielball fremder Interessen zu werden.

In diesem Sinn orte ich innerhalb der katholischen Kirche neben sehr befreienden und toleranten Strömungen, die auch Nichtchristen und der

Erde selber dienlich sein können, einen wachsenden Herrschaftsanspruch ihrer leitenden Amtsinhaber, den sie sich zunehmend durch staatliche, also gesetzliche, finanzielle und politische Macht absichern lassen. Wobei sie Druck auf Andersdenkende in ihren eigenen Reihen, ja sogar auf Anders- und Nichtgläubige ausüben. Unterstrichen wird dieser Zwang durch ihre vereinnahmende, missionarische Haltung: die seit Paulus weltweit verbreitete Sucht, andere zu ändern – statt sich selbst – und aus der eigenen Änderung heraus Verbündete zu finden. Solange die Gläubigen dieser Kirche Zwänge dieser Art unterstützen oder gar selbst ausüben, müssen sie sich den Vorwurf gefallen lassen, unglaubwürdig zu sein, denn Religion ist eine Herzensangelegenheit und kann nie erzwungen werden.

Für traditionelle Indianer existiert daher das Wort »Glaube« auch gar nicht. Sie wissen einfach und finden als Wissende zueinander, weil sie die Dinge des Lebens erfahren, erlebt haben und ständig neu erleben. Die Kirchen haben jedoch an die Stelle der persönlichen Gotteserfahrung ihre Theologie und deren Vermittler gesetzt.

In der Natur zerstört sich jedes Wesen schließlich selbst, das sich auf Kosten anderer ausbreitet – das ist ein unabänderliches Gesetz, wie auch die Menschheitsgeschichte beweist. Kein Mensch kann ernsthaft behaupten, daß dieses Gesetz für ihn nicht gilt.

Spirituelle Politik: In Resonanz kann nur geraten, was frei schwingt

Spirituelle Politik heißt handeln und unterlassen, indem man immer das Ganze betrachtet und im Herzen erwägt – niemals nur Teile davon.

Sie bedeutet, sich vorbehaltlos und herrschaftsfrei für die Erhaltung, den Schutz und die Entfaltung der natürlich geregelten Lebenskräfte, der Fruchtbarkeit von Erde, Kosmos und ihren Wesen einzusetzen.

Spirituelle Politik übernimmt, ohne auf den eigenen Vorteil zu achten, die Verantwortung für das Gleichgewicht in der gesamten Schöpfung, in der jedes Leben, jede Existenz und jede Form von Bewußtsein und Gestalt ihren eigenen Wert hat und sich verwirklichen will – unabhängig von unserer Einschätzung –, auch die mögliche, noch nicht in Erscheinung getretene.

Es ist unmöglich, in einer Welt, die zunehmend selbst von namhaften Wissenschaftlern als ein vernetztes, miteinander kommunizierendes System kleiner und kleinster symbiotisch miteinander verwobener Individuen oder Potentiale begriffen wird, so zu handeln, als gäbe es dieses vollkommene Gewebe, dieses vollkommene Klangmuster, diese vollkommene Einheit nicht. Wenn international anerkannte Wissenschaftler wie die Atomphysiker Max Planck, Werner Heisenberg, Nils Bohr, David Bohm, Ilya Prijogine, Fritjof Capra, der Neurologe Karl Pribram, die Biologen Gregory Bateson und Rupert Sheldrake, der Astrophysiker Erich Jantsch, die Physiker Herbert Pietschmann, Eugene Wigner und John A. Wheeler, die Geomanten Hans Cousto, John Michell und Nigel Pennick, der Klangfachmann, Therapeut und Autor Joachim E. Berendt und viele andere ernstzunehmende Persönlichkeiten diesen Zusammenhang erkannt und seine Parallelen in der Weisheit alter Völker gefunden haben – insbesondere in lebendigen Stammeskulturen, im Taoismus, im Hinduismus, im Buddhismus, in der hebräischen, christlichen und islamischen (Sufi-)Mystik, dann sollten doch die, die Politik machen, gleichgültig, auf welcher Ebene und welchen Glaubens, sich diesen Erkenntnissen nicht länger verschließen.

Die Grundfrage lautet daher: Wie antworten wir der Harmonie des Weltalls, der Erde; wie antworten wir der symbiotischen Verbundenheit aller entfalteten (»sichtbaren«) und nicht entfalteten (»nicht sichtbaren«) Existenz? Stimmen wir uns darauf ein, ermöglichen wir auch anderen diese Einstimmung? Ermöglichen wir *allem, was ist*, diese Einstimmung, diese Resonanz, diesen Gleichklang – oder stören wir ihn, indem wir nicht darauf achten (in der Illusion, gegen die natürliche Ordnung rebellieren zu können)?

Lassen wir uns nicht gehen, sondern versuchen wir, Stück für Stück wieder Kontrolle über uns selbst und unser Leben zu erlangen! Entziehen wir uns der Fremdkontrolle – in möglichst vielen Bereichen –, und wenden wir uns den lebenserhaltenden Kräften zu!

Entziehen wir uns denen, die uns zu beherrschen versuchen; hassen wir sie nicht, sondern machen wir sie lediglich von Zeit zu Zeit – am besten zur richtigen Zeit am richtigen Ort, wie die Indianer sagen – auf ihre lebensfeindliche Vorgehensweise aufmerksam; ersuchen wir sie höflich, aber entschieden, alles Lebensfeindliche zu vermeiden; laden wir sie ein, über die tiefen Zusammenhänge nachzudenken und daraus die Konsequenzen zu ziehen. Verweigern wir ihnen unsere Hilfe und Unterstützung dort, wo sie damit Mißbrauch betreiben können – so gut wir dazu in der Lage sind.

Konzentrieren wir uns aber nicht ständig auf sie, sondern nur gelegentlich, wenn es sich gerade not-wendig, aus dem Herzen heraus ergibt. Geben wir ihnen eine Chance, ihr Leben in Einklang mit den kosmischen Gesetzen zu bringen – und leben wir das vor allem selbst.

Warten wir nicht darauf, daß sich andere oder »die Verhältnisse« verändern – beginnen wir ausschließlich bei uns selbst und vergessen wir die irreführende Vorstellung, andere verändern oder beeinflussen zu wollen und wirklich zu können.

Die notwendige Veränderung darf nicht nur in unserem Bewußtsein stattfinden – sonst bleiben wir in der Welt der Ideen stecken! Sie muß für die Mitwelt deutlich sichtbar, spürbar mitgeteilt sein – und so von ihr ständig Antwort erhalten – nicht von einer inneren Vorstellung. Wir leben in einer Welt konkreter Dinge – nicht abstrakter Ideen! Alles ist Bewußtsein, mehr oder weniger verdichtet; alles ist von dieser ordnenden Kraft – dem *Großen Geist* oder *Geheimnis* (*Great Spirit*) – durchdrungen, wird von ihm erhalten. Jeder Gestalt wohnt eine ordnende, gestaltgebende Kraft inne, geht ihr gleichsam voraus. Die traditionellen Hopi nennen das *Spirit*. In ihrer Friedenserklärung (vgl. *Unser Ende ist euer Untergang*) heißt es:

> »Die wahren Hopi wissen, wie man die richtige Art zu leben allen Menschen der Erde zeigt, die Ohren haben, um zu hören, ... Augen, um zu sehen ... und Herzen, um diese Dinge zu verstehen ... Die wahren Hopi wissen, wie man genug Macht erzeugt, um die Kräfte der Gedanken und Spirits aller wahren Kinder der Erde zu verknüpfen ... und diese mit der positiven Kraft des Großen Geistes zu vereinen, so daß sie dem Leid und der Verfolgung auf allen kranken Plätzen in dieser Welt ein Ende bereiten können ...
> Die wahren Hopi erklären, daß Hopi-Macht eine Kraft ist, die eine Weltveränderung zustande bringen wird.«

Damit bringen die traditionellen Hopi als heute noch lebende, intakte Gemeinschaft uns gegenüber das zum Ausdruck, was unsere Wissenschaftler als Systemtheorie erst in diesem Jahrhundert wiedergefunden haben: Unser Tun und Lassen beeinflußt ständig alles um uns herum, wir beeinflussen uns ständig gegenseitig, sind ständig Teilnehmer eines nie endenden Prozesses von Veränderungen. Jede lebensbejahende Handlung oder Unterlassung versetzt uns in Einklang mit den irdisch-kosmischen Schwingungsfeldern – und verstärkt sie so, weil wir in Resonanz geraten. Dadurch wird der Energieaustausch vermehrt.

Lebensfeindliche Handlungen oder Unterlassungen bewirken das Gegenteil – sie schwächen nicht nur unser eigenes Resonanzfeld, sondern auch das von Erde und Kosmos. Daraus ergibt sich, wie bedeutsam jede Art von Schwingungsfeld ist – gleichgültig ob Licht, elektromagnetische Welle oder Klang.

Wie J. E. Berendt in seinen Büchern *Nada Brahma* und *Das Dritte Ohr* eindrucksvoll nachweist, läßt sich jede Schwingung, jedes Schwingungsfeld als Klang hörbar machen. »Im Anfang war das Wort« meint daher, daß zu Beginn der Schöpfung nicht das Licht, sondern vor ihm der noch unhörbare Klang als All-Bewußtsein der Schöpfung da war – und ist. Daraus verdichtete sich das Licht, und daraus schließlich als am meisten verdichtetes Bewußtsein die sogenannte »Materie«.

Nicht nur die Pythagoräer und die Brahmanen, die alten Ägypter und die geheimnisvollen Sumerer haben um dieses Urgesetz allen Seins gewußt. Die traditionellen Hopi lehren uns heute noch in ihrem Schöpfungsmythos, daß dieses Wissen von Anfang an den Menschen eigen war, und in ihrer Schöpfungsgeschichte heißt es, »daß alle Töne Echos des Schöpfers sind.« Im *Buch der Hopi* von Frank Waters ist die Rede davon, daß die Wesenheit oder Kraft, welche vom Südpol aus die Erde in Ordnung hält, über die ganze Erde ihren Ruf erklingen ließ:

> »All die Schwingungszentren von Pol zu Pol, entlang der Erdachse, ließen seinen Ruf wiedertönen; die ganze Erde zitterte, das Universum bebte im Gleichklang. So machte er aus der ganzen Welt ein Instrument der Klänge, aus den Klängen ein Instrument zum Überbringen der Botschaften, aus denen das Lob für den Schöpfer aller Dinge widerhallte.«

Über den Menschen heißt es darin, daß schon das Kind lernte, daß neben seinen leiblichen, menschlichen Eltern »seine wirklichen Eltern die allumfassenden Wesen waren (...) seine Mutter Erde (...) und sein Vater Sonne (...) und es Bürger des großen Weltalls war, dem es gemäß seinem sich entwickelnden Verstand wachsende Treue schuldete.« Die ersten Menschen verstanden also das Geheimnis ihrer Elternschaft. In ihrer ursprünglichen Weisheit verstanden sie auch ihr eigenes Wesen – die Natur des Menschen selbst.

»Die lebenden Körper von Mensch und Erde waren von gleicher Art. Durch jeden lief eine Achse. Die Achse des Menschen war seine Wirbelsäule, die das Gleichgewicht bei seinen Bewegungen herstellte. Auf dieser Achse lagen Schwingungszentren, die den Urklang des Lebens durch das ganze Universum schallen ließen und warnten, wenn etwas nicht gut war.«

Während das Gehirn als zweites Zentrum helfen sollte, die Schöpfung zu vollenden, wie die Hopi sagen, soll die Kehle den Atem als Klang zurückgeben. »Dieser Urklang war – genau wie der Klang von den

Schwingungszentren des Erdenkörpers – in Harmonie mit der allumfassenden Schwingung der ganzen Schöpfung.« Und das Herz selbst befand sich in der ersten Welt noch »im Takt mit den Schwingungen des Lebens selbst.« Allmählich aber benutzten die Menschen »die Schwingungszentren ihrer Körper allein für irdische Zwecke und vergaßen, daß es ihr eigentlicher Sinn war, den Schöpfungsplan auszuführen.« Das wiederholte sich im wesentlichen bis zum heutigen Tag, inmitten der vierten Welt, wo wir drauf und dran sind, dieses großartige Klanggewebe völlig zu zerstören...

Für die Hopi sind Mantren (Wort- und Silbenklänge) als wirkende Worte oder »kosmische Schlüsselworte«, wie es bei Berendt heißt, seit altersher bis heute selbstverständliche Praxis. Sie wissen, wie sie die Resonanz zwischen ihrem Volk und dem heiligen Herzzentrum der Erde, das sie behüten, herstellen können. Damit halten sie die Erde tatsächlich im Gleichgewicht, gleichsam als »Schrittmacher«.

Aber was ist mit den anderen Wissenden? Wo sind die anderen Völker, die ihre heiligen Plätze ebenso behüten und in Resonanz halten sollen wie die Hopi? Wo ist der viel zitierte »Weiße Bruder«, der ihnen helfen und vielleicht das große energetische Zentrum aktivieren soll, das jenes der Hopi ergänzt? Vor langer Zeit ist er nach Eurasien und Afrika ausgezogen, um hier die heiligen Schwingungszentren der Erde aufzuspüren, einzustimmen und zu aktivieren, wie es heute jeder gute Akupunkteur bei den Menschen tut.

Die traditionellen Hopi suchen diese Verbündeten, und die Zeit ist zweifellos reif, sie zu verstehen, mit ihnen in einen intensiven Austausch zu treten. Alle wiederentdeckten Wissenschaften weisen darauf hin: Sei es das Studium und die Berechnung der Klangwelten, die uns umgeben (vgl. Berendt und Cousto), die Geomantie und Akupunktur als Kunst, diese Schwingungsfelder und ihre Resonanzkörper durch Abstimmen natürlicher und künstlicher Resonatoren aufrechtzuerhalten beziehungsweise regelmäßig zu verstärken (vgl. J. Michell und Nigel Pennick); sei es die System- und Feldtheorie, welche auf die Quantenphysik zurückgeht, sei es das wachsende spirituelle und ökologische Bewußtsein, das immer mehr nach einer sinnvollen Vereinigung sucht...

Ein neues Projekt englischer Geomanten beschäftigt sich mit den kurzfristig bei Sonnenaufgang insbesondere in Steinkreisen, aber auch in einzelnen Steinen auftretenden Energien. Wir finden das Wissen um diesen Vorgang auch im *Buch der Hopi* im »Schöpfungslied«. Es beschreibt in ihren Worten entsprechend den Farben dunkel-fahlblau, gelb und rot beim Sonnenaufgang »nacheinander das Geheimnis, den Atem des Lebens und die Wärme der Liebe.« Dieser »Atem des Lebens« durchflutet alles kurz vor Sonnenaufgang und wird durch das Sonnengebet des Menschen als Echo dankbar zurückgegeben.

Was hindert uns, diese tiefe Weisheit anzuerkennen, uns auf sie einzustimmen und eine aufrichtige Zusammenarbeit anzustreben? Die traditionellen Hopi sind – trotz aller Unkenrufe – zuversichtlich, die dafür erforderliche Zahl von Menschen zu erreichen, weil sie um den Schneeballeffekt, die Kettenreaktion, wissen.

So wie es eine Kettenreaktion bei der Kernspaltung gibt, gibt es sie bei der Kernverschmelzung – und im Bewußtsein, Handeln und Unterlassen der Menschen. So wie bei der grauenhaften Bombe eine gewisse Menge, die sogenannte *kritische Masse* von aufbereitetem Uran oder Plutonium nötig ist, um die Kettenreaktion schlagartig auszulösen, also den berühmten Quantensprung, genauso ist es mit den gestaltgebenden Bewußtseins- oder Energiefeldern der lebenden Menschen, welche die Hopi als deren *»Spirits«* bezeichnen. Die Felder derer, die nicht mehr ständig sichtbar unter uns weilen, werden – so wie die Naturkräfte und die Spirits anderer, oft weit entfernter Wesenheiten – als *»Kachinas«* bezeichnet. Dabei ist entscheidend, daß jeder einzelne, der sich auf dieses lebensbejahende Kraftfeld der traditionellen Hopi einstimmt, in Resonanz damit gerät und es so verstärkt. Auf diese Weise werden immer mehr Wesen – alles, was existiert – angeregt, ebenfalls in diesen kosmischen Rhythmus der Schöpfung einzustimmen. Irgendwann – und hoffentlich rechtzeitig – ist der kritische Punkt erreicht, wo alles mit einem Schlag in diesen gewaltigen Klangkörper mit einstimmt – womit sich der »Bewußtseinssprung« als Quantensprung vollzieht.

Diese Gesetze hat die Quantenphysik unseres Jahrhunderts spät, aber doch als erste wieder formuliert und die Radiotechnik als erste angewandt. Heute sind sich die Wissenschaftler weltweit im klaren darüber, daß schon kleine Veränderungen innerhalb eines Systems genügen, um das ganze System schlagartig zu verändern. Ein weiteres Beispiel für diese Wirkungsweise ist die Verstärker- und Regeltechnik mit Radioröhre, Transistor und Quarzsteuerung.

Auch die *Spiegel*-Redakteurin Ariane Barth berichtet im April-Heft Nr. 17/1987 über diese Zusammenhänge und stellt fest: »Die schwachen Felder der Natur scheinen sehr viel wirkungsvoller zu sein als die wesentlich stärkeren Strom-Emissionen aus der technischen Umwelt.« Der Frankfurter Zoologieprofessor Wolfgang Wiltschko, der Mitte der Sechziger den Magnetsinn der Tauben entdeckte, hat dasselbe inzwischen für alle Lebewesen festgestellt. Und der Rhythmusforscher Rütger Wever schreibt schwachen, elektromagnetischen Feldern die Rolle von »Zeitgebern« zu.

Vieles steht in diesem *Spiegel*-Artikel, was in meinem Buch *Unser Ende ist euer Untergang* schon 1983 als Aussage der Hopi und als Recherche von Joan Price nachzulesen war.

Inzwischen hat auch Professor Wiltschkos Kollege, Peter Semm, herausgefunden, daß das Sehorgan der Tauben ebenfalls auf Magnetfeldänderungen reagiert. Die Münsteraner Universitätsaugenklinik konnte diesen Zusammenhang auch für den Menschen in Form von sich ändernden »Hellempfindungen« nachweisen.

Im Zusammenhang mit diesen feinenergetischen Abläufen ist von solaren und lunaren Gezeiten – für die ganze Erde, ihre Elemente und ihre zahlreichen Bewohner – die Rede, inklusive Tag- und Nachtschwankungen. Im Menschen selbst wurde – wie bei Pflanzen und Tieren – neben dem bekannten Tag-Nacht-Rhythmus ein Sieben-Tage-Rhythmus und ein Mond-, also Monats- Rhythmus wissenschaftlich festgestellt.

Nach all dem ist es kaum erstaunlich, daß auch die »Dreifaltigkeit« (neben der sogenannten »Polarität«) überall zu finden ist. Wir kennen sie im Tonbereich als Grundton, erster Oberton (2/1) und erster Unterton (1/2). Demzufolge läßt sich nach J. E. Berendt dem ersten Oberton (und damit der Obertonreihe) der Aspekt der Vervielfachung, also Vermehrung in ganzzahligen Verhältnissen zuordnen (dies ist der rechte Schenkel eines gedachten, mit der Spitze nach oben stehenden L, dem von Rudolf Haase entwickelten »Lambdoma«); dem ersten Unterton (und damit der Untertonreihe) läßt sich der Aspekt der Teilung als Verringerung oder Spaltung in ebensolchen spiegelverkehrten ganzzahligen Verhältnissen (der linke Schenkel gleichsam) zuordnen.

Berendt setzt den Ausgangspunkt (wo die beiden Balken oder Schenkel zusammenkommen) dem zeugenden Brahma gleich, den rechten Schenkel dem vervielfachenden Krishna und den ihm links gegenüber befindlichen Schenkel dem zerstörenden, »aber dadurch Einheit wiederherstellenden« Shiva. Darüber – oberhalb der Spitze des »Lambdoma« – ortet Berendt den Urschöpfer Prajapati.

Im (ebenso patriarchalen) Christentum finden wir genau dieselbe Dreiheit wieder als Vater – Sohn – Heiliger Geist, allerdings ohne den zerstörenden Aspekt und ohne den allem verborgen innewohnenden Urschöpfer. Dafür kennen die traditonellen Hopi sehr wohl diese Urmacht als Urklang, die sie *Taiowa* nennen, die Schöpferkraft *Sotuknang*, welche die Welten schuf und zahlreiche hilfreiche Wesenheiten, durch die sich wiederum das *Große Geheimnis* selbst – Taiowa – offenbart. Taiowa

0/0

1/1

2/1 1/2

3/1 2/2 1/3

4/1 1/4

5/1 3/3 1/5

4/4

5/5

Lambdoma nach Rudolf Haase: Grundton (1 / 1), Obertöne (2 / 1, 3 / 1 . . .) und Untertöne (1 / 2, 1 / 3 . . .). 0 / 0 steht (nach J. E. Berendt) für den Urschöpfer – unhörbar oberhalb der Tonreihen, vergleichbar mit *Taiowa* bei den Hopi.

ist in menschlicher Gestalt am Anfang dieses Zeitalters den Vorfahren der Hopi als *Maassau'u* begegnet – und wird den Überlebenden nach dem »Tag der Reinigung« wieder begegnen, wie sie sagen.

Die Hopi kennen darüber hinaus in der sichtbaren Welt ebenfalls die Dreiheit der Hauptforderungen »im Gesetz der Hopi«, wie es Weißer Bär, Co-Autor vom *Buch der Hopi*, mir gegenüber nannte: Ehrfurcht (oder Achtung), Harmonie und Liebe.

Wir finden dieselbe Dreiheit im Aufbau des Atoms, in der Dreiheit von Wahrheit, Weisheit und Liebe – also in der uns sichtbaren Welt.

Schließlich sei noch darauf hingewiesen, daß der vom Christentum vernachlässigte Aspekt des Urklangs oder *Großen Geheimnisses* und der des Weltenschöpfers (Platon und die Gnostiker stellen diesen als Demiurg und als Gottheit der materiellen Welt jener obersten Gottheit der unsichtbaren Welt der Ideen gegenüber) auch in den Aspekten *nicht entfaltet* und *entfaltet* überall enthalten ist.

Als nichtentfaltete oder nichtmanifeste Kraft ist in der gesamten Schöpfung eine »ordnende, gestaltende, schöpferische Kraft«, die das Ganze ununterbrochen in Bewegung hält, von dem Atomphysiker David Bohm und seinen Mitarbeitern mathematisch (!) nachgewiesen worden. Dabei stellte David Bohm fest, daß uns »nur ein kleiner Teil der unentfalteten Ordnung« sichtbar ist. Die Entfaltung wechselt ständig mit der Einfaltung, wie er formuliert, das Manifeste ständig mit dem Nichtmanifesten, getragen von einer alles innewohnenden Ordnung.

Schon der Däne Nils Bohr stellte verblüfft Parallelen zwischen seiner Feldtheorie und dem Tao der Chinesen fest. Kein Wunder, daß die bedeutendsten Physiker unserer Zeit zum Beispiel mit Zen-Lehrern wie Alan Watts oder Daisetz T. Suzuki und dem unvergeßlichen Jiddu Krishnamurti in Kontakt standen oder noch stehen.

Und noch eine Querverbindung: Auch die Kabbala weist auf diese Tatsachen hin. So finden wir im Althebräischen unter der Ziffer Drei das schon erwähnte *L* ebenso auf dem Kopf stehend; vor dem Ziffernwert eins (Aleph oder Alpha) die Null oder den Kreis *Ajin* (das Unaussprechliche, Göttliche, in allem Verborgene), dem gesamten althebräischen Alphabet vorangestellt.

Da die traditionellen Hopi dieses Wissen heute noch praktizieren und so über den Schlüssel zum kosmischen Gleichklang verfügen, lade ich alle Menschen ein, die glauben, mit ihnen in Austausch treten zu können, es auch zu tun – um unsere Erde und ihre Kinder vor der alles zu vernichten drohenden Katastrophe zu bewahren und die Menschen von ihren Verstrickungen und Verirrungen zu befreien. So könnten wir gemeinsam das wirkliche *Neue Zeitalter* einer glücklichen Erdmutter mit ihren glücklichen Kindern einleiten.

Es gilt also, den Einklang wiederherzustellen, und ich möchte es nicht versäumen, auf die dabei den *Kachinas* zukommende Bedeutung hinzuweisen. Bei J. E. Berendt, dessen oben angeführten Büchern ich eine wesentliche Bestätigung und tiefsinnige Erklärung vieler meiner eigenen Erfahrungen verdanke, fand ich noch eine Sequenz, die zu den *Kachinas* der Hopi hinführt – jene Wesenheiten, die am »Tag der Reinigung« eine entscheidende Rolle nicht nur als Naturkräfte und Ahnen, sondern auch als »Außerirdische« spielen werden. Dabei gehe ich von der Vorsilbe *ka* aus. Im Altägyptischen ist beispielsweise von einer geheimnisvollen Lebenskraft *Ka* die Rede, auf Hawai bei den *Ka*hunas ebenso, bei den alten Griechen schließlich findet sich die Silbe *Kal* in »*kal*eo = ich rufe, als *kal*os = schön; ursprünglich jedoch: leuchtend« wie Berendt in *Nada Brahma* schreibt. In der Sanskritwurzel *kas* finden wir ebenfalls den Begriff leuchten, strahlen – und bei den traditionellen Hopi bedeutet *Kachi* »ein glückliches, gutes Leben, ein wunderschönes Leben. Kachi bedeutet wundervoll, alles ist in Ordnung«, wie mir 1981 deren offizieller Sprecher und Dolmetscher, Thomas Banyacya Sr. erläuterte.

Damit ist bei dem Hopi-Begriff *Kachina* der Sprung zur Bedeutung »Wesen, das sich im Einklang befindet« gar keiner mehr, sondern lediglich ein Ausdruck, der die Wirklichkeit noch tiefer erfaßt. In diesem Zusammenhang ist auch von Bedeutung, daß sich *Kachinas* häufig als strahlendes Licht äußern – wie ich es an anderer Stelle bereits beschrieben habe (vgl. *Unser Ende ist euer Untergang)*. Somit trifft die Bezeichnung »Wesen, das sich im Einklang befindet und leuchtet« sicher zu. Womit bei Darstellungen die leuchtende und oft goldene Aura um den Kopf Jesu und der dargestellten Heiligen ihre hinlängliche Erklärung findet. Die kabbalistische Entsprechung ist denn auch die Ziffer neun. Wir können diese Wesen als gestaltgebende Lebens- und Wächterkräfte bezeichnen, als Hüter und hohe Wissende. »Ihr Erscheinen hängt vom Herz der Menschen ab«, fügte Thomas Sr. noch hinzu – und sie reagieren auf unsere Gedanken, Handlungen und Unterlassungen.

Diese Wesenheiten behüten auch die heiligen Plätze der Erde und das heilige Wissen um ihre Belebung und den richtigen Umgang mit ihnen. Dem entspricht, was in der Gralslegende beschrieben wird: Wer sich diesem Wissen und damit diesen Lebenskräften in eigennütziger Weise und ohne Demut nähert, kommt dadurch um, geht zugrunde an den heiligen Gegenständen beziehungsweise Energien der Macht, die den Zugang zur kosmischen Harmonie (und deren Beeinträchtigung) eröffnen. Die Menschheit wandelt seit der Entfesselung der Atomkraft auf diesem fürchterlich schmalen Grat, und es ist für mich keine Frage, daß diejenigen, die diese Macht entdeckt und die Verfügungsgewalt über sie haben, nahe am Schlüssel zum hohen Geheimnis der Schöpfung – und damit dem Gral – sind. Allerdings verfügen sie derzeit lediglich über das zerstörerische Gegenstück. Die traditionellen Hopi wissen das.

Diese Wissenschaftler benehmen sich wie Parzival, der auf der Suche nach dem Gral ist und sich im »Jammertal« der selbstverursachten Dumpfheit befindet: weil er die Mitleidsfrage nicht stellt, sich nicht um seine Mitwelt kümmert, sondern glaubt, sie auf der Gralssuche außer acht lassen zu können. Die Legende erinnert mich auch an die Menschen, die ständig für sich Erleuchtung, »erweitertes Bewußtsein« oder »vollkommene Erkenntnis« suchen – sie aber nie finden können, weil sie ihrer Mitwelt gegenüber gleichgültig sind. Doch genau das ist die Botschaft der Gralslegende: die Überwindung unserer Gleichgültigkeit gegenüber der Mitwelt; die aktive Übernahme von Verantwortung für sie ist der Schlüssel zum Gralsgeheimnis.

Wo sind die Menschen, die nicht nur heilige Plätze suchen, Obertöne und Mantras singen, rechtshändiges Tantra beherrschen, über Anbau-, Fortpflanzungs- und Heilwissen, geomantische und Akupunkturkenntnisse verfügen –, sondern all das auch zum Nutzen der Erde und aller ihrer Kinder in aller Stille und Bescheidenheit fürsorgend teilen wollen? Und zwar, indem sie die Mitleidsfrage konkretisieren, die Unfruchtbarkeit und das Leid in der Welt beseitigen helfen?

Wo sind die Menschen, die im Vollbesitz ihrer geistigen Kräfte und Fähigkeiten entschlossen sind, zu den Hütern der Weisheit, des heiligen Grals, zu gehen, die – wie König Artus – in höchster Gefahr sind? Um den bedrängten Gralshütern zu helfen, um weltweit fürsorgend zu teilen – und so den Kreis zwischen Ost und West, Nord und Süd endlich wieder zu schließen?

Wo sind jene, die imstande sind, gemeinsam mit den hohen Eingeweihten der Hopi Menschheit und Erde auf die bevorstehende Polwende und den wahrscheinlich zusätzlichen Polsprung vorzubereiten und für alle, die hören wollen und sehen, nicht zur totalen Katastrophe werden zu lassen?

Wo sind diejenigen, die verhindern, daß durch Atombomben oder Atomreaktoren dieses dramatische Ereignis vorzeitig, unkontrollierbar und folglich ohne Vorbereitung über Mensch und Erde hereinbricht?

Wo sind jene, die – wie es das Bruderschaftssymbol der Hopi ausdrückt – einander offen und ehrlich die Hände reichen ohne Forderung, ohne Berechnung, ohne festzuhalten und zu vereinnahmen?

Können wir uns vorstellen, was es bedeutet, wenn die Liebe, das heilige Feuer, die lebenspendende Bindekraft der Schöpfung, mißbraucht werden, wenn Erde und Menschheit durch eine alles vernichtende Atomkatastrophe in ihren Vorzustand zurückkatapultiert, die persönlichen Schicksale der Menschen – ihr Karma – nicht aufgelöst, sondern auf ihren Ausgangspunkt in grauer Vorzeit zurückgeworfen werden? Darum geht es doch letztlich!

Der *Weiße Bruder,* das wissen die Hopi, sollte mit ihnen, der Erdmutter und allen Wesenheiten auf ihren bedeutendsten Plätzen heilige Hochzeit – mitsamt dem Festmahl – feiern!

Erst dann können Erde und Menschheit – im weitesten Sinne – wieder fruchtbar werden. Genau das kommt auch in der eigentlichen Wurzel der Göttin-Heroskulte zum Ausdruck: Die Menschen als Söhne und Töchter der Erde – ihrer gemeinsamen Mutter – steuern ihre Fruchtbarkeit, indem sie allen Wesen helfen, fruchtbar zu sein, indem sie sich auf die Bedürfnisse aller Wesen und insbesondere ihrer Großen Mutter abstimmen, regelmäßig ihre heiligen Plätze aufsuchen, sie liebevoll und ehrfürchtig pflegen und sie regelmäßig anregen mit Hilfe von Lebenskraft stärkenden Danksagungen, durch Fasten, Meditation und Gebet. Wann kommen wir endlich dieser unserer ureigensten Aufgabe nach?

Die traditionellen Hopi und andere traditionellen Indianer wissen, daß die Menschheit die große zyklische Veränderung, die auf uns zukommt, nur überstehen kann, wenn sie sich wieder auf diese ursprüngliche Aufgabe besinnt. Sie wissen, daß verhältnismäßig wenige genügen, um diesen Prozeß wieder in Gang zu bringen. Fangen wir bei unserem eigenen Leben an!

Die Unruhe, die unsere ganze hochtechnisierte Kultur befallen hat, rührt daher, daß wir unseren Auftrag verdrängt, vergessen, vernachlässigt haben – zugunsten persönlichen Vorteilen dienender Verfügungsgewalt oder Macht.

Die Prophezeiung der Hopi über die beiden Lebenswege der Menschheit (vgl. *Unser Ende ist euer Untergang*) enthüllt diese Zusammenhänge und offenbart neben einer Fülle von esoterischen Inhalten, die ich anzudeuten versucht habe, auch die Botschaft, daß es sich um hochentwickelte Nationen beziehungsweise Menschen handelt, die über den Schlüssel dazu verfügen – sobald sie bereit sind, selbstlos und lebenserhaltend zu sein. Diese Menschen stehen in enger Beziehung zum Zeichen des Hakenkreuzes (der Swastika), der Sonne und des Tatzenkreuzes mit vier roten Strahlen und haben die Fähigkeit, die in diesen Symbolen angedeuteten Kräfte zu wecken oder in Gang zu halten – im guten wie im schlechten.

Was heute zum Beispiel in den USA, in Großbritannien, in der Bundesrepublik Deutschland, der Deutschen Demokratischen Republik, in Österreich, in Japan, China, Israel und in der Union der Sozialistischen Sowjetrepubliken geschieht, ist kein Zufall, sondern das Ergebnis einer engen Verbundenheit dieser Völker, seitdem der *Weiße Bruder* die Hopi verlassen hat. Moses wußte darum, Salomon wahrscheinlich auch, Jesus ganz sicher – und eine hebräische Gruppe von Menschen, die sich nach Jesu Kreuzigung und der Zerstörung des Tempels in Jerusalem im Jahre 70 über Eurasien und Nordafrika zerstreute, wahrscheinlich ebenfalls. Es ist kein Zufall, daß an der Quanten- und Atomphysik, an der Elektronikforschung und im Bereich der Künste vor allem jüdische Mitbürger beteiligt waren und sind.

Was hat es zu bedeuten, daß gerade die deutschsprechenden Nationen, die sich eines besonderen Antisemitismus befleißigt haben (und dabei von den Vereinigten Staaten sehr unterstützt wurden), eine Hauptrolle bei der Auslösung beider Weltkriege gespielt und jetzt wieder mit dem

Antisemitismus und dem Faschismus zu kämpfen haben? Die gewaltfreie, friedliche Auflösung dieser geschichtemachenden, ja schicksalhaften Verwobenheit des deutschen und österreichischen Volkes und bestimmter Einzelpersonen ist der weltweite Schlüssel zum Gralsgeheimnis, dessen doppelsinnige Botschaft in der Hopi-Prophezeiung genauso verborgen ist wie in der altnordisch-germanischen *Edda*, in der christlich-jüdischen *Apokalypse* und mehr oder weniger deutlich in den Endzeitmythen aller Völker.

Fragen wir die wahren, ganzheitlich Wissenden – fragen wir den wahren Menschensohn um Rat, von dem Jesus spricht – noch bevor er, weil nicht gefragt, das alles vernichtende Feuer indirekt auszulösen gezwungen wird, weil niemand mehr auf ihn hört, wie die Hopi treffend sagen – und seine Macht, die Elemente, insbesondere das Urfeuer, zu bändigen, an die Erde zurückgibt (!). Das ist kein Mythos, denn die Wissenschaft spricht im Falle einer Polwende beispielsweise, wenn das Magnetfeld der Erde kurzzeitig zusammenbricht, von einer Fülle an elektrischen Entladungen, die dann stattfinden...

Benutzen wir unsere von der Schöpfungsmacht erhaltene Verfügungsgewalt zusammen mit unserem Verstand und der Intuition, um die Bedürfnisse von Erde und Menschheit miteinander in Einklang und alles zum Blühen zu bringen und so fruchtbar werden zu lassen. Wir dürfen diese Verfügungsgewalt niemals abgeben – damit geben wir uns selbst und die ganze Schöpfung auf, werden zum Spielball fremder Interessen und entfesseln letztlich die Naturgewalten in zerstörerischer Weise.

Wenn wir unsere Gleichgültigkeit und unseren Hochmut nicht überwinden, haben wir unsere letzte Chance vertan. In dieser Situation muß jeder einzelne für sich allein entscheiden, was er tun kann und will – jedes Führertum, jeder Zwang und jede Vorschrift wäre hier der falsche Weg. Denn in Resonanz kann nur geraten, was frei schwingt. Die Hinweise im folgenden Kapitel sollen dazu beitragen, diese Resonanz selbständig aufzuspüren und im Sinne der Schöpfungsmacht wirksam werden zu lassen.

Kapitel 9

Fürsorgend teilen statt reden

Verbündete und Verwandte suchen

Es wird viel geredet, geschrieben und gedacht – um die Lebenspraxis aber kommt niemand herum. Sie ist der Prüfstein, an dem jeder unmittelbar ersehen kann, wie ernst es jemand meint. »Neues Bewußtsein« und die Hoffnung auf eine Besserung der Verhältnisse sind zu wenig, wie schon der große Nazarener eindrucksvoll aufzeigte. Auch er war ein Mensch der Tat, des überlegten Unterlassens und der gefühlvollen Regungen. Wenn es in der Schrift heißt: »Barmherzigkeit will ich und nicht Opfer«, so lebten Jesus und seine Gemeinde das.

In dem sehr vergnüglichen und aufschlußreichen Taschenbuch *Die tolldreisten Geschichten von Onkel Tompa*, verfaßt von Rinjing Dorje und Addison Smith, geht es um den tibetischen Schalk, der sich als Gottheit Avolikeshvar, als Shiva entpuppte und sich entschied, »über allem Seienden die Barmherzigkeit und die Liebe zu sein.« Wie Hans-Georg Behr im Nachwort treffend schreibt, hat diese zwei Gesichter:

> »Zum Ausdruck höchster Ruhe und Erhabenheit gehört auch die Anspannung, das Zähnefletschen der Wut oder des Lachens. Nicht als Gegensatz, sondern als Teil. Barmherzigkeit ist nicht möglich ohne Wut auf das Leid, auf dessen Verursacher. Und der ewige Kampf all der Gewalten, die uns beherrschen und an das Rad des Lebens binden, wird in einem befreienden Lachen enden, das am Ende allen Leidens stehen wird, im Lachen an der Schwelle der Erleuchtung.«

Ich wünsche uns dieses befreiende, kosmische Lachen, wie es Behr nennt – aber auch die Wut auf das Leid, den heiligen Zorn, der uns antreibt, Leid und Ungerechtigkeit aus der Welt zu schaffen und mit ihm die extreme Polarisierung, der wir noch ausgesetzt sind. Ich wünsche uns, daß wir all das zu einem kraftvollen, kosmischen Ganzen vereinen: zu einem befreienden Lachen, das die gesamte Schöpfung ansteckt und in nicht endender Ekstase tanzen und musizieren läßt... Aber noch sind wir nicht so weit.

Traditionelle Indianer lachen viel und kennen den Schalk als Heyoka und als Coyote ebenso – nicht nur in Erzählungen mit ihren derben Späßen, wo die Schwächen der Menschen aufs Korn genommen und allzu Ernsthafte einen Spiegel vorgesetzt bekommen und entkrampft werden. Bei den traditionellen Hopi ist der Clown wesentlicher Teil vieler Zeremonien. Man stelle sich vor: Mitten im Gottesdienst im Wiener Stefansdom oder dem Aachener Dom vielleicht löst sich eine Gestalt aus der andächtigen Menge, beginnt Unflatiges vor sich hinzumurmeln, bringt alles durcheinander und turnt, alle möglichen Possen reißend, vor dem Altar herum. Die Unmöglichkeit einer solchen Vorstellung oder gar eines tatsächlichen Geschehens dieser Art zeigt schlicht, wie »lebensnah« unsere Zeremonien noch sind.

Lassen wir uns aber nicht durch so trübe Gedanken entmutigen, sondern suchen wir Verbündete! Verbündete sind in erster Linie jene Menschen, die zu persönlicher Veränderung bereit sind. Jetzt. Die sich unabhängig zu machen beginnen von allem, was abhängig macht: zum Beispiel staatliche Förderung, Ideologien und Patentlösungen, Drogen aller Art, Lebensstandard, Konsumverhalten, Streben nach Vollkommenheit und Präzision, Gottesvorstellungen, Vereinnahmung anderer, Güter, Dogmen, Gurus und sonstige Weisheitslehrer, Weltverbesserer, Missionare, Hierarchien, Pessimisten, rosarote-Brillen-Träger, Bücher aller Art (auch dieses), Religionen und Vereinnahmung durch allzu anhängliche, nicht loslassen könnende Menschen.

Jetzt oder nie: Herrschaft abschütteln, die über uns ausgeübt wird – und jene beenden, die wir über andere ausüben. Selber Verantwortung übernehmen und nicht ständig an »Befugte«, »Geeignete« abschieben. Jetzt. Sich stolz aufrichten: die Erde konkret unter die Füße nehmen, sie durch die Arbeit mit ihr spüren lernen, sie respektieren und denselben Respekt, dieselbe Achtung auch für sich, die Erdenmutter und ihre Kinder verlangen – was uns Würde verleiht, der Erdenmutter, ihren Töchtern und Söhnen. Jetzt.

Still werden und auf die Stimme des Herzens, des ganzen Körpers hören, die mehr Einsicht vermittelt als die des Verstandes allein. Jetzt.

Menschen mit dem Herzen suchen – nicht mit dem Kopf. Das kann zwar eine Weile dauern – aber wir ziehen von selbst diejenigen an, die zu uns passen, die dem entsprechen, worum wir uns selbst bemühen. Das sind unsere neuen Verwandten.

Das fürsorgende Teilen fällt uns mit ihnen leichter als mit anderen – es drängt sich uns förmlich auf (sofern wir auf dem rechten Weg sind). Es ist wie bei Ehepartnern, der Keimzelle des menschlichen Lebens, der Urzelle der Symbiose: Hier beginnt fürsorgendes Teilen zuerst fruchtbar und vielfältiger zu werden.

Der Einstieg wird – je nach Person und Situation – verschieden, aber die Ausgangsbasis kann nur eine sein: die Rückkehr zur Großen Mutter und ihren Helfern, der brennende Wunsch, mit ihr und ihren Kindern in Verwandtschaft zu leben und das neu entstehende Glück mit allen fürsorgend zu teilen, die dazu bereit sind. Von diesem Wunsch beseelt, beginnen wir dort, wo es uns am besten gelingt, den ersten Schritt zu tun, um einfach und natürlich zu werden: bei der Ernährung, der Lebensweise, unserer Erwerbstätigkeit, indem wir uns für unsere Mitwelt und insbesondere für diejenigen Kulturen einsetzen, die diese Symbiose noch oder wieder leben. Darüber hinaus suchen wir von Zeit zu Zeit die Stille; versuchen auf unsere Intuition zu achten, empfänglicher zu werden für die Signale, die sonst durch Lärm, Unruhe und Oberflächlichkeit unbeachtet bleiben. In diesem dynamischen Prozeß wachsen wir, ziehen gleichartige Verwandte an – und bekommen so auch ein neues, besseres Verhältnis zu unserer leiblichen, menschlichen Mutter, die ebenfalls auf uns wartet. Wir beginnen mit dem Anbau, übernehmen aktive Verantwortung für Pflanzen, Tiere, Menschen, Mineralien. Jetzt.

Begegnungen finden statt. Jetzt. Wir finden den Freund / die Freundin, den Ehepartner – und andere Verwandte kommen auf uns zu...

Dabei ist es entscheidend, die Verwandtschaft herrschaftsfrei zu leben, nicht bloß von ihr zu reden, sie zu »betonen« oder über sie nachzudenken – gleichgültig wie intensiv. Nur durch dieses Erleben wächst die Verbindung zueinander, die Intensität der Beziehung von selbst. Dieses *LEBENDIGSEIN* bezieht sich auf beide Teile der jeweiligen Verwandtschaft. Wo nur ein Teil sich darum bemüht, es zu leben versucht, unterliegt er einer Illusion. Verwandtschaft kann nur dort gelebt werden und wahr sein, wo sie beide Teile tatsächlich vorbehaltlos praktizieren – ohne über Vor- und Nachteile nachzudenken. Wo gegrübelt und aufgerechnet wird, ist es damit vorbei; denn dann besteht lediglich ein Tausch- oder Kaufverhältnis.

Verwandtschaft leben ist nicht leicht, aber es ist die einzige Art, wirklich zu leben – alles andere ist Ausbeutung. Das muß nicht unter einem Dach sein, außer es handelt sich um eine Familie oder ein Paar.

Für uns vom *Arbeitskreis Hopi-Österreich* war es dennoch gut, mitten im Winter zu viert unter einem Dach auf dem Land zusammenzuziehen. Wir hatten uns dabei wohl etwas zu viel vorgenommen. Denn da war einmal die völlige Umstellung auf die nichtstädtische, ländliche Mitwelt. Überdies merkten wir, daß das Leben in einem schlichten Haus ohne jeden Komfort auch erlernt werden muß. Dazu kam noch das neue Leben zu viert. Andererseits haben wir viel dabei gelernt, unter anderem, daß es besser ist, wenn jeder beziehungsweise jede Familie ein eigenes Dach über dem Kopf, einen eigenen Lebens-Raum hat. Allzu leicht unterliegt der Mensch ansonsten der Vorstellung, alles müsse »gemeinsam« sein und legt sich so Fessel über Fessel an (daran scheitern viele Ehen und andere Gemeinschaften). Das sind Ideologien, die uns meist mehr behindern als helfen. Wir haben die Erfahrung gemacht, daß diese Lebensform eine Zeitlang für unsere Entwicklung förderlich war, daß aber auf Dauer jeder seinen eigenen abgegrenzten Lebens-, Verfügungs- und Intimbereich möchte und das gemeinsame Dach, die gemeinsame Kasse besser der jeweiligen Familie beziehungsweise den Partnern allein vorbehalten bleibt. Wozu sollen wir uns das Leben unnötig schwer machen?

Für uns war das der Beginn eines neuen Abschnitts. Ein weiterer, als schließlich jedes Paar beziehungsweise jede Familie mit ihren Kindern ein eigenes Haus bezog. Es hat sich so entwickelt, und wir sind neugierig, wie das jetzt weitergeht; wo echte, uneigennützige Kooperation aufkommt – und wie. Wir haben viel zu lernen, und es ist nicht klug, alles auf einmal lernen zu wollen, was uns wichtig und erstrebenswert erscheint. Alleinstehende haben es da möglicherweise leichter als Paare mit Kindern – denn auch die Erwachsenen brauchen Zeiten, wo sie ungestört zusammen sein können. Traditionelle Indianer haben ein Gespür dafür: Sie vereinnahmen nicht, verschwinden dezent im richtigen Moment, nehmen vieles absichtlich nicht wahr – um auch auf kleinstem Raum jedem Individualität, ja Intimsphäre und Zurückgezogenheit zu ermöglichen. Das geht sogar so weit, daß längeres Schweigen in diesen Gesellschaften etwas durchaus Normales ist – und niemand fühlt sich dabei schlecht.

Aber wer von uns kann das, übt keinen (wenn auch noch so geringen oder versteckten) Druck aus, bringt es wirklich fertig, nicht ständig irgendwelche Erwartungshaltungen zu hegen? Solange uns das noch nicht in Fleisch und Blut übergegangen ist, sollten wir es erst einmal den befreundeten Partnern und den Familien überlassen – die sind damit schon genug beschäftigt. Die Familie ist der geeignetste Ort, um alles Nötige zu lernen – ohne ständig andere damit zu belasten.

Die neuen Stämme oder Gesellschaften, von denen hier die Rede ist, entstehen nicht aus wild drauflos zusammenlebenden Menschen oder solchen, die sich viel zu viele Dinge gleichzeitig auferlegen, sondern aus dem freien Zusammenschluß derer, die bewußt daran gehen, Verfügung über sich selbst und entsprechende Selbstbeherrschung zu erlernen – und die neue Lebensweise in der eigenen Familie zu praktizieren, denn sie ist und bleibt die Urzelle dieses neuen Lebens, das von hier aus – und nur von hier aus – weitergegeben wird an die Kinder und Kindeskinder: durch das eigene Beispiel, das Ermöglichen des neuen Lebensstils für die Kinder, indem mit so wenig Druck wie möglich die lebensnotwendigen Grenzen gesetzt und erläutert werden – damit die Symbiose untereinander, mit der Erdmutter und dem Kosmos, nicht gestört, sondern aufrechterhalten und fruchtbar wird. In der Familie entstehen am leichtesten Gebete, Zeremonien als Danksagungen und Rituale, welche als geeignete Gestalt oder Form diese Verwandtschaftsbeziehung verdichtet ausdrücken, die Konzentration immer wieder darauf lenken, sie stärken und vertiefen. Solche Rituale, die ein Ereignis oder einen Zustand begehen oder feiern, sind echt, denn sie sind Ausdruck einer lebendigen, bewußten (nicht nur gedachten) Beziehung, sie haben die entsprechende Macht und Bedeutung für die Aufrechterhaltung dieser Beziehung.

In erster Linie geht es dabei um Danksagungen mit entsprechenden Gebeten und Gaben an die Kräfte und Wesenheiten, die unser Leben ermöglichen und erhalten: die Ahnen, die vier Richtungen, Mutter Erde, Vater Sonne, Großmutter Mond, alle unsere Verwandten aus dem Tier-, Pflanzen- und Mineralienreich, die weisen Männer und Frauen, die *Kachinas* und das *Große Geheimnis* selbst. Die beste Tageszeit dafür ist zwischen Sonnenaufgang und Mittag; zur Vollmondphase wirken zusätzlich noch besonders starke positive Kräfte. Inwieweit uns die unsichtbaren Helfer dabei anleiten und unterstützen, hängt lediglich von unserem ehrlichen, uneigennützigen Bemühen und damit von der Reinheit unserer Gesinnung, unseres Herzens ab.

Zeremonien mit ihren Ritualen richten sich nach den Anlässen, wie Geburt, Reife, Hochzeit, Tod, Zusammenkunft, Vorbereitung und Durchführung von Vorhaben – und nach den Zyklen der mit ihnen verbundenen Erscheinungen, wie Sonnenaufgang, Mittag, Sonnenuntergang, Mondphasen, Siebentagerhythmus, Sonnenwenden, Tag- und Nachtgleichen, Aussaat, Keimen, Blühen und Ernte der Pflanzen. Es versteht sich von selbst, daß solche Vorhaben sorgfältiger Vorbereitung bedürfen, insbesondere durch Fasten, Meditation und Gebet, und daß ihrem Gelingen je nach Bedeutung eine Verschenkungszeremonie, ein gemeinsames Essen und vielleicht sogar ein ausgelassenes Fest folgen. Wobei auch Feste durch entsprechende Formen zu Ritualen werden können. All das hilft jedenfalls durch die bestehende Wechselwirkung zwischen gelebter Beziehung, Zeremonie und entsprechendem Ritual tatsächlich, die Kreisläufe des Lebens aufrechtzuerhalten, regt sie an, feuert sie regelrecht an – bestärkt sie in ihrem rhythmischen Klangmuster und somit in ihrer Harmonie.

Eine ichbezogene Magie kann auf diese Weise gar nicht entstehen, weil der Mensch sich in diesem Wechselbad der Beziehungen kraft gelebter Verwandtschaft als Hüter und Lenker der natürlichen Ordnung wiederfindet – und seine Kinder da hineingeboren werden.

Spirituelle Politik ist planetare Familienpolitik

Erst durch die lebendige Familie, in der, wie Moses schon vermittelte, gleichberechtigte und einander liebevoll respektierende Partner die Verantwortung für die Kinder miteinander teilen und zwangsläufig auch für deren Zukunft sorgen, ist lebendige Verwandtschaft möglich. Sie bindet uns an die Wirklichkeit, daß alle voneinander abhängig sind und Sorge für das Leben zu tragen haben. Einseitig orientierte Männer- oder Frauengesellschaften stellen lediglich eine Degeneration dar, eine Abweichung vom ursprünglich ausgewogenen Leben mit der Gefahr der Herrschaft weniger über die übrigen. Deshalb betonen indianische Nationen die Familie so sehr und die sorgfältig ausgewogene Rollenverteilung von Mann und Frau darin.

Spirituelle Politik ist deshalb zuerst Familienpolitik: für die menschliche, irdische und kosmische Familie. Sie kann daher nur auf der Basis des eigenen Lebens, die Verwirklichung durch uns selbst, und nicht durch Abgeordnete, Gewählte oder Regierungen verwirklicht werden. Ebenso können wir nur durch die persönlich gelebte Wirklichkeit, das eigene diesbezügliche Erleben, die Anliegen der traditionellen Hopi und anderer traditioneller Indianer wirklich verstehen. Andernfalls können wir darüber nur philosophieren. Sie laden uns als Ratgeber und lebendige Wegweiser – nicht als Missionare oder Schriftgelehrte – ein, nicht einfach nachzuahmen, oder kosmetisch-technokratischen Umweltschutz zu betreiben, sondern unsere Wurzeln endlich anzuerkennen und wieder zu beleben: unsere ureigene Mutter-Kind-Beziehung zur Erdenmutter, insbesondere zum Land, auf dem wir leben und auf natürliche Weise unsere Nahrung anbauen, von dem wir Vorräte für den Winter sammeln (wofür wir oft und oft danken) und dem wir Pflanzen, Lebensmittel oder anderes als Gegengabe zurückgeben; unsere Vater-Kind-Beziehung zum Sonnenvater, dessen stärkende Kraft wir kennenlernen, wenn wir viel im Freien arbeiten, und die geheimnisvolle Beziehung zum Lebendigen, das alles bewegt – zum *Großen Geheimnis* selbst, das Vater und Mutter in sich birgt, in der natürlichen Fruchtbarkeit des Bodens, der Pflanzen, Tiere und Menschen zyklisch offenbar wird. Und in diesem Lebensraum tummeln sich zahlreiche Verwandte, die uns lieben, respektieren, ihr Leben für uns geben – und genauso geliebt und geachtet werden wollen. Das setzt voraus, daß wir endlich erwachsen werden und wirklich verantwortungsbewußt leben.

Spirituelle Politik trägt all dem Rechnung, fördert dieses innige Beziehungsgeflecht nach Kräften, behütet es und kann in Form von Abgeordneten oder Gesandten Vertreter solcher spirituell-politischen Gemeinschaften in Gremien haben, die noch nicht verstehen, aber bereit sind, zumindest zuzuhören und vielleicht den einen oder anderen Schritt in diese Richtung zu tun.

Zugleich werden so alle Aussagen, die von Jesus von Nazareth über die Dinge des Lebens überliefert worden sind, in einer Weise lebbar, die uns nicht mehr an ihn als Person, als Erlöser oder Gott bindet, sondern ihm einen angemessenen Platz als großen Wissenden zuweist – als weisem Ratgeber und Heiler der Menschheit, der den Brückenschlag zwischen Ost und West, Nord und Süd vorbereiten half: zwischen unserer Kultur, die nach verstandesorientierter, naturwissenschaftlich nachweis- und ebenso umsetzbarer Erkenntnis strebt, und der Kultur der naturverwobenen Völker, welche Intuition und Herzenslogik als Hüter der natürlichen Ordnung zur Meisterschaft entwickelt haben. Beide ergänzen einander, beide sind Teil eines großen Ganzen, und beide brauchen keinen Messias oder Übermenschen, der sie erlöst, sondern lediglich – ganz unmystisch – gegenseitigen Respekt und die Verschmelzung ihrer gleichermaßen wichtigen Fähigkeiten. Wie Mann und Frau – gleichberechtigt, geistig und körperlich fruchtbringend für das Ganze.

Die traditionellen Hopi rufen seit 1948 ihren *Weißen Bruder* – wann bricht er endlich auf, um seinem roten Bruder zuzuhören, um die Vereinigung der Menschheit vorzubereiten und in einem weltweiten Ritual des verwandtschaftlichen Anerkennens, der Danksagung, des fürsorgenden Teilens oder Verschenkens, das in ein Festmahl mündet, zu begehen? Spirituelle Politik enthält insbesondere auch die Vorbereitung dieser irdisch-kosmischen Vermählung, bis die Vereinigung stattgefunden hat und tagtäglich überall zum Wohl aller Wesen und deren Gemeinschaften gelebt wird.

Die Zeit ist reif. Jetzt. Wo sind die Verbündeten?

Ich finde sie 1984 vereint in der Hainburger Au bei Wien (ein Biotop, das durch den Einsatz von Umweltschützern gerettet wurde), vereint in der gewaltlosen Verhinderung des AKW Zwentendorf bei Wien und der atomaren Wiederaufbereitungsanlage in Wackersdorf, im Gebiet der Frankfurter Startbahn West; in Oberösterreich, wo sie sich dem Weiterbau der Pyhrnautobahn friedfertig entgegenstellen; bei der Aktion *Mütter für eine atomfreie Zukunft* in Salzburg; in Ungarn und Österreich und anderswo beim Protest gegen das Donaukraftwerk Nagymaros; in der polnischen Umweltschutz- und Ökobewegung; in der Tschechoslowakei und in Ungarn beim Protest gegen die dortigen AKWs; unter denjenigen deutschen Richtern, die 1987 eine Sitzblockade vor dem US-Atomraketendepot in Mutlangen durchgeführt haben; unter den immer zahlreicher werdenden Biobauern und -gärtnern und den Landwirten und Betrieben, die auf menschen-, tier-, pflanzen- und erdfreundliche Lebensmittel und Erzeugnisse umstellen, unter den Menschen, die für die nötige Mehrarbeit angemessen bezahlen; unter den Menschen derjenigen Molkereien, die wieder Milch in Glasflaschen liefern; unter den Bauern, die von der einseitigen Milch- und Fleischwirtschaft zugunsten von Kräuteranbau und vom Menschen direkt genießbaren Pflanzen abrücken; unter den Holzfällern und Waldbesitzern, die biologisches Kettenöl für ihre Motorsägen, und Pferde statt Traktoren für die Holzabfuhr verwenden; unter denen, die die natürliche Geburt ermöglichen und fördern; unter den Managern der *Tennessee Valley Authority* Elektrizitätsgesellschaft in den Vereinigten Staaten, die seit 1977 (!) ihre Kunden zum Stromsparen ermuntert, dadurch keine neuen Kraftwerke mehr errichten mußte und auf diese Weise ihre AKWs abschalten (!) konnte; ich finde sie unter den Teilnehmern der »Allgäuer Gespräche zum sanften Tourismus in der Bundesrepublik Deutschland« (1986); unter den Schweizer Bahnmanagern, die nach dem Motto »rascher – dichter – direkter« das Konzept »Bahn 2000« ohne Hochleistungszüge entwickelt, innerhalb kürzester Zeit eine Million Autofahrer zum Umsteigen auf die Bahn bewogen und vorher schon 90 Prozent des Transitverkehrs von LKWs auf die Schiene verlagert haben; im Schweizer Verkehrsminister, der sich weigert, die Schweizer Straßen für den 40 Tonnen schweren *EG*-Lastzug freizugeben; unter den Herausgebern und Redakteuren vom *Schweizer Ökojournal*, das über lebens- und erdfreundliche Initiativen berichtet, des öfteren die Anliegen und den Standpunkt der traditionellen Indianer miteinbezieht – und den *Elmwood Newsletter* in deutscher Übersetzung als Beilage publiziert; unter den Mitgliedern des *Elmwood Institute* in Berkeley (Vereinigte Staaten), 1983 von Fritjof Capra gegründet, das sich als ein »Forum für Ökodenken« versteht und »eine intellektuelle Grundlage für die Grüne Bewegung« anbietet, »indem es die Annäherung von Politik, Ökologie und Spiritualität fördert« und eng mit grünen, Indianer-, Friedens-, Bioregional-, Menschenrechts- und Frauenbewegungen in aller Welt zusammenarbeitet (Hazel Henderson, Charlotte Spretnak und Stanislav Grof sind beispielsweise Mitglieder des *Elmwood-Rates*); ich finde sie unter den Herausgebern und Redakteuren der Zeitschriften *esotera* und *Magazin 2000* (beide Bundesrepublik Deutschland), die in ihre Berichterstattung zunehmend die traditionellen Indianer miteinbeziehen und versuchen, spirituelle und politische Aspekte im Blatt zu verbinden; unter allen Journalistinnen und Journalisten, die dasselbe in den verschiedensten Medien tun – insbesondere in der Wiener Presseagentur *Phoenix*; ich finde sie unter den US-Landkommunen, die mit den Ureinwohnern zusammenarbeiten; ich finde sie bei den Aktivisten und Planern von *Greenpeace*, unter jenen Menschen, die überwiegend Tempo 80/100 mit ihrem Auto fahren – es möglichst wenig benutzen und mehr zu Fuß gehen, Rad fahren und sich öffentlicher Verkehrsmittel bedienen; unter denen, die statt einer elektrischen Schreibmaschine oder eines Computers eine mechanische verwenden, so mehr Leuten Arbeit und sich selber weniger Abhängigkeit verschaffen; unter jenen, die in Wien im April 1986 an einem öffentlichen spirituell-politischen Ritual zum Schutz der Erdmutter, der von der Zwangsumsiedlung bedrohten Navajo-Dineh und Hopi teilgenommen haben (vgl. Roman Schweidlenkas Bericht in dem Buch *Starke Plätze*); unter jenen, die traditionelle Indianer einladen, um ihren Ausführungen persönlich zuzuhören und ihnen direkt helfen zu können; unter jenen indianischen Medizinmännern in den Vereinigten Staaten, die durch eine Heilungszeremonie dem napalmgeschädigten US-Bürger und Vietnam-Veteran Georg Muzo im Herbst 1986 geholfen haben, in Washington seine 47tägige Fastenaktion »für das Leben« und den Frieden in Mittelamerika zu vollenden; unter jenen Weißen, die vier bis sechs Monate bei den von der Zwangsumsiedlung bedrohten Dineh verbringen, um ihnen beim Erneuern der Häuser, beim Schafehüten und bei Gemeinschaftsprojekten zu helfen, die alle dazu dienen, den Vollzug des schändlichen Gesetzes PL 93–531 unwirksam zu machen; unter den Mitgliedern des *Traditionellen Indianischen Ältestenrats*, die immer wieder vor der Entweihung heiliger indianischer Zermonien, Gegenstände und heiliger Plätze warnen und sich insbesondere mit ihren leidenden Geschwistern in Mittel- und Südamerika und in Südafrika solidarisieren; ich sehe in Mutter Theresa eine Verbündete – und in allen Menschen guten Willens, die mithelfen, das Leid in der Welt durch gewaltfreies, hilfreiches Handeln – durch fürsorgendes Teilen statt Reden – zu verringern; schließlich in Michael Gorbatschow insofern, als er von August 1985 bis Februar 1987 keine unterirdischen Atomtests durchführen ließ, in der Sowjetunion eine neue Ära einleitete, in der sein Ministerpräsident Gromyko immerhin vor seiner Entmachtung noch formulierte: »Wie sie alle wissen, ist unsere Erde ein Organismus, und wir müssen dazu Sorge tragen«; Gorbatschow, unter dem häufig von »miru mir« – »die Welt im Frieden, weltweit« – die Rede ist, der 1987 dem indianischen politischen Gefangenen Leonard Peltier ein russisches Augenärzteteam zur Gratisbehandlung senden wollte, nachdem die US-Behörden seine medizinische Betreuung verweigert hatten; der im Februar 1987 den stufenweisen Abbau aller Atomwaffen bis zum Jahr 2000 vorschlug – jener Gorbatschow, der dem US-Physiker Charles Hyder im Februar 1987 für die Zusendung einer Buddha-Statue als »Preis für Initiativen zum Weltfrieden« dankte und ihm anläßlich seines Hungerstreiks für die US-Atomabrüstung schrieb: »Ihre Stimme zur Verteidigung des Selbstschutzes der Menschheit wurde von Millionen von Menschen, auch in der Sowjetunion, gehört. Ihre spirituelle Stärke wird benötigt, um den Kampf zur Verhinderung einer nuklearen Katastrophe fortzuführen. Aus diesem Grund ersuchen wir Sie dringend, Ihren Hungerstreik zu beenden.« Derselbe Gorbatschow, der zu Weihnachten 1988 einseitige sowjetische Abrüstungsschritte in der konventionellen Bewaffnung anbot.

Propaganda? Bluff? Wer ohne Fehler ist, werfe den ersten Stein.

Ich denke, die Verbündeten sind nicht allzu weit entfernt und kurioserweise oft dort, wo sie von vielen am wenigsten vermutet werden...

Alle Genannten sind auf dem richtigen Weg, finde ich, und ein dickes Buch würde nicht reichen, alle Initiativen, Gruppen, Organisationen und Einzelmenschen aufzuzählen, die bereits zu unseren Verbündeten zählen. Nicht zu vergessen in der Bundesrepublik Deutschland Petra Kelly von den *Grünen*, die sich schon lange für die Anliegen traditioneller Indianer engagiert, die *Grün-Alternativen* in Österreich, Italien und in der Schweiz, denen das Leben – wie ihren Anhängern – schwer gemacht wird – ebenso wie den grünen Pionieren in den etablierten Parteien.

Wenn wir Andersdenkende respektieren und ihnen deutlich machen, daß sie dabei sind, uns ein heißes Grab zu schaufeln – und wir bei diesem Begräbnis nicht dabei sein wollen, verdienen wir zumindest genauso Respekt und angehört zu werden ohne verniedlichende, sich lustig machende Kommentare. Schließlich sägen diese Herren (es sind kaum Frauen) selbstmörderisch an unser aller Ast, auf dem wir bereits bedrohlich schwankend sitzen. Der ehemalige österreichische Außenminister Leopold Gratz sagte in einem Interview mit der Wiener *Arbeiterzeitung* vom 27. Juni 1987 als Vorsitzender der Wiener *SPÖ* und als Nationalratspräsident unter anderem folgendes zum Thema *grüne Politik:* »Die Linie der Sozialisten ist, daß man die letzten hundert Jahre nicht ausradieren und den Menschen nicht zumuten kann, auf jenen Standard zu verzichten, den sie sich erfreulicherweise erarbeitet haben.«

Ich stamme selbst aus einer ärmlichen Arbeiterfamilie und verdanke sozialistischer Bildungs- und Sozialpolitik sehr viel. Dennoch: Sollte das tatsächlich der Kurs der österreichischen Sozialisten bleiben (und unter Sinowatz, Vranitzky und Benya sind genügend Weichen dieser Art gestellt worden), dann stehen uns schwere Zeiten bevor. Denn der Ast wird nicht dicker, wenn man rascher an ihm sägt.

Dieses grundlegende Mißverständnis vieler Politiker der etablierten Parteien, daß man den Menschen, die im Wohlstand, ja im Überfluß leben, eine lebens-notwendige Verringerung ihres Lebensstandards nicht zumuten könne, kann nur durch diese Menschen selbst ausgeräumt werden: indem sie freiwillig verzichten, ihren Lebensstandard, der auf Kosten der Mitwelt geht, Schritt für Schritt reduzieren und so keinen Grund mehr für Autobahn-, Kraftwerks- und Expreßbahnbauten liefern.

Wir müssen vieles rückgängig machen

Freiheit ist freiwillig. Aber das Naturgesetz hat dieser Freiheit Grenzen auferlegt. Wenn Sozialisten ebensoviel Materialismus praktizieren wie erklärte »christlich-soziale«, sprich kapitalistisch gesinnte Parteien – wer verwirklicht dann noch den wirklichen Sozialismus, der von der Idee der Kooperation und Naturverbundenheit, ja von einer spirituellen Politik der religiösen Sozialisten ausgegangen ist?

Das ist nicht unmittelbar mein Problem. Aber solange Menschen mit solchen Vorstellungen reagieren, ist es ein Problem aller Betroffenen, die weder in einer weinseligen Heurigenstimmung noch im christlich-preußischen Pflicht- und Gehorsamsdenken untergehen wollen. Führten vergleichbare Entscheidungen zu Jesu Zeiten noch nicht direkt zum Untergang der Menschheit, sondern lediglich zu dem eines Großreiches, so gehen sie heute die ganze Welt an. Janet McCloud formulierte es anläßlich ihrer Österreichtournee 1987 unmißverständlich:

> »Irgendwie müssen die Menschen ihre Lebensweise, die so weit von der Natur entfernt ist, beenden. Sie müssen jene Art von Entwicklung stoppen, die das Land zerstört und die Gewässer verschmutzt und müssen versuchen, wieder ein einfaches Leben zu führen, bevor es die

Kräfte tun. Das ist die einzige Möglichkeit, die sie haben – sie haben keine andere Wahl.«

Wir müssen vieles rückgängig machen – oder wir gehen in einer Katastrophe schlicht unvorstellbaren Ausmaßes unter!

Wir können diesen Weg der Hochtechnologie, ja der gesamten ausbeutenden, Raubbau betreibenden Technologie, Wirtschaft, Verwaltung und Religion nicht mehr weitergehen. Es sei denn, wir machen uns bewußt zu Mördern und Selbstmördern.

Jeder ist aufgerufen, selbständig Alternativen zum kollektiven Selbstmord zu entwickeln, der gegenwärtig von den Regierenden und den ihnen folgenden Lemmingen vorbereitet wird! Ein hohes Maß an Technologieverzicht ist unumgänglich, ja notwendig – bis wir wirklich herrschaftsfreie, sanfte Technologien, Wirtschaftssysteme, Formen des Zusammenlebens und der Verehrung des Göttlichen in der gesamten Schöpfung entwickelt haben, die sich von vornherein im kompromißlosen Einklang mit allem befinden, was ist.

Wir müssen wieder Handwerker sein, Menschen, die ihre Gebrauchsgegenstände zum größten Teil selbst herstellen, lange benützen, reparieren und schließlich an ihre Kinder weitervererben.

Wir müssen wieder fürsorgende Landpfleger werden – Landwirte im ursprünglichen Sinn – Kinder-, Tierpfleger und verantwortungsbewußte Gärtner, wo jeder weiß, wie das Leben entsteht und gedeiht. Anders ist das Gleichgewicht, wie ich meine, nicht wiederherzustellen.

Wenn wir nicht die hemmungslose Symbiose mit dem Land, auf dem wir leben, und mit den Wesen, die uns umgeben, vollkommen verwirklichen, wird uns dieses Land als nutzlosen Müll verschlingen. Es wird uns schlicht beseitigen, weil wir es so gewollt haben.

Spirituelle Politik besteht auch darin, diese Realität aufzuzeigen, sie den Verantwortlichen mit allen möglichen gewaltfreien Mitteln unermüdlich vor Augen zu führen – bis sie endlich begreifen.

Spirituelle Politik kümmert sich auch um die Heiligtümer unserer Erdmutter und ihre kundigen Hüter. Nicht bloß sonntags von zehn bis elf oder per Zahlschein. Ständig. Sie besteht auf dem Schutz der heiligen Orte und ihrer Hüter. Heilige Orte sind meist hohe Berge, Hügelkuppen, Felsformationen, Felseinschnitte, Höhlen, Quellen, Haine und Gebiete an Flußwindungen – häufig ohnehin von christlichen Kirchen im wahrsten Sinne des Wortes besetzt.

Aber auch Gletschergebiete können heilige Orte sein – und Gletscherskilauf oder Gletschertaxis zur Belustigung etwas naturfern geratener

Touristen passen nicht ins Bild ihrer Pflege. Das wird diesen Menschen und jenen, die daran verdienen, schwer begreiflich zu machen sein – außer das Trinkwasser wird ungenießbar, das aus den Quellen dieses Gletschers kommt; außer, Schutz- und Bannwälder am Fuß solcher Gebiete brechen vollends zusammen und ganze Ortschaften müssen evakuiert werden, weil Gesteins-, Wasser- und Schneemassen nicht mehr zurückgehalten werden können. Dann ist es aber schon zu spät.

Welche Glaubensgemeinschaft sieht es gerne, wenn ihre Heiligtümer geschändet und ihre Ritualgegenstände durch geschäftstüchtige Händler gegen klingende Münze – als Kopien – unters Volk gebracht und so entweiht werden? Welcher Christ sähe es gerne, wenn seine Kirche verwüstet, wenn es Monstranzen mit dem Allerheiligsten und Altarsteine für jedermann zu kaufen gäbe?

Im Bereich der Schweizer New-Age-Szene gibt es ein Kurszentrum, das im Juni 1987 Seminare mit Schülern von Harley Reagan Swift Deer unter dem Motto »Wissen und Praxis aus dem indianischen Sonnentanzweg« (550 Schweizer Franken für fünf Tage) und »Indianische Sonnentanz-Medizin« (neun Tage für 580 Schweizer Franken, ebenfalls ohne Unterkunft und Verpflegung) anbot. Zur sachgerechten Durchführung dieser Seminare und für den nachfolgenden privaten Gebrauch wurden sogenannte »Medizin-Pfeifen« für 50 bis 140 US-Dollar feilgeboten.

Nun könnte man das Ganze als private Liebhaberei betrachten – und als Ausübung eines religiösen Kults, was ja schließlich jedem freisteht. Dem steht aber gegenüber, daß gerade diese »Medizin-Pfeifen« zu den größten Heiligtümern traditioneller Indianer zählen und der Verkauf dieser heiligen Zeremonialgegenstände (wie auch von Zeremonien ihrer Kultur) einen durch nichts zu rechtfertigenden Mißbrauch darstellt.

Der *Traditionelle Indianische Ältestenrat* hat schon 1981 vor diesem Mißbrauch gewarnt und betonte 1986, daß dadurch unter den indianischen Nationen »Leid und Schmerz« verursacht werde (vgl. den übersetzten Originaltext im Buch auf Seite 233). Dies wurde in mehreren Schreiben, die unser Arbeitskreis 1987 von traditionellen Indianern aus den Vereinigten Staaten erhielt, erneut bestätigt. Es ist in diesem Schreiben davon die Rede, daß durch den Verkauf der Zeremonien und der Heiligen Pfeife unter den Traditionellen Krankheiten, ja sogar Todesfälle verursacht würden.

Im selben Jahr erreichte uns ein Brief an europäische Unterstützungsgruppen, in dem der Lakota-Medizinmann Arvol Looking Horse als Hüter der »Heiligen Pfeife vom weißen Büffelkalb« insbesondere vor

Personen warnt, die von keinem Stamm und keiner indianischen Nation als Lehrer oder Medizinleute anerkannt sind und sie auf keiner Ebene vertreten – jedoch Geld mit indianischer Religion machen. Zitat: »Die tief verwurzelten Ureinwohner dieser Schildkröteninsel mühen sich ab, um zu überleben und werden solche falschen Auslegungen nicht dulden, weil sie das Augenmerk der Öffentlichkeit von den wirklichen Problemen ablenken, denen die Ureinwohner gegenüberstehen. Um den Schutz der Religion der Ureinwohner zu sichern, ist daher die folgende Liste erstellt worden – um unschuldige Leute zu warnen, daß die Ausbeutung und Vermarktung von Religionen der Ureinwohner diesen Schaden zufügen kann; ebenso wie es auch dem Ansehen der Graswurzelleute (den tief verwurzelten Ureinwohnern) schadet.«

Es folgt nun eine Reihe von Namen, die möglicherweise vielen Menschen noch nicht bekannt sind, einige darunter aber sind regelrecht populär, wie Harley Reagan Swift Deer, Sun Bear, Lynn Andrews, Wallace Black Elk und Grace Spotted Elk, Mary Grimes (Thunder Woman), Hyemeyohst Storm, Oliver und Devere Eastman, Diane Battung, Archie Fire Lame Deer usw. Noch nicht auf der Liste stehen die drei Swift Deer-Schüler, die im erwähnten Kurszentrum den Gebrauch der »heiligen Pfeife« lehren und überdies den »Weg des Kriegers« sowie ein »Grundwissen über spirituelle Sexualität«, »Quodoushka«, wie sie Swift Deer nennt. Einer von ihnen verkauft »Originalpfeifen aus Pfeifenstein« und gibt als seinen Lehrer auch Hyemeyohst Storm sowie den in Wien an der Kunstakademie lehrenden Österreicher Arnold Graf Keyserling an. Auch dieser gehört zum *Internationalen Regenbogennetzwerk* von Swift Deer und ist europäischer Vertreter seiner *Deer Tribe Medicine Society* in Kalifornien.

Hier soll – vielleicht entgegen dem äußeren Anschein – niemand verurteilt oder gebrandmarkt werden, nein. Aber der Ausverkauf heiliger Zeremonien und ritueller Gegenstände der amerikanischen Ureinwohner muß wegen der damit verbundenen Gefahren unbedingt aufgezeigt werden – das ist auch meine persönliche Überzeugung.

Die erwähnten drei Swift-Deer-Schüler werben überdies dafür, daß hier »das Rad-Wissen der Indianer mit balinesischem, tibetanischem, keltischem und modern europäischem zu einer Synthese der planetarischen Kultur« verbunden würde. Es ist in diesem Zusammenhang allerdings mit keinem Wort die Rede von den wahren Hütern unserer Erde und ihrer tristen Situation – den traditionellen Indianern. Von ihnen nicht nur religiöses Wissen und Praxis zu nehmen (sofern sie das überhaupt wollen), sondern mit ihnen (und anderen Menschen) unseren meist materiellen Reichtum fürsorgend zu teilen – wäre das nicht ein erster, bedeutender Schritt hin zu wahrer Völkerverständigung und Bewußtseinserweiterung?

Solange Menschen in El Salvador, Guatemala, Chile, Brasilien, den Vereinigten Staaten, in Kanada, Australien, Neuseeland, Skandinavien, im Ostblock, in Indien, Sri Lanka, Indonesien, Irland, Spanien, der Türkei, im Nahen Osten, in Äthiopien und Südafrika – und was weiß ich noch wo – ihr Schicksal nicht selbst frei bestimmen können, und Hunger, Unterdrückung, Entbehrung des zum Leben Nötigsten erleiden, solange kann kein Friede auf dieser Erde sein, so lange helfen die schönsten Philosophien, Weltbilder, Ideologien und Zeremonien nichts.

Fürsorgend teilen statt reden heißt: nicht horten und mit vollem Bauch Sprüche klopfen, sondern reichlich abgeben, anderen bis auf einen für sich selbst lebensnotwendigen Intim- und Individualbereich zur Fruchtbarwerdung des Lebens verfügbar machen. Zunächst denen, denen wir uns unmittelbar durch bewußten Austausch verwandt wissen, schließlich der ganzen irdischen Gemeinschaft: Wissen, Erkenntnis, praktische Erfahrung, Güter aller Art, Fähigkeiten aller Art und Zuwendung. Alles andere ist heiße Luft.

Fürsorgend teilen statt reden: Jetzt. Heilige Plätze ehrfürchtig respektieren und deren Hüter in ihren lebensfördernden Bemühungen nach Kräften unterstützen: die Western Shoshone-Indianer in Nevada beispielsweise, die sich verzweifelt gegen die dort stattfindenden Atomtests und die geplante Atommülldeponie wehren. Im Mai 1987 demonstrierten in ihrem von Militärs und Wissenschaftlern vergewaltigten Heimatland rund 3500 Menschen mit ihrer Erlaubnis und Unterstützung. Im selben Monat stellte der US-Geophysiker und Seismologe Jack Evernden fest, daß dort durch die unterirdischen Atomtests die oberste vulkanische Gesteinsschicht des Tafelberges bereits gebrochen ist und durch die Risse Radioaktivität entweicht. Eine mächtige Wolke davon wurde im April 1986 als Radioaktivität von Tschernobyl ausgegeben. Währenddessen testen die Vereinigten Staaten unbeirrt weiter. Wie das US-Nachrichtenmagazin *Time* im Mai 1987 berichtete, auch neue Mikrowellenwaffen, »die Stromkreise feindlicher Kommandozentralen vom Weltraum aus völlig außer Gefecht setzen können.« Schließlich Atomwaffen, die nur ein ganz eng begrenztes Gebiet, »beispielsweise um den Kreml in Moskau« treffen, wie die *Salzburger Nachrichten* am 19. Mai 1987 meldeten.

Ein heiliger Platz sind auch die Black Hills der Lakota in Süd Dakota.

Auch dieser ist durch Kohle- und Uranabbau von der Zerstörung bedroht, genauso wie Four Corners (insbesondere Black Mesa), wo Hopi, Navajo-Dineh, Paiute und zahlreiche Pueblostämme wohnen.

Oder die Cree-Indianer am kanadischen Lubikon-Lake, die zum Boykott der Olympischen Winterspiele im Februar/März 1988 in Calgary aufriefen, weil ihnen Kanada durch Ölgesellschaften das Land weggenommen hat. Während diese dort bereits Milliarden Umsätze machen, sind die Cree selbst zu 90 Prozent Sozialhilfeempfänger geworden.

Oder die über 25000 Dene-, Cree- und Metis-Indianer in Nord-Saskatchewan in Kanada, die am Wollaston Lake und Rabbit Lake leben: im größten Uranabbaugebiet Kanadas mit denselben dramatischen Auswirkungen der radioaktiven Verseuchung, wie sie die Navajo, Paiute, Hopi, zahlreiche Pueblostämme und andere Indianer in Four Corners ebenfalls seit den fünfziger Jahren erleiden.

Im Zuge des dritten Uranbooms in den USA wird neuerdings an beiden Rändern des Grand Canyon seit den achtziger Jahren hochkonzentriertes Uran abgebaut. Zu den bereits am Nordrand bestehenden sieben Minen, durch die über 200 archäologische Stätten zerstört worden sind, sollen drei weitere im Süden kommen, die vor allem die dort lebenden Havasupai- und Hualapai-Indianer betreffen: Am Red Butte, einem ihnen, den Hopi, Navajo und Paiute heiligen Gebiet, hat *Energy Fuels Nuclear* aus Colorado einen Schacht zu einem großen unterirdischen Uranvorkommen bereits vorangetrieben. Diese Mine liegt auf einem Pfad des *Côhonino-Kachinas* von den San Francisco Peaks in den Grand Canyon und auf einem uralten heiligen Salz- und Farbenpilgerpfad zur Roten Erde. Archäologen haben bereits heilige Gegenstände der Havasupai beseitigt. In diesem Gebiet befinden sich auch die Hauptwasservorkommen für die Havasupai im Havasu Creek...

Der Red Butte gilt als »Nabel der Erde«, und der Ort, an dem die Mine nördlich davon errichtet wurde, als ihr Unterleib: eben das Gebiet, das der Aufrechterhaltung und zyklischen Erneuerung der Fruchtbarkeit dient. Zitat von vier Havasupai-Sprechern:

> »Eine Mine wird den Ruheplatz des Lebensgeistes und die Mutter töten und zerstören. Leben kann nicht von einer toten Mutter erneuert oder von einer toten Mutter gestärkt werden (...) Nichts Gutes kann von einem Gebet oder Opfer an einem toten Ort kommen (vgl. dazu *Pogrom* Nr. 140/1988)

Folgende Firmen sind im Grand Canyon beteiligt: *Energy Fuels Nuclear, Union Carbide* (Uranmühle in Blanding, Utah, und in Pine Ridge, Süd Dakota), *Exxon* und die französische Firma *Pathfinder.*

Die *Rheinisch-Westfälische Elektrizitätswerk AG RWE*, die den Großteil der Anteile an der Hanauer Atomfabrik *NUKEM* hält, maßgeblich am Schnellen Brüter in Kalkar beteiligt und Eigentümer des wegen schwerwiegender Störfälle bekannten Atomkraftwerks Biblis ist, bezieht ihr Uran unter anderem auch von *Energy Fuels Nuclear.* Die *Deutsche Uranerzbergbau* möchte sich laut *Pogrom* 143/1988 am Geschäft im Grand Canyon beteiligen, nachdem sie bereits seit 1984 in Kanada am Uranerzbergbau mitverdient. Weitere beteiligte Unternehmen der Bundesrepublik Deutschland im Ausland: *Rheinische Braunkohlenwerke AG* (*Rheinbraun*) in Australien, die *Urangesellschaft mbH* in Namibia und Australien und schließlich die *Saarberg-Interplan Uran GmbH* in Australien und den Vereinigten Staaten. Letztgenannte Firma betreibt auch in der Bundesrepublik Deutschland in Großschloppen (nahe Hof in Bayern) einen Erprobungsstollen zum dort geplanten Uranabbau. Deutsche Firmen bauen in der Bundesrepublik Deutschland bereits im Schwarzwald (zum Beispiel in Menzenschwand) Uran ab...

Wir können so nicht mehr behaupten, all das würde weit weg von uns liegen, sei ein Problem, das in erster Linie andere Nationen berühren würde. Nein, unsere eigenen Leute mischen mehr oder weniger direkt dort mit, wo der radioaktive Tod seinen unmittelbaren Ausgang nimmt; und er kommt vielfach auf uns, zu uns zurück.

Unsere Möglichkeiten sind zwar begrenzt, und wir können nicht überall direkt eingreifen – auch nicht, um die Tötung neugeborener Mädchen und die Herabsetzung der Frau zugunsten des Mannes in der indischen Kastengesellschaft zu verhindern. Wir können aber in uns konkret zugänglichen und einsehbaren Bereichen helfen und fürsorgend teilen – auf jede nur erdenkliche Weise. Sei es, daß wir über diese Ungerechtigkeiten informieren, an die zuständigen Stellen schreiben und dagegen protestieren, um Einstellung dieser Aktivitäten ersuchen, uns um Hilfe an Prominente und andere bekannte oder bedeutende Persönlichkeiten, Organisationen und Medien wenden; sei es, daß wir Geld zur Unterstützung der Betroffenen spenden oder selbst an einer friedlichen, gewaltfreien Aktion oder Demonstration teilnehmen. Entscheidend ist, daß wir möglichst konkret helfen – ohne Energie und Unkosten verschlingende Vermittler und ohne eine Gegenleistung zu erwarten. So helfen wir mit, das Gleichgewicht untereinander wiederherzustellen und stärken das dafür nötige energetische Kraftfeld der Erde – weltweit.

Wir haben keine irgendwie geartete Hilfe von irgendeiner Macht – auch nicht von möglichen Außerirdischen – zu erwarten, wenn wir nicht mit den Verfolgten, Unterdrückten, Bedrängten, Verelendeten und Schwachen endlich fürsorgend teilen und ihnen helfen, ohne Unterschied nach Geschlecht, Herkunft, Rasse, Alter und Religion in Würde ein frei gewähltes, herrschaftsfreies Leben zu führen.

Wenn wir ihnen – ebenso wie der Erdmutter und ihren zahlreichen Kindern – unsere Hilfe verweigern, haben wir uns selbst gerichtet.

Nur Geldspenden allein oder ausschließlich Gebet, Meditation und Zeremonien beziehungsweise Rituale genügen nicht, sind häufig eine bequeme Ausrede, um der absolut unumgänglichen Veränderung der eigenen Lebensweise im dargestellten Sinn auszuweichen.

Seit dem Abwurf der ersten Atombombe kann diese Welt nicht mehr dieselbe sein wie vorher. Seit Tschernobyl ist sie endgültig und unwiderruflich eine andere geworden. Leben wir mit ihr, spüren wir Verbündete und das Leben liebende Verwandte auf und teilen wir fürsorgend. Jetzt.

Respektieren wir unsere Verschiedenheit und lernen wir aus der ständigen Begegnung miteinander, indem wir im Kreis zusammenkommen. Seien wir selbstbewußt und entfernen wir uns ohne Angst oder Sorge von allem, was nicht dem Leben dient. So ziehen wir den Schutz aller lebensbejahenden Kräfte auf uns, die für uns die lebensverneinenden Kräfte wie ein Schutzschild abwehren. Jetzt.

Lernen wir von denjenigen nach den uralten Gesetzen lebenden, aktive Verantwortung für die Gemeinschaft übernehmenden Menschen, die bereit sind, uns diese oder jene Zeremonie zum Wohl aller Wesenheiten aus persönlicher Verbundenheit freiwillig und ohne irgendeine Bezahlung zu lehren. Verzagen wir aber nicht, wenn sich eine solche Möglichkeit nicht ergibt, sondern beginnen wir dort, wo wir leben, in der Situation, in der wir uns befinden; denn nur weniges ist allgemeingültig übertragbar, und alles Nötige lernen wir, indem wir zunächst den ersten Schritt zu unserer gelebten Verwandtschaft hin machen. Diese Dinge können wir nicht aus Büchern lernen – wir müssen sie lebendig durch eigene Initiative erfahren. Schließen wir den Kreis und machen wir das Beste aus unserer Situation: Halten wir uns unerschütterlich und insbesondere bei Zeremonien die Vision einer friedlichen, gesunden, reichlich Früchte aller Art hervorbringenden und somit schönen, glücklichen Erde vor Augen – mit glücklichen Erdenkindern. Jetzt.

Seien wir dankbar. Denken wir gute Gedanken. Denken wir nicht über »böse« Menschen nach, nicht über Negatives, vergessen wir es. Jetzt.

Denken wir an unsere Kinder und deren Zukunft: mit einem gesunden Körper, Sonnenschein, sauberem Regen, reiner harmonisierender Nahrung; vergegenwärtigen wir uns Land und Leben im Gleichgewicht, in Harmonie und Schönheit... Jetzt.

Fasten wir öfter, meditieren wir öfter (allein und im Kreis), singen und tanzen wir gemeinsam und allein, beten wir allein und gemeinsam im Kreis, reinigen wir unseren Körper und Geist auf vielfältige Weise und helfen wir der Erdenmutter dabei, ihren Körper zu reinigen; verbrennen wir Tabak, reinigende Kräuter wie Salbei und geben wir dankbar, danken wir, so oft wir können und teilen wir fürsorgend, so oft es uns möglich ist. Danken wir der Erdenmutter und allen Wesenheiten, die ein glückliches, ein fruchtbares, ein Leben in Schönheit ermöglichen und bitten wir darum.

Mögen Mutter Erde und ihre Kinder für immer geheilt werden!

Eine Verlautbarung des Traditionellen Indianischen Ältestenrats

Das zehnte Treffen des Traditionellen Ältestenrats
21. Juni 1986
Loneman School, White Clay District
Pine Ridge, Lakota Nation, South Dakota

Kommuniqué Nr. 9

Der Traditionelle Ältestenrat setzt sich zusammen aus geachteten Ersten (*respected leaders*), Medizinleuten und Ältesten der amerikanischen Ureinwohnergemeinden quer durch die große Schildkröteninsel von Nordamerika und die Inseln der westlichen Hemisphäre.

Es sind jene, die mit der Gesundheit, dem Wohlbefinden und den spirituellen Bedürfnissen der ursprünglichen Menschen und Nationen der westlichen Hemisphäre betraut sind. Sie sind die Großväter und Großmütter der Nationen, welche noch immer die ursprünglichen Anweisungen, Zeremonien und Medizinen der Ureinwohner dieser Länder mit sich tragen.

Diese Menschen verkaufen die heiligen Zeremonien nicht, betreiben mit ihnen keinen Handel oder Tausch für Profit. Phillip Deere war der einzige Repräsentant des Ältestenrats, abgesandt, um uns 1982 international bei einer Konferenz in Rom in Italien zu repräsentieren. Wir machen darauf aufmerksam, daß wir niemanden autorisiert haben, den Ältestenrat international für spirituelle Vorhaben oder Spendensammlungen zu repräsentieren.

Wir, die traditionellen Ältesten, sprechen erneut zur gesamten Öffentlichkeit und geben bekannt, daß sich Leute unserer verschiedenen Nationen beschweren, daß ihre Zeremonien, Pfeifen und Schwitzhütten entweiht werden durch nicht eingeborene Einzelpersonen und eingeborene Amerikaner, die vorgeben, »Medizinleute« zu sein.

Das ist eine Verletzung unserer Menschenrechte, Gruppenrechte, und die Verletzung unserer religiösen Freiheiten. Die Ausbeutung der heiligen Symbole unserer Zeremonien verursacht Leid und Schmerz unter unseren Völkern und verunglimpft die fundamentalen Anweisungen unserer Kulturen und Lehren. Wir können Menschen nicht daran hindern, ihr Geld für sogenannte »Indianische Zeremonien« zu verschwenden, aber wir können jene zur Rede stellen, die unsere heiligen Pfeifen, Schwitzhütten und Zeremonien mißbrauchen. So verlangen wir erneut, daß diese Verletzungen aufhören.

Ho lena hecetu kte lo;
Pila mayaye lo.

Der Traditionelle Ältestenrat
(The Traditional Elders Circle)

Brief an den Präsidenten der UN-Generalversammlung in New York

Die vereinten souveränen Hopi-Nationen
Hotevilla, Mishongnovi, Moenkopi, Oraibi,
Shipaulovi, Shungopavi; Hopiland, via Arizona

20. September 1983

*An den Präsidenten der Generalversammlung
der Vereinten Nationen in New York*

Sehr geehrter Herr Präsident.

Wir, die unterzeichnenden Hopi, traditionell eingeweihte Mitglieder unserer höchsten Bünde, *Kachina* und *Wuwuchim*, die wir unsere jeweiligen souveränen Hopi-Nationen repräsentieren, nehmen diese Gelegenheit wahr, um uns anläßlich des »Internationalen Tages des Friedens« an die Generalversammlung zu wenden.

Für uns bedeutet das eine Erfüllung einer der Hopiprophezeiungen, daß eines Tages, wenn die Probleme der Welt so groß geworden sind, die Ersten (*leaders*) der Welt in einem »Haus aus Glas« (den Vereinten Nationen) zusammenkommen, um diese Probleme auf friedliche Weise – nicht durch Krieg – zu lösen.

Zu der Zeit, als unsere Vorväter in diesem neuen Land und Leben auftauchten, gab der Große Geist, Massu'u, unseren ersten Menschen den Namen Hopi, welcher *Friede* bedeutet. Die Hopi haben sich seit dem Beginn des menschlichen Lebens auf dieser Mutter Erde dem Frieden verpflichtet. Das ist der Grund, warum unsere spirituellen Kikmongwis keinen Vertrag mit irgendeiner Nation abschlossen, sondern nur mit dem Großen Geist, Massu'u, der unsere Ersten anwies, in dieser Wüste zu wohnen, jetzt bekannt als der Südwesten dieses Landes. In Übereinstimmung mit spirituellen Anweisungen errichteten unsere Vorfahren heilige Schreine auf den Gipfeln unserer Berge. Vom Inneren dieses spirituellen Zentrums aus, umgeben von diesen vier heiligen Bergen, dienen unsere religiösen Ersten als Hüter von allem Land und Leben in der westlichen Hemisphäre. Indem sie zum Wohle aller lebenden Dinge auf dieser Mutter Erde ihre Zeremonien ausführen, fasten, heilige Pfeifen rauchen und Gebetsfedern herstellen, bemühen sich unsere religiösen Ersten, diese ganze Welt im Gleichgewicht zu halten. Deshalb muß dieses spirituelle Zentrum von allen Menschen heutzutage beschützt werden.

Die Hopi und alle ursprünglichen eingeborenen Völker haben auf diesem Land viele tausende Jahre gelebt und die Lehren, die unter uns von Generation zu Generation weitergegeben wurden, enthalten Prophezeiungen, Warnungen und religiöse Anweisungen, die für jeden Menschen von großer Bedeutung sind. Diese Lehren dienen als Anweisungen dafür, was wir in diesem kritischen Moment, in dem sich die moderne Welt jetzt befindet, tun müssen.

Die Neuerungen und das Verhalten des modernen Menschen waren unserem Volk tausende Jahre vor ihrer Existenz bekannt, wie befestigte Straßen, Flugzeuge, Autos, Telefone, Radios, Satelliten, die Raumfahrt, Retortenbabies, Weltkriege und so weiter – um einige zu nennen. Alle diese Dinge wurden bereits in einer anderen Welt gemacht, aber sie wurden durch menschliche Wesen mißbraucht und bringen eine völlige Zerstörung unserer Welt zustande. Heute sind diese hochentwickelten Erfindungen gleichsam Rauchsignale oder Warnungen für alle Menschen der Erde. Wenn die menschlichen Wesen beginnen, diese modernen Erfindungen zu mißbrauchen, wird sich die Welt auf die Selbstzerstörung zubewegen, wie es schon vorher geschehen war.

Eines der bedeutendsten Ereignisse, vor dem gewarnt wurde, war die Erfindung eines »Kürbis voll Asche«, heute als *Atombombe* bekannt. Diese Waffen sollten so mächtig sein, daß sie alle lebenden Wesen zerstören und die Ozeane zum Kochen bringen würden. Die Welt war bereits Zeuge des unglückseligen Gebrauchs der Atombombe während des Zweiten Weltkrieges, als Hiroshima und Nagasaki ausgelöscht wurden. Unsere spirituellen Ersten waren alarmiert, als sich diese Erfindung tatsächlich materialisierte und alles innerhalb weniger Sekunden zu Asche verbrannte!

Die Hopiältesten, ihre Prophezeiungen kennend und sich nun völlig bewußt, daß die gesamte Welt in Gefahr war, hielten 1948 ein vier Tage dauerndes Treffen in Shungopavi ab, während dessen jeder spirituelle Erste (*leader*) gebeten wurde, sein uraltes traditionelles Wissen über zukünftige Dinge zu überprüfen und alle Nationen zu warnen, dieses schreckliche Werkzeug von Feuer und Tod nie wieder zu benützen. Wir befinden uns jetzt in einem Wettlauf mit der Zeit, seit der moderne Mensch das Gleichgewicht des natürlichen Lebens von Mensch und Tier ernstlich in Unordnung gebracht hat. Wir wissen, daß ein dritter Weltkrieg möglich ist, ebenso wie die Zunahme von Naturkatastrophen und das Auftreten von neuen Krankheiten, die nicht leicht geheilt werden können. Die Hopi erinnern sich an zwei Welten, die vor dieser existierten; jede von ihnen wurde zerstört, da das Gleichgewicht in der Natur vom Menschen durcheinandergebracht worden war.

Heute finden wir Korruption und Gier vor, verbunden mit extrem mächtigen technologischen Entwicklungen, welche die kostbaren Mineralien unter dem Land der Hopi miteinbeziehen. Das unbefugte Herumpfuschen an den natürlichen Elementen im heiligen spirituellen Zentrum, das in jenem Gebiet liegt, das jetzt als Four Corners Area im südwestlichen Teil unseres Heimatlandes bekannt ist, wird schwerwiegende Auswirkungen haben. Wird es in einem natürlichen Zustand bewahrt, so wird dieses Gebiet ein Zufluchtsort für alle Überlebenden sein, wenn in Zukunft etwas außerhalb dieses heiligen Gebietes geschieht. Wir sehen bereits eine weltweite Zunahme von Naturkatastrophen: Erdbeben, Trockenperioden, Hitzewellen, Hurrikane, Springfluten, Erdrutsche, Hochwasser, Vulkanausbrüche, Krankheiten und zerstörerische Blitzaktivität. Das ist die Art und Weise, wie die Natur der Menschheit gegenüber den Mißbrauch verurteilt, den Mutter Erde von ihren Kindern erfährt. Wenn die Menschheit so weitermacht, könnte sie über alle Formen des Lebens auf der Erde Zerstörung bringen.

Durch innewohnende Gesetze gehört diese Erde Massu'u, dem Großen Geist, und wir, die ursprünglichen eingeborenen Menschen, sind alle Hüter dieses Landes für ihn. Unsere heiligen religiösen Anweisungen hindern uns, in andere Länder zu gehen, um anderes Leben und anderen Besitz zu zerstören. Wir wurden von unseren Vorvätern gewarnt, jemals irgendwelche zerstörerischen Instrumente des Krieges in andere Länder zu senden; wenn wir es tun, dann laden wir eine größere Bestrafung in der Zukunft auf uns selbst. Deshalb darf kein Hopi oder ursprünglich Eingeborener dieser westlichen Hemisphäre von irgendeiner Nation zum Krieg gezwungen werden. Alle menschlichen Wesen sind Teil dieser Natur; deshalb sind wir alle dafür verantwortlich, auf unsere eigene Weise für den Fortbestand allen Lebens zu arbeiten.

Auf der Jagd nach militärischer Macht werden Bodenschätze unter der Erde rascher als jemals zuvor vergeudet. Große Mengen von radioaktivem Uranabfall verursachen in unserem Heimatland eine schwerwiegende Verseuchung des Wassers und haben zu Krankheit, Tod und der Geburt von verunstalteten Babies geführt. Dadurch und durch den Kohletagebau in unserem eigenen Gebiet, werden wir – in direkter Verletzung unserer religiösen Rechte – zu Zeugen des größten Sakrilegs gegenüber unserer Mutter Erde. Das alles geschieht im Interesse des Wettrüstens.

Die Hopi stehen unbeirrt zu den spirituellen und natürlichen Gesetzen – deshalb beschlossen sie, auf friedfertige Weise zu leben. Wir werden unsere Pfeile und Bogen niemals irgend jemandem zeigen, denn alle menschlichen Wesen sind unsere Verwandten, und der Große Geist beobachtet alle Nationen auf dieser Mutter Erde.

In Anbetracht dessen müssen wir uns aus dem schrecklichen Fluch des persönlichen Gewinns auf Kosten anderer befreien, der den materialistischen Lebensstil von heute regiert, denn wenn wir uns nicht selbst durch unseren eigenen freien Willen läutern, wird bald eine höhere Macht das Werk der Läuterung für uns besorgen.

Angesichts dessen ergreifen wir die Gelegenheit, um die Vereinten Nationen auf den kritischen Stand der Dinge in bezug auf die friedliebenden Menschen der souveränen Hopi-Nationen aufmerksam zu machen. Solange diese Situation in unserem Heimatland existiert, ist kein Friede möglich. Wenn der Friede in einem Teil des Landes bedroht ist, ist es nicht möglich, den Frieden irgendwo anders in der Welt aufrechtzuerhalten. Wir wissen durch unsere Lehren, daß die friedliche Auflösung der Übertretungen gegenüber den Ersten Bewohnern dieses Landes einen essentiellen Schritt in Richtung Weltfrieden darstellt.

Die Regierung der Vereinigten Staaten von Amerika unterwarf uns – ohne die Zustimmung der Mehrheit der Hopi – durch das Büro für indianische Angelegenheiten einem undemokratischen und autoritären Stammesrat; da wir friedliche Menschen sind, bedienten wir uns nicht der Gewalttätigkeit, um unseren rechtmäßigen Beschwerden Abhilfe zu verschaffen. Heute sind die Verletzungen unserer souveränen Rechte bezüglich unseres Landes und die Verletzungen unserer Menschenrechte, unserer religiösen Rechte und unserer Umweltrechte bereits überwältigend.

Unser Land und Leben stehen auf dem Spiel! Es ist unbedingt notwendig, daß wir unsere souveränen Rechte auf Selbstbestimmung behaupten. Um dies zu erreichen, bereiten wir in den Gebieten, in denen diese Verletzungen stattfinden, Petitionen vor, um sie an die Gemeinschaft der Vereinten Nationen zu richten. Obwohl das nicht die Gelegenheit für eine umfassende Diskussion unserer verzweifelten Situation ist, sind wir doch der entschiedenen Auffassung, daß Sie auf unseren Standpunkt aufmerksam gemacht werden sollen.

Während die Regierungen der Welt heute über den Weltfrieden sprechen, ereignen sich viele tragische Vorfälle auf der Oberfläche der Erde, und wir, die ursprünglichen eingeborenen Menschen, fühlen uns wie Gefangene in unserem eigenen Heimatland.

Deshalb appellieren wir an die Vereinten Nationen, eine Untersuchungskommission in das Land der Hopi zu entsenden, um diese Verletzungen zu untersuchen und unsere hohen spirituellen Kikmongwis und ihre religiösen Ersten (*leaders*) so bald wie möglich zu treffen. Sie allein halten die heilige Steintafel und die spirituellen Anweisungen für den Großen Geist, Massu'u, für alle Menschen in ihren Händen. Sie sind bestrebt, mit Ihren offiziellen Repräsentanten in ihren Gemeinschaften zusammenzukommen.

Diese Erklärung kennzeichnet unseren vierten und vielleicht letzten Versuch, in Übereinstimmung mit unseren prophetischen spirituellen Anweisungen unsere Hopibotschaft den Vereinten Nationen zu überbringen. Die Zeit ist gekommen, daß sich die Türen des »Hauses aus Glas« (der Vereinten Nationen) für die Hopi und andere eingeborene Menschen öffnen. Wir sind menschliche Wesen, und als die ersten Menschen auf diesem Kontinent haben wir das gleiche Recht, in Frieden in unserem Heimatland zu leben.

Im Wissen um die uralten Prophezeiungen, Warnungen und religiösen Anweisungen fordern wir alle guten Menschen überall auf, jeden Versuch zu unternehmen, zum spirituellen Weg, von dem wir abgewichen sind, zurückzukehren, um dauerhaften Frieden, Harmonie und ewiges Leben herbeizuführen. Laßt uns dieses Land und Leben nicht zerstören! Wir müssen aufwachen, bevor es zu spät ist und das erste Gesetz des Lebens anerkennen: Spiritualität, die alle Dinge leitet.

Gemeinsam laßt uns alle auf dem Pfad des Friedens Platz nehmen und ein stilles Gebet sprechen.

Im Namen der souveränen Hopi-Nationen präsentieren wir Ihnen unsere Erklärung an diesem Tag, dem »Internationalen Tag des Friedens«.

Unterzeichnet von sechzehn spirituellen beziehungsweise religiösen Ersten der traditionellen Hopi, darunter David Monongye (Hotevilla), Wilbur Sekayesva (Shipaulovi), Earl Pela (Shungopavi), Wayne Susunkewa (Mishongnovi) und Thomas Banyacya Sr. (Kykotsmovi) als Dolmetscher.

Brief an den Präsidenten der Vereinigten Staaten, Ronald Reagan

Die souveräne Hotevilla-Nation
Hotevilla, via Arizona

23. November 1986

An den Präsidenten der Vereinigten Staaten, Ronald Reagan
Das Weiße Haus, Washington, DC

Sehr geehrter Herr Präsident.

Wir, die Unterzeichnenden, sind die traditionellen religiösen und kulturellen Ersten (*leaders*) der Hopi-Nation. Unsere Religion und Kultur beruhen darauf, Sorge für die Erde zu tragen, insbesondere für das Vierländereck (*Four Corners Area*) von Arizona, Utah, Colorado und Neu Mexiko. Der Schöpfer selbst brachte uns vor über zweitausend Jahren hierher und gab uns das Gebot, dieses Land durch beständiges Gebet, durch Meditation und Zeremonie heilig zu erhalten. Gemäß unseren uralten Prophezeiungen erzählte uns der Schöpfer, daß dieses Land unverletzt belassen werden müsse, um als Platz der Zuflucht für alle Menschen in künftigen Zeiten schwerer Not zu dienen. Jetzt aber ist unsere Existenz und die des Landes selbst bedroht.

Herr Präsident, Sie mögen sich dessen nicht bewußt sein, daß die US-Regierung die Jahre hindurch eine systematische Politik der Unterdrükkung unserer traditionellen Kultur und insbesondere unserer Religion in direkter Verletzung ihrer eigenen Verfassung und Gesetze betrieben hat. Sie persönlich stehen in dem Ruf, Widerstand gegen die Einmischung der Regierung in private Bereiche zu leisten. Jetzt aber ist diese Art der Regierung, der bürokratischen Einmischung und Inkompetenz insbesondere durch die Verfügung des Bundesgesetzes PL 93-531 himmelschreiender und zerstörerischer als die historische Behandlung der Ureinwohner Amerikas durch die Regierung insgesamt. Deshalb schreiben wir, um an Sie einen Appell um Hilfe zu richten, nachdem unsere vielen Petitionen von den vorhergehenden Verwaltungen unbeachtet geblieben sind.

Die meisten Menschen sind sich dessen nicht bewußt, daß die Hopi niemals mit der Regierung der Vereinigten Staaten einen Vertrag unterzeichnet haben. Unsere Kultur ist schon lange vor der Zeit Christi auf diesen Mesas aktiv gewesen. Unsere Souveränität ist sowohl vom spanischen Weltreich als auch von der mexikanischen Regierung anerkannt worden. Was Sie als den Hopi-Stammesrat kennen, kam zustande in einer vorgetäuschten, betrügerischen Wahl, organisiert durch Einmischung von bürokratischen Regierungsbeamten. Wir andererseits repräsentieren jene traditionellen Völker, die sich niemals an irgendeiner Beeinflussung oder Wahl der US-Regierung beteiligt haben. Als ein Resultat vorausgegangener Politik sind wir jetzt mit einer niederschmetternden Situation konfrontiert, die schwerstwiegende Auswirkungen sowohl in bezug auf uns selbst als auch auf alle Amerikaner hat: dem Hopi- und Navajo-Landschlichtungsgesetz von 1974, PL 93-531, das vom Kongreß ohne unsere Zustimmung und ohne unser Wissen verabschiedet wurde.

Das Bundesgesetz PL 93-531 allein ist die jüngste Schmähung unserer Menschenrechte. In der Tat ist sie gleichbedeutend mit kulturellem und religiösem Völkermord gegenüber amerikanischen Ureinwohnern. Einige Male haben wir den Kongreß gebeten, das Bundesgesetz PL 93-531 und die gesamte andere Gesetzgebung aufzuheben, die versuchen, unsere Probleme für uns zu lösen. Die schlimmsten Probleme, mit denen wir konfrontiert sind, wurden durch die Einmischung der Regierung in unsere persönlichen und kulturellen Angelegenheiten verursacht. Mehr Einmischung der Regierung ist nicht die Antwort.

Es gab viele Lügen und Verwirrung in dieser Angelegenheit. Um Ihnen einen klaren Überblick über die Situation zu geben und im Licht ihrer kritischen Beschaffenheit, ersuchen wir Sie, in das Hopiland zu reisen, um mit uns und den betroffenen Navajo und Paiute zusammenzukommen. Schätzungsweise vierzehntausend Navajo werden wegen des Inkrafttretens von PL 93-531 von ihrem Heimatland vertrieben. Das muß nicht geschehen. Diese Menschen sind Navajo, und was jetzt den Navajo und Paiute widerfährt, wird schließlich den Hopi widerfahren. Wir fühlen, daß es lediglich eine Frage der Zeit ist. Wir möchten gerne eine andere Version der Geschichte präsentieren als jene, die Sie von den Stammesräten gehört haben, welche nicht die traditionellen Hopi repräsentieren. Der Kongreß war dank profitmotivierter Interessen falsch unterrichtet; er war uninteressiert an Menschenrechten, als PL 93-531 Gesetz wurde.

Herr Präsident – im Namen der Gerechtigkeit –, bitte unternehmen Sie sofort eine Untersuchungsreise hierher, bevor die Kultur der Ureinwohner unwiederbringlich zerstört ist. Es gibt keinen »Landstreit« zwischen den traditionellen Hopi und Navajo. Der wirkliche Landstreit besteht zwischen den nichtrepräsentativen Stammesräten, von denen jeder begieriger ist als der andere, Geld aus Abbaulizenzen zu erhalten. Obwohl diese Räte viele falsche Informationen verbreitet haben, um ihre eigenen, persönlichen Interessen zu unterstützen, möchten wir, daß Sie verstehen, daß jene nicht die traditionellen Menschen unserer Dörfer repräsentieren.

Wir glauben, daß wir traditionellen Menschen vom Schöpfer mit der heiligen Verantwortung betraut wurden, Hüter der Erde für alle lebenden Dinge zu sein. Wir haben unsere eigene Form der Regierung, die seit Tausenden von Jahren besteht. Wir traditionellen Hopi anerkennen den Schöpfer und die Gesetze, die er uns vor Tausenden von Jahren als unsere höchste Autorität gegeben hat. Unser Lebensplan wurde uns vom Schöpfer am Beginn der Zeit gegeben. Der Anspruch auf dieses Land und die Verpflichtung, es zu behüten, wurde uns von ihm übergeben. Wir haben niemals diese Verpflichtung aufgegeben und werden es niemals tun – deshalb bleibt unser Anspruch vom Schöpfer unangetastet. Traditionelle Hopi werden niemals Geld für das Land annehmen, das wir vom Schöpfer anvertraut bekamen und das wir für ihn selbst verwalten. Es ist gegen unsere Religion, die Erde zu kaufen, zu verkaufen oder zu vermieten.

Die Hopi stellen die älteste beständige Zivilisation beider Amerikas dar. Wir haben unsere heilige Lebensweise durch Tausende von Jahren aufrechterhalten. Da wir in dieses Land vom Schöpfer geführt und unsere Gesetze und unsere Lebensweise uns von ihm gegeben wurden, sahen wir niemals eine Notwendigkeit, einen Vertrag mit den Europäern zu unterzeichnen, die sechzehn Jahrhunderte nach uns hierherkamen. Deshalb haben wir auch niemals mit der US-Verwaltung Verhandlungen geführt. Wir betrachten uns selbst als eine souveräne Nation, ähnlich den Stadtstaaten von Griechenland. Wir erkennen die Stammesräte, die uns auferlegt worden sind, nicht an. Sogar der Agent, der die Wahlen zum Stammesrat manipulierte, wurde nach seinem Ausscheiden mit dem Eingeständnis zitiert, daß diese Wahlen ein Schwindel waren und unsere Leute betrogen worden sind. Wir sind sicher, daß die Amerikaner, wenn sie die Wahrheit über diese Situation erfahren, keinesfalls eine Politik unterstützen würden, die im Widerspruch zu den Idealen und Gesetzen der Gründungsväter dieser Nation steht.

Als die traditionellen Ersten der Hopi seit über zwanzig Jahrhunderten ersuchen wir Sie um Beistand, indem Sie die Wahrheit ausfindig machen und helfen, die Probleme zu korrigieren, denen wir uns jetzt gegenübersehen. Es unterliegt nicht der Rechtsprechung des US-Innenministeriums, wie wir unsere Leben leben und unsere kulturellen Traditionen aufrechterhalten. Was hier geschieht, ist eine direkte Verletzung der *UN*-Charta über Völkermord, verabschiedet in den 1940ern. Die Vereinigten Staaten ratifizierten diese Charta im Februar dieses Jahres.

Herr Präsident, hier findet kultureller Völkermord statt. Unsere Lebensart und Religion werden durch die Politik der Regierung zerstört. Wir haben Briefe von Menschen aus aller Welt erhalten, die uns wissen lassen, daß sie sich um uns sorgen und nicht verstehen können, warum eine Sache wie diese in den Vereinigten Staaten geschieht. Dennoch, die Weltmeinung ignorierend, betrachtet die US-Regierung dies als eine innere Angelegenheit. Im Hinblick auf die Mitgliedschaft dieser Regierung in der *UN*-Menschenrechtskommission und ihrer beständigen Kritik an der sowjetischen Einmischung in Kulturen Einheimischer überall in der Welt läßt PL 93-531 die US-Regierung in den Augen anderer Nationen als heuchlerisch erscheinen.

In unserer Religion glauben wir nicht daran, die Erde aufreißen zu müssen, um herauszunehmen, was in ihr ist – denn wir betrachten die Erde als die Quelle allen Lebens. Wir haben zweitausend Jahre alte Prophezeiungen über Dinge wie die zwei Weltkriege, Elektrizität, Wolkenkratzer, Luft- und Raumfahrt und die Atombombe. Wegen der Genauigkeit dieser Prophezeiungen wissen wir, daß Mineralien wie Uran nicht für zerstörerische Zwecke benutzt werden dürfen und die Erde unberührt bleiben muß. Uran- und Kohleabbau in diesem Gebiet müssen eingestellt werden, denn wenn wir erlauben, daß es geschieht, könnte – entsprechend den Prophezeiungen – eine große Katastrophe die Erde befallen. Wir sagen nicht, daß diese Bodenschätze niemals genutzt werden dürfen, sondern sie dürfen nur in Übereinstimmung mit unserem heiligen Wissen genutzt werden.

Die Prophezeiungen berichten uns auch, daß eine Regierung eines Tages versuchen würde, unsere Kultur und Religion zu zerstören; daß sie uns schließlich, indem sie alle Gerechtigkeit und Ehrenhaftigkeit beiseite schiebt, unser Heimatland wegnehmen würde. Wir wissen aus unseren Lehren, daß die friedliche Lösung dieser Übertretungen gegen die ursprünglichen Einwohner dieses Landes einfach dadurch möglich ist, daß die gesamte Gesetzgebung und Politik, die unser Land wegnehmen und unsere Kultur und Religion zerstören, rückgängig gemacht werden.

Unsere Wünsche sind nicht unzumutbar. Unser Verlangen, in Frieden und Harmonie zu leben, wird von allen geteilt, einschließlich der Bürger dieser Nation. Genauso, wie Sie nicht darangehen würden, das Christentum, Judentum oder irgendeine andere große Religion zu unterdrücken, oder darangehen würden, Land jenen wegzunehmen, die diesen Religionen folgen, ebensowenig sollte diese Regierung das uns gegenüber tun.

Die religiösen Ersten der Hotevilla-Nation bitten und ersuchen Sie dringend, in das Land der Hopi zu kommen und die traditionellen Ersten zu treffen. Wir sind sicher, daß Sie, sobald Sie den traditionellen Standpunkt wahrgenommen und gehört haben, die Verdrehungen und die von den Stammesräten ausgeübte Gier begreifen, und daß Sie handeln werden, um die begangenen Ungerechtigkeiten zu berichtigen. Unsere Hopi-Prophezeiung sagt voraus, daß der höchste Erste (*the highest leader*) der weißen Bevölkerung (*of the white People*) in unserem Dorf mit unseren höchsten religiösen Ersten der Hopi zusammenkommen muß. Wir möchten, daß Sie selbst hören, was allen weißen Völkern in der nächsten Zukunft bevorsteht, wenn diese Situation nicht bald und in Gerechtigkeit in Ordnung gebracht wird.

Herr Präsident, so viele unserer Bitten und Vorsprachen um Gerechtigkeit sind auf taube Ohren gestoßen. Frühere Verwaltungen haben nicht geantwortet. Sie beanspruchen, der Erste der freien Welt zu sein. Bitte, handeln Sie schnell, um zu helfen, unsere andauernde Freiheit in diesem Land sicherzustellen. Wir bitten Sie, unverzüglich zu antworten. Wir müssen bald von Ihnen hören. Unsere Religion erlaubt es uns nicht, von der Erde oder irgendeinem Volk der Erde getrennt zu sein. Wir appellieren an Sie als unseren Bruder und Mitmenschen. Wir alle sind verwandt. Dringend Ihre Antwort erwartend,

David Monongye (Sprecher), Paul Sewemaenewa, Nelson Kursgawva, Dan Euhenma, Amos Howesa (religiöse Erste) und Thomas Banyacya Sr., Dolmetscher und Sprecher.

Informationen und Kontakte

Aktion Atomwirtschaft contra Umwelt und Menschenrechte
(GLOBALES NETZWERK)
c/o *BUND*, Dr. Georg Löser, Erbprinzenstraße 18, D–7800 Freiburg

Anti-Atom-Forum Bonn
(Kontakt zum *Indigenous Uranium Forum/Network*)
c/o Inge Lindemann, Prinz Albertstraße 19, D–5300 Bonn 1

Bürgerinitiative gegen Atomgefahren
Postfach 14, A–1123 Wien

Für die Erde, für das Leben – Arbeitskreis Hopi-Österreich
Obersdorf 35, A–8983 Bad Mitterndorf

Gemeinnütziger Verein. Förderung und Unterstützung der Hopi und anderer traditioneller Indianer sowie entsprechender spiritueller, bioregional-ökologischer und friedfertiger Lebensweisen und Gemeinschaften; spirituell motivierte Aktivitäten zum Schutz von Land und Leben; Selbsthilfe- und Selbstversorgerprojekte; Forschungs-, Öffentlichkeits- und Bildungsarbeit. Spendenkonto für Thomas Banyacya Sr. (Hopi), Janet McCloud, Big Mountain und andere – bitte Stichwort angeben! Bei Anfragen bitte Rückporto beilegen. Versuch, über den Verein hinaus als Gemeinschaft mehrerer Familien gemäß unseren Wurzeln den spirituell-ganzheitlichen Weg zu gehen und dabei auch mit traditionellen Indianern zusammenzuarbeiten. Spendenkonto: Sparkasse Bad Aussee, Nr. 19000, BLZ 20803

Initiative Österreichischer Atomkraftwerksgegner (IÖAG)
Burggasse 12/10, A–1070 Wien

American Indian Institute
(Unterstützung des *Traditionellen Ältestenrats*)
P. O. Box 1388, Bozeman, Mt 59715, USA; phone: (406) 587-1002

Thomas Banyacya Sr.
Hopi-Sprecher und Dolmetscher
P. O. Box 112, Kykotsmovi (Neu Oraibi), Az 86039, USA

Big Mountain Legal Office (BMLO)
P. O. Box 1509, Flagstaff, Az 86002, USA; phone: (602) 779-1560

The Washington D. C. Office of BMLO
241 8th St., N. E., Washington, D. C. 20002, USA; phone: (202) 546-2542

Big Mountain Support Group (Newsletter)
3126 Shattuck Ave., Berkeley, Ca 94705, USA; phone: (415) 644-2028

Bohemian Grove Action Network
P. O. Box 216, Occidental, Ca 95465, USA; phone: (707) 874-2248

Janet McCloud, North West Indian Women's Circle (NWIWC)
1013 Crystal Springs Rd., Yelm, Wa 98 597, USA

Ecumenical Peace Institute / Clergy and Laity Concerned (CALC)
P. O. Box 9334, Berkeley, Ca 94709, USA

Support Our Future Generations (SOFG)
(Hilfe für Joint Use Area, Newsletter)
P. O. Box 22134, Flagstaff, Az 86002, USA; phone: (602) 526-2276

The Elmwood Institute (The Elmwood Newsletter)
P. O. Box 5805, Berkeley, Ca 94705, USA

Zeitschriften

Alternativ Magazin; Zeitung für Zweitbuchbesitzer
Zollamtstraße 20, A–4020 Linz

esotera; Neue Dimensionen des Bewußseins
Kronenstraße 2, D–7800 Freiburg

Hologramm
Verlag Bruno Martin, Auf der Höhe 10, D–2121 Südgellersen

Infodienst Aktion Uran contra Umwelt- und Menschenrechte
(*Globales Netzwerk*)
c/o *BUND*, Dr. Georg Löser, Erbprinzenstraße 18, D–7800 Freiburg

2000; Magazin für Neues Bewußtsein
Schloß Possenhofen, D–8134 Pöcking

Öko Journal (mit deutscher Übersetzung des *Elmwood Newsletter*)
Postfach 745, CH–8021 Zürich; Tel.: 01-462-9080

Phoenix Presseagentur
(unter anderem monatliche Sammelbände, Nachrichten aus Politik, Ökologie und Wissenschaft)
Langackergasse 29, A–1190 Wien

Pogrom; Zeitschrift für bedrohte Völker
Postfach 2024, D–3400 Göttingen

»Presse« Spiegel der Initiative österreichischer Atomkraftwerksgegner
Burggasse 12/10, A–1070 Wien

SOL; Zeitschrift für Umweltschutz und Menschenrechte
c/o *Freunde der Erde*, Reinlgasse 34/28, A–1140 Wien

Akwesasne Notes (größte Eingeborenenzeitung der Welt)
Mohawk Nation, Rooseveltown, N. Y. 13683, USA

Big Mountain News
2121 41st Avenue, San Francisco, Ca 94601, USA

Hopi Tutu-veh-ni (Organ des Hopi-Stammesrats)
P. R. Office, The Hopi Tribe, P. O. Box 123, Kykotsmovi, Az 86039, USA

Treaty Council News (Organ des *American Indian Treaty Council*)
1259 Folsom Street, San Francisco, Ca 94103, USA

Tribal Peoples Survival (Organ des *Tonantzin Land Institute*)
1446 Bridge Blvd., S. W., Albuquerque, N. M. 87105, USA

Bibliographie

Heide Göttner-Abendroth: *Die Göttin und ihr Heros. Die matriarchalen Religionen in Mythos, Märchen und Dichtung.* Frauenoffensive (1980)

Peter Andreas, Rose Lloyd Davies: *Das verheimlichte Wissen: Tempelgeheimnisse, verschollene Evangelien und das unbekannte Leben Jesu.* Knaur Esoterik Tb 4152 (1984)

W. Bauer, I. Dümotz, S. Golowin, H. Röttgen: *Bildlexikon der Symbole.* Dianus-Trikont (1980)

Heinrich E. Benedikt: *Die Kabbala als jüdisch-christlicher Einweihungsweg. Bd. 1: Farbe, Zahl, Ton und Wort als Tor zu Seele und Geist.* Bauer (1985)

Itzhak Bentov: *Töne – Wellen – Vibrationen. Qualität und Quantität des Bewußtseins.* Dianus-Trikont (1984)

Joachim Ernst Berendt: *Das Dritte Ohr. Vom Hören der Welt.* Rowohlt (1985)

Joachim Ernst Berendt: *Nada Brahma: Die Welt ist Klang.* rororo Transformation Tb 7949 (1985)

Rosalie Bertell: *Keine akute Gefahr? Die radioaktive Verseuchung der Erde.* Goldmann Tb 11424 (1987)

»Bildschirm-Gefahr durch Strahlung; Untersuchung und Musterprozeß in Schweden«, in: *Süd-Ost Tagespost*, 7. Februar 1986 (Bericht über eine Untersuchung des schwedischen Strahlenforschungsinstituts)

Marco Bischof: *Unsere Seele kann fliegen.* Im Waldgut (1985)

J. F. Blumrich: *Kasskara und die sieben Welten. Die Geschichte der Menschheit in der Überlieferung der Hopi-Indianer.* Knaur Esoterik Tb 4135 (1985)

Murray Bookchin: *Die Ökologie der Freiheit. Wir brauchen keine Hierarchien.* Beltz (1985)

Alexander Buschenreiter: *Unser Ende ist euer Untergang. Die Botschaft der Hopi und anderer US-Indianer an die Welt.* Econ (1983) und Goldmann Tb 12009 (aktualisierte Ausgabe 1989)

Alexander Buschenreiter: »Mahnung zur Umkehr. Hopi-Botschaften an die Menschheit« in: *Hopi und Kachina. Indianische Kultur im Wandel.* Trickster (1988)

Hans Cousto: *Die Oktave. Das Urgesetz der Harmonie.* Simon und Leutner (1987)

Das Neue Testament. Einheitsübersetzung. Katholische Bibelanstalt (1979)

Lame Deer, Richard Erdoes: *Tahca Ushte. Medizinmann der Sioux.* List (1979) und Fischer Tb 3050 (1981)

Vine Deloria: *Nur Stämme werden überleben.* Goldmann Tb 12012 (1987)

Vine Doloria: *Gott ist rot. Eine indianische Provokation.* Goldmann Tb 12014 (1987)

Die Heilige Schrift des Neuen Bundes. Übersetzt und erklärt von Alexander Zwettler. Veritas (1960)

G. William Domhoff: *The Bohemian Grove and other retreats; a study in ruling-class cohesiveness.* Harper Torchbooks Tb 1880 (1975)

Stefan Dömpke (Hrsg.): *Tod unter dem kurzen Regenbogen. Das Colorado Plateau als Heiliges Land – Indianische Traditionen, Energieentwicklung und Neue Physik.* Dianus-Trikont (1982)

R. Dorje, A. Smith, H.-G. Behr: *Die tolldreisten Geschichten von Onkel Tompa, dem schlimmen Schalk aus Tibet.* Sphinx Pocket 18 (1963)

Kurt Eigl: *Deutsche Götter- und Heldensagen.* Kremayr & Scheriau (1953)

Riane Eisler: *The châlice and the blade.* Harper and Row (1987)

Susanne Fischer: *Blätter von Bäumen. Legenden, Mythen, Heilanwendung & Betrachtung von einheimischen Bäumen.* Irisiana (1980)

Weddig Fricke: *Standrechtlich gekreuzigt. Der Prozeß Jesu.* Mai-Verlag (1987)

Luisa Francia: *Mond · Tanz · Magie.* Frauenoffensive (1986)

August Franzen: *Kleine Kirchengeschichte.* Herder Tb 237 (1985)

Karin Gaube, Alexander von Pechmann: *Magie, Matriarchat und Marienkult. Frauen und Religion. Versuch einer Bestandsaufnahme.* rororo Sachbuch Tb 8086 (1986)

Sergius Golowin. *Die Welt des Tarot. Geheimnis und Lehre der 78 Karten der Zigeuner.* Sphinx (1985)

Elmar Gruber, Susan Fassberg: *New-Age-Wörterbuch.* Herder Tb 1310 (1986)

Eduard Gugenberger, Roman Schweidlenka: *Mutter Erde, Magie und Politik. Zwischen Faschismus und neuer Gesellschaft.* Verlag für Gesellschaftskritik (1987)

Paul Hengge: *Die Bibelkorrektur. Auch Adam hatte eine Mutter.* Orac-Pietsch (1979)

Uta Ranke-Heinemann. *Eunuchen für das Himmelreich. Katholische Kirche und Sexualität.* Hoffmann und Campe (1988)

Gert Hensel: *»Strahlende« Opfer. Amerikas Uranindustrie, Indianer und weltweiter Überlebenskampf.* Focus (1987)

Johannes Hirschberger: *Kleine Philosophiegeschichte.* Herder Tb 103 (1967)

P. Ernst Hoch P. A.: *Strahlenfühligkeit. Umgang mit Rute und Pendel.* Veritas (1983)

Peter Kaiser: *Vor uns die Sintflut.* Langen Müller (1976)

Gerd-Klaus Kaltenbrunner (Hrsg.): *Geheimgesellschaften und der Mythos der Weltverschwörung.* Herderbücherei Initiative 69, Tb 9569

Kollert, Donderer, Boikat: *Luftchemie und Radioaktivität. Entgegnungen und Analysen um Waldschäden durch Radioaktivität.* Studie, gegen DM 5,– erhältlich bei *BUND*, Erbprinzenstraße 18, D–7800 Freiburg

Albert Kunze (Hrsg.): *Hopi und Kachina. Indianische Kultur im Wandel.* Trickster (1988)

Stephan Lackner: *Die friedfertige Natur. Symbiose statt Kampf.* Goldmann Tb 14022 (1986) und Kösel (1982)
H. Spencer Lewis, Ph. D.: *Das Mystische Leben JESU. AMORC* Großloge (1975)
H. Lorscheid, Leo A. Müller: *Deckname: Schiller. Die Deutschen Patrioten des Lyndon LaRouche.* rororo aktuell Tb 5916 (1986)
Bruno Martin: *Handbuch der spirituellen Wege.* Überarbeitete Neuausgabe, rororo transformation Tb 7909 (1985)
Anton Mayer: *Der zensierte Jesus. Soziologie des Neuen Testaments.* Gütersloher Siebenstern Tb 1412 (1985) und Walter (1983)
John Michell: *Die Geomantie von Atlantis. Wissenschaft und Mythos der Erdenergien.* Goldman Esoterik Tb 11780 (1986)
Horst E. Miers: *Lexikon des Geheimwissens.* Goldmann Esoterik Tb 11708 (1986)
Max Müller, Alois Halder (Hrsg.): *Herders Kleines Philosophisches Wörterbuch.* Herder Tb 16 (1965)
Naturwissenschaft und Lebensenergie (ECOLOG '88). Umweltzentrum für ökologische Strukturforschung. Schloß Türnich, D-5014 Kerpen-Türnich
Carolyn Niethammer: *Töchter der Erde. Legende und Wirklichkeit der Indianerinnen.* Lamuv Tb 38 (1985) und Econ (1982)
Ökologieinstitut Wien / Naturwissenschaftler gegen WAA: *Tägliches Atom. Ein Ratgeber für die Zeit nach Tschernobyl.* Falter (1986)
Ökologieinstitut Wien / Naturwissenschaftler gegen WAA: *Tägliche Strahlung. Lebensmittelratgeber und Cäsiumkarte auf neuestem Stand.* Falter (1986)
G. J. Ouseley (Hrsg.): *Das Evangelium des vollkommenen Lebens.* Humata (1974)
Eugene Pasymowski, Carl Gilbert: »Bilderberg, Rockefeller, and the CIA; in: *Temple Free Press.* No. 6, September 16 (1968)
Eugene Pasymowski, Carl Gilbert: Bilderberg: »The Cold War Internationale« in: *(The)Congressional Record.* September 15 (1971), E 9615 (überarbeitete Version des erstgenannten Artikels)
Nigel Pennick: *Die alte Wissenschaft der Geomantie. Der Mensch im Einklang mit der Erde.* Dianus-Trikont (1982)
Nigel Pennick: *Das kleine Handbuch der angewandten Geomantie.* Neue Erde (1985)
Nigel Pennick: *Hitlers Secret Sciences. His Quest for the hidden knowledge of the ancients.* Neville Spearman (1981)
Werner Pieper (Hrsg.): *Starke Plätze. Orte, die zum Herzen sprechen.* Der Grüne Zweig 110 – Werner Pieper (1986)
Günther Reichelt, Roland Kollert: *Waldschäden durch Radioaktivität? Synergismen beim Waldsterben.* C. F. Müller (1985)
Rat der Sechs Nationen: *Ein Ruf zur Einsicht. Die Botschaft der Irokesen an die westliche Welt.* Mammut Presse (1984)
Hans-Jürgen Ruppert: *New Age. Endzeit oder Wendezeit?* Coprint (1985)
Werner Rügemer: »Silicon Valley. Soziale Talfahrt« in: *Psychologie heute.* April 1985

Peter Schille: »Die dreckige Arbeit am sauberen Chip. (...) über den entzauberten Mythos Silicon Valley« in: *Der Spiegel* 33/1985
Hans-Joachim Schoeps: *Religionen. Wesen und Geschichte.* Bertelsmann (1967)
Dorothy und Walter Schwarz: *Alternative: Zukunft. Ein Handbuch der Spirituellen Ökologie.* Edition Pax, Bauer (1988)
Roman Schweidlenka: *Hermann Hesse-Rezeption und die Gegenkultur.* Phil.-Dissertation an der Universität Wien (1983)
Roman Schweidlenka: »Im Schutz der Erdmutter Noreia. Spirituell-politisches Ritual in Wien« in: *Starke Plätze. Orte, die zum Herzen sprechen.* Der Grüne Zweig 110 – Werner Pieper (1986)
Martha Sills-Fuchs: *Wiederkehr der Kelten.* Knaur Tb 4143 (1986)
Christopher Simpson: *Der amerikanische Bumerang. NS-Kriegsverbrecher im Sold der USA.* Ueberreuter (1988)
Stephen Skinner: *Chinesische Geomantie. Die Lehren des Feng-Shui von der geheimen Kraft der Erde.* Goldmann Tb 11786 (1987)
Gary Snyder: *Schildkröteninsel.* Frank Schickler (1980)
Charlotte Spretnak: »Politik aus dem Geist (Praktische Spiritualität)« in: *esotera* 10/1988
Starhawk: *Der Hexenkult als Ur-Religion der Großen Göttin. Magische Übungen, Rituale und Anrufungen.* Bauer (1983)
Holger Strohm (Hrsg.): *Warum auch geringe Radioaktivität gefährlich ist.* Zweitausendeins (1986)
Antony C. Sutton: *Wall Street and the Rise of Hitler.* 76-Press, Seal Beach, Ca., (1987)
Edmond Bordeaux Székely: *Die Lehren der Essener. »Essener Meditationen«* Bruno Martin (1979)
Edmond Bordeaux Székely: *Das geheime Evangelium der Essener und die Entdekkung des Friedensevangeliums der Essener.* Bruno Martin (1984)
Edmond Bordeaux Székely: *Das Evangelium der Essener.* Gesamtausgabe Buch 1–4 (gebunden); Bruno Martin (1988)
Edred Thorsson: *Futhark. A Handbook of Rune Magic.* Samuel Weiser Inc. (1985)
Edred Thorsson: *Handbuch der Runenmagie.* Urania (1987)
William Trager: *Symbiosis.* New York (1970)
Jakob von Uexküll (Hrsg.): *Der alternative Nobelpreis.* Goldmann Tb 12026 (1988)
Klausbernd Vollmar: *Das Geheimnis der Farbe Schwarz. Psychologie, Mythos, Wirkung.* Bruno Martin (1988)
Helga Frank und Waltraud Wagner: *Gaianerekowa. Das Große Gesetz des Langhaus-Volkes (Irokesenbund).* Neue Erde (1988)
Frank Waters: *Das Buch der Hopi. Nach den Berichten der Stammesältesten aufgezeichnet von Kacha Honaw (Weißer Bär).* Diederichs (1980)
Frank Waters: *Pumpkin Seed Point. Meine Zeit mit den Hopi.* Im Waldgut (1986)
W. Y. Evans-Wentz: *Cuchama. Heilige Berge der Welt.* Sphinx (1984)

Edition Pax im Verlag Hermann Bauer · Freiburg im Breisgau

Frank Cardelle

Bruder Mann

Der Weg zu einem neuen Selbst- und Weltverständnis des Mannes

352 Seiten, kart. ISBN 3-7626-5711-4

Dieses Buch ist ein Beitrag zur Richtungsbestimmung der Bewußtseinsreise jedes Mannes, dem die Grenzen des traditionellen männlichen Rollenverständnisses zu eng sind. Es ist eine Landkarte, die Hilfen sowohl für das Erkennen des Ziels dieser Reise als auch für das Verständnis ihrer Bedeutung bietet. Es liefert die Grundlagen dafür, daß der Mann sein Leben und seine Identität aus der Gesamtheit seines männlichen Potentials gestalten kann. Der Autor präsentiert Ideen, bietet Vorschläge und das Werkzeug, das der Mann der Zukunft zur erfolgreichen Fortführung seiner Bewußtseinsexpedition sowie auch dazu einsetzen kann, anderen, die am Beginn dieser Reise stehen, zu helfen. Das Buch bietet aber auch Hilfen für alle Frauen, die den Mann auf seinem neuen und schwierigen Weg verstehen wollen.

Der erste Teil des Buches befaßt sich mit den vertrauten Einstellungs- und Verhaltensmustern, die das traditionelle Männerbild ausmachen. Hier werden die Zusammenhänge zwischen diesen Mustern und der bedrohlichen Krise aufgezeigt, in die das damit verbundene Bewußtsein unsere Welt geführt hat. Der zweite Teil ist der Übergangsphase gewidmet, in der sich das männliche Selbstbild heute befindet. Im dritten Teil wird die Vision dessen entworfen, was im Geist geeinter Brüderlichkeit auf persönlicher und gesellschaftlicher Ebene erreicht werden kann.

Edition Pax im Verlag Hermann Bauer · Freiburg im Breisgau

Edition Pax im Verlag Hermann Bauer · Freiburg im Breisgau

Dorothy und Walter Schwarz

Alternative: Zukunft

Ein Handbuch der spirituellen Ökologie

242 Seiten, kart. ISBN 3-7626-5712-2

Spirituelle Ökologie, wie sie dieses Buch versteht, umfaßt alle Aspekte einer ganzheitlichen Lebensform, die allein geeignet ist, dem Planeten und uns eine lebenswerte Alternative zu bieten – oder überhaupt eine Zukunft. Diese Aspekte reichen von einer neuen Ökonomie über andere Formen der Entwicklungshilfe für die Dritte Welt, eine menschliche Technologie, tiefgreifende Ökologie, neue Agrikultur, die Berücksichtigung des weiblichen Prinzips, Gesundheit und Erziehung bis hin zu der spirituellen Dimension, ohne die jedes Streben nach kulturellen Alternativen Stückwerk bleibt.

Dieses Buch beantwortet Fragen, die von zukunftsentscheidender Bedeutung sind: Wie lösen wir uns von der aggressiven Geisteshaltung, die uns mit dem Atomkrieg bedroht? Wie lösen wir uns vom Industrialismus, dessen Diktat das immer Mehr und Größer ist und der sowohl die Rohstoffquellen unseres Lebensraums ausbeutet als auch unsere Umwelt ruiniert? Wie lösen wir uns von der Selbstsucht, die dafür sorgt, daß die Hälfte der Welt unterernährt ist? Wie lösen wir uns vom Materalismus, der die Schönheit aus dem Alltag verbannt? Wie schaffen wir den Durchbruch zu einem Wachstum in Qualität, statt in Quantität? Wie schaffen wir den Durchbruch zu einem einfacheren, aber reicheren Leben in Harmonie mit der Natur?

Dieses Buch ist dazu angetan, nicht nur die Ideen des Lesers zu verändern, sondern vielleicht sogar sein Leben.

Edition Pax im Verlag Hermann Bauer · Freiburg im Breisgau

Edition Pax im Verlag Hermann Bauer · Freiburg im Breisgau

John Seed / Joanna Macy / Pat Flemming / Arne Naess

Denken wie ein Berg

Ganzheitliche Ökologie: Die Konferenz des Lebens

160 Seiten mit 16 Zeichnungen, kart. ISBN 3-7626-5715-7

Denken wie ein Berg ist eine Sammlung von Prosatexten, Meditationen, Gedichten, geleiteten Phantasiereisen und Workshopnotizen. Erfahrene Workshopleiter und -leiterinnen und Aktivisten der Bewegung für eine ganzheitliche Ökologie haben sie zusammengestellt, um den Menschen über das Gefühl der Entfremdung von der lebendigen Erde hinwegzuhelfen.

Vom Verstand her begreifen inzwischen viele Menschen, daß wir untrennbar mit der Natur verbunden sind. Wenn wir in unserem Herzen erkennen, daß das Leid der Erde unser Leid ist, finden wir zu neuen Formen der Hingabe und Verantwortung. Dieses Buch hilft uns, die in Vergessenheit geratene Erinnerung an unsere tiefe Verbindung mit der Erde neu zu beleben, unsere Konsumgewohnheiten anders zu gestalten und unser Bedürfnis nach Unterstützung wieder zu entdecken und neu zu definieren, wo es in erster Linie zu handeln gilt.

Joanna Macy stellt hier erstmals in Buchform ihr Konzept von der ganzheitlich-ökologischen Arbeit mit der »Konferenz des Lebens« vor. Neben einem anschaulichen Beispiel einer solchen Konferenz liefert sie den vollständigen zeitlichen und schematischen Ablauf dieser Form von Gruppenerfahrung und Hinweise, die die Kompetenz zur Gestaltung solcher Gruppen in die Hand der Leser legen.

Edition Pax im Verlag Hermann Bauer · Freiburg im Breisgau

Die neuen Dimensionen des Bewußtseins

esotera
seit vier Jahrzehnten das führende Magazin für Esoterik und Grenzwissenschaften in Europa:
Jeden Monat auf 100 Seiten aktuelle Reportagen, Hintergrundberichte und Interviews über
Neues Denken und Handeln
Der Wertewandel zu einem erfüllteren, sinnvollen Leben in einer neuen Zeit.
Esoterische Lebenshilfen
Uralte und hochmoderne Methoden, sich von innen heraus grundlegend positiv zu verändern.
Ganzheitliche Gesundheit
Das neue, höhere Verständnis von Krankheit und den Wegen zur Heilung – und vieles andere. Außerdem: jeden Monat auf 10 Seiten Kurzinformationen über
Tatsachen, die das Weltbild wandeln.
Rezensionen von Neuerscheinungen in **Bücher für Sie** und **KlangRaum.**
Viele Seiten Kleinanzeigen über die einschlägigen
Veranstaltungen sowie **Kurse & Seminare** in Deutschland, Österreich, der Schweiz und dem ferneren Ausland.

esotera erscheint monatlich.
Probeheft **kostenlos** bei
Ihrem Buchhändler oder direkt vom
Verlag Hermann Bauer KG.,
Postf. 167, Kronenstr. 2, 7800 Freiburg